高职高专土建类专业规划教材

工程造价系列

建筑工程预算

主　编　李宏魁　宋显锐

副主编　于卫云

参　编　钱　伟　周胜利　李静昆

　　　　李　惠　金威利

主　审　翟丽旻

机械工业出版社

本书是根据全国高职高专教育土建类专业教学指导委员会制定的工程造价专业教育标准和培养方案及主干课程教学大纲编写的。全书共5章，内容包括：工程预算基本理论，建筑工程定额应用，建筑工程费用计算，建筑工程量计算，工程结算与预、结算的审查。

本书作为高职院校工程造价专业的教材，结合行业最新规范、规程、标准，力求让工程造价高职高专教育与行业更贴近。本书也可作为工程造价从业人员培训的参考用书。

图书在版编目（CIP）数据

建筑工程预算李宏魁，宋显锐主编. —北京：机械工业出版社，2010.1（2019.8重印）

高职高专土建类专业规划教材. 工程造价系列

ISBN 978-7-111-29624-9

Ⅰ. 建… Ⅱ. ①李…②宋… Ⅲ. 建筑预算定额－高等学校：技术学校－教材 Ⅳ. TU723.3

中国版本图书馆CIP数据核字（2010）第013307号

机械工业出版社（北京市百万庄大街22号 邮政编码100037）
策划编辑：张荣荣 责任编辑：张荣荣 版式设计：霍永明
责任校对：樊钟英 封面设计：张 静 责任印制：郜 敏
北京富生印刷厂印刷
2019年8月第1版第6次印刷
184mm×260mm · 10.5印张 · 256千字
标准书号：ISBN 978-7-111-29624-9
定价：28.00元

凡购本书，如有缺页、倒页、脱页，由本社发行部调换

电话服务	网络服务
社服务中心：(010)88361066	教 材 网：http://www.cmpedu.com
销 售 一 部：(010)68326294	机工官网：http://www.cmpbook.com
销 售 二 部：(010)88379649	机工官博：http://weibo.com/cmp1952
读者购书热线：(010)88379203	封面无防伪标均为盗版

高职高专工程造价系列教材

编审委员会名单

出版说明

近年来，随着国家经济建设的迅速发展，建设工程的发展规模不断扩大，建设速度不断加快，对建筑类具备高等职业技能的人才需求也随之不断加大。为了贯彻落实《国务院关于大力推进职业教育改革与发展的决定》的精神，我们通过深入调查，在全国高职高专教育土建类专业教学指导委员会的指导与大力支持下，组织了全国三十余所高职高专院校的一批优秀教师，编写出版了本套教材。

本套教材以《高等职业教育工程造价技术专业教育标准和培养方案》为纲，编写中注重培养学生的实践能力，基础理论贯彻“实用为主、必需和够用为度”的原则，基本知识采用广而不深、点到为止的编写方法，基本技能贯穿教学的始终。在教材的编写中，力求文字叙述简明扼要、通俗易懂。本套教材结合了专业建设、课程建设和教学改革成果，在广泛的调查和研讨的基础上进行规划和编写，在编写中紧密结合职业要求，力争能满足高职高专教学需要并推动高职高专工程造价专业的教材建设。

本套教材包括工程造价专业的12门主干课程，编者来自全国多所在工程造价专业领域积极进行教育教学研究，并取得优秀成果的高等职业院校。在未来的2~3年内，我们将陆续推出工程监理、市政工程、园林景观等土建类各专业的教材及实训教材，最终出版一系列体系完整、内容优秀、特色鲜明的高职高专土建类专业教材。

本套教材适用于高职高专院校、成人高校、继续教育学院和民办高校的建筑装饰工程技术专业使用，也可作为相关从业人员的培训教材。

机械工业出版社

2010年1月

序　言

为了全面贯彻《国务院关于大力推进职业教育改革与发展的决定》，认真落实《教育部关于全面提高高等职业教育教学质量的若干意见》，培养工程造价行业紧缺的工程管理型、技术应用型人才，依照高职高专教育土建类专业教学指导委员会编制的工程造价专业的教育标准、培养方案及主干课程教学大纲，我们组织了全国多所在该专业领域积极进行教育教学改革，并取得许多优秀成果的高等职业院校的老师共同编写了这套系列教材。

本套系列教材包括《工程造价控制》、《工程量清单计价》、《建筑工程项目管理》、《建筑设备安装工程预算》、《建筑装饰工程预算》、《建筑工程预算》、《工程建设定额原理与实务》、《建筑设备安装与识图》、《建筑施工工艺》、《建筑结构基础与识图》、《建筑识图与构造》、《建筑与装饰材料》等12个分册，较好地体现了土建类高等职业教育培养"施工型"、"能力型"、"成品型"人才的特征。本着遵循专业人才培养的总体目标和体现职业型、技术型的特色以及反映最新课程改革成果的原则，整套教材在体系的构建、内容的选择、知识的互融、彼此的衔接和应用的便捷上不但可为一线老师的教学和学生的学习提供有效的帮助，而且必定会有力推进高职高专工程造价专业教育教学改革的进程。

教学改革是一项在探索中不断前进的过程，教材建设也必将随之不断革故鼎新，希望使用该系列教材的院校以及老师和同学们及时将你们的意见、要求反馈给我们，以使该系列教材不断完善，成为反映高等职业教育工程造价专业改革最新成果的精品系列教材。

高职高专工程造价系列教材编审委员会

2010年1月

前　言

本书根据《高等职业教育工程造价专业教育标准和培养方案及主干课程教学大纲》、现行的预算定额及现行的有关文件编写。

《建筑工程预算》是一门实践性很强的专业课，编写教材要着力提高学生职业技能和技术服务能力以适应企业的需求，本书突出职业技术教育特点，在理论上依照“必需、够用”的原则，建立理论知识与职业能力相互支撑、互相渗透的教学体系，结合建筑产品的特点，阐述了建筑工程预算的基本理论、建筑工程定额的应用、建筑工程费用的计算等内容，结合实际工程介绍了预、结算的编制与审查内容，并加入了相应案例。各章节均附有学习目标、学习重点及练习题，学生通过学、练同步了解和掌握编制工程预算的全过程。为了让学生掌握行业的最新发展动态和要求，在编写过程中，我们力求内容新颖，把新近颁布的《建筑工程建筑面积计算规范》（GB/T 50353—2005）、《建设工程工程量清单计价规范》（GB 50500—2008），编入本书，使其具有较强的适用性。

本书由河南建筑职业技术学院李宏魁、宋显锐主编，于卫云副主编，河南省建筑科学研究院钱伟、广东白云学院周胜利、新疆建设职业技术学院李静昆、吉林建筑工程学院职业技术学院李惠、山西建筑职业技术学院金威利参加编写，河南建筑职业技术学院翟丽旻主审。

全书共分五章，第一章由钱伟、李静昆编写，第二章由金威利、于卫云编写，第三章由周胜利编写，第四章由宋显锐、李宏魁编写，第五章由李静昆、李惠编写，附图部分由于卫云、李惠编写。

由于预算定额具有地区性的特点、定额和预算编制理论的不断发展以及编者水平有限，教材中如有疏漏和差错之处，诚望使用教材的同志提出批评和改进意见。

根据教学大纲要求，本书的参考教学学时为90，各章的学时分配如下。

序号	课程内容	总学时	授课学时	练习或实训学时
一	工程预算基本理论	12	8	4
二	建筑工程定额应用	16	13	3
三	建筑工程费用计算	14	7	7
四	建筑工程量计算	38	23	15
五	工程结算与预、结算的审查	10	6	4
小计		90	57	33

目　录

第一章 工程预算基本理论

学习目标：

通过学习工程预算基本理论，了解本课程研究的对象与任务，了解基本建设程序的概念；掌握建筑安装工程造价的费用构成；理解施工图预算的概念；掌握施工图预算的编制方法、编制程序；了解施工预算的概念、编制依据、包含的内容及编制步骤和应注意的问题，掌握施工预算与施工图预算的区别，熟悉两预算对比的内容和方法。

学习重点：

基本建设项目划分，建筑安装工程造价的费用构成，施工图预算的编制方法、编制程序，施工预算的概念，施工预算与施工图预算的区别，两算对比的意义与方法。

第一节 基本建设程序与建设项目划分

建筑工程预算是确定建筑工程造价的经济文件，在建筑工程预算的编制过程中，要合理确定工程项目的划分。为了正确掌握工程项目的划分方法，需了解基本建设程序及建设项目划分的内容。

一、基本建设的概念

基本建设是指国民经济各部门中固定资产的形成过程以及与之相关的各项工作。如建造工厂、矿山、铁路、电站、水库、医院、学校、商店、住宅和购置机器设备、车辆、船舶等活动以及与之紧密相连的征收土地、房屋拆迁、勘测设计、培训生产人员等工作。换言之，基本建设就是指固定资产的建设，即建筑、安装和购置固定资产的活动及其与之相关的工作。

基本建设是再生产的重要手段，是国民经济发展的重要物质基础。

基本建设是发展和扩大社会生产、增强国民经济实力的物质技术基础，是改善和提高人民群众物质生活水平和文化水平的重要手段，是实现社会扩大再生产的必要条件。

二、基本建设的内容

1. 建筑工程

建筑工程包括永久性和临时性的建筑物、设备基础的建造；电器、给水排水、暖通等设备的安装；建筑场地的清理、平整、排水；竣工后的清理、绿化以及水利、铁路、公路、桥梁等的建设。

2. 设备安装工程

设备安装工程包括生产、起重、运输、医疗、实验等各种机械设备的安装、装配工程；与设备相连的工作台、梯子等装备设施的安装；附属于被安装的管线敷设和设备的绝缘、保温、涂装等，以及为测定安装质量对单个设备进行的试运行工作。

3. 设备购置

设备购置包括各种机械设备、电器设备、工具、器具的购置。

4. 勘察与设计工作

勘察与设计工作包括地质勘探、地形测量、工程设计等工作。

5. 其他基本建设工作

除了以上内容外，还包括筹建机构、征收土地、工人培训以及生产准备等其他基本建设工作。

三、基本建设程序

基本建设程序是指工程项目从策划、评估、决策、设计、施工到竣工验收、投入生产或交付使用的整个建设过程中，各项工作必须遵循的先后工作次序。

按照我国现行规定，基本建设程序可以分为以下几个阶段：

（一）项目建议书阶段

项目建议书是要求建设某一具体项目的建议文件，其作用是推荐一个拟建项目。

项目建议书的内容视项目的不同而有繁有简，但一般应包括以下几个方面：

（1）建设项目提出的必要性和依据。

（2）产品方案、拟建规模和建设地点的初步设想。

（3）资源情况、建设条件、协作关系等方面的初步分析，对需要引进技术和进口设备的项目，还要做出引进国别、厂商的初步分析和比较。

（4）投资估算和资金筹措的设想。

（5）项目进度安排。

（6）经济效益和社会效益的估算。

（7）环境影响的初步评价。

项目建议书批准后，并不表明项目正式成立，而是反映该项目应该进行下一步工作。

（二）可行性研究报告阶段

可行性研究是对工程项目在技术上是否可行和经济上是否合理进行科学的分析和论证。

可行性研究应完成以下工作内容：

（1）进行市场研究，以解决项目建设的必要性问题。

（2）进行工艺技术方案的研究，以解决项目建设的经济合理性问题。

（3）进行财务和经济分析，以解决项目建设的经济合理性问题。

可行性研究报告批准后，不得随意修改和变更。

（三）建设地点选择阶段

建设地点的选择，要按隶属关系，由主管部门组织勘察设计等单位和所在部门共同进行。凡在城市辖区内选点的，要取得城市规划部门的同意，并要有协议文件。

选择建设地点主要考虑以下三个问题：

（1）工程地质、水文地质等自然条件是否可靠。

（2）建设时所需水电、运输条件是否落实。

（3）项目建成投产后，能源、材料等是否具备，同时对生产人员的生活条件、生产环境也要全面考虑。

（四）设计工作阶段

设计是建设计划的具体化，是组织施工的依据。

设计部门根据计划任务书、勘察资料进行初步设计，并编制初步设计概算；若需进一步确定初步设计中采用的工艺流程、建筑和结构的重大技术问题、设备的选型和数量，需进行技术设计，并编制修正概算；初步设计方案通过之后，根据初步设计（技术设计）的要求，结合现场实际情况完整地表现拟建建筑物外形、内部空间分割、结构体系以及与周围环境的配合，需进行施工图设计，并编制施工图预算。

（五）建设准备阶段

项目开工前要切实做好各项准备工作，主要包括：

（1）征地、拆迁和场地平整。

（2）完成施工用水、电、路等工程。

（3）组织材料、设备订货。

（4）准备必要的施工图样。

（5）组织施工招标、投标，择优选定施工单位。

（六）编制年度建设投资计划阶段

建设项目根据经过审批的总概算和工期，合理安排分年度投资。

（七）建设实施阶段

建设项目一经批准开工建设，项目就进入建设实施阶段。建设单位和施工单位根据施工图和年度基本建设计划组织全面施工。建设实施阶段是建设资金、人力、物力投入最密集的环节，也是工程管理和造价管理最复杂的阶段。

（八）生产准备阶段

建设项目竣工之前，在全面施工的同时，建设单位要做投产前的各项生产准备工作，以保证及时投产，并尽快达到生产能力。

（九）竣工验收、交付使用阶段

当工程项目按照设计文件的规定内容和施工图样的要求全部建完后，具备投产的使用条件，不论新建、扩建、改建、迁建，都要及时组织验收。施工单位需编制工程结算；竣工验收完成后，建设单位编制竣工决算。

（十）后评价阶段

建设项目后评价是工程项目竣工投产运营一段时间后在对项目的立项决策、设计施工、竣工投产、生产运营等全过程进行系统评价的一种技术经济活动。通过后评价，总结经验，吸取教训，不断提高项目的决策水平和管理水平，提高投资效益。

四、基本建设项目划分

按照基本建设项目项目管理和合理确定工程造价的需要，可以把建设工程划分为基本建设项目、单项工程、单位工程、分部工程、分项工程等五个层次。

（一）基本建设项目

基本建设项目简称建设项目。凡是按一个总体设计组织施工，建成后具有完整的系统，可以独立形成生产能力或使用价值的建设工程，称为一个建设项目。

建设项目按照合理确定工程造价和基本建设管理工作的需要，可以划分为单项工程、单位工程、分部工程和分项工程。

（二）单项工程

单项工程是指在一个工程项目中，具有独立的设计文件，竣工后可以单独发挥生产能力或使用效益的一组配套齐全的工程项目。例如，工业建设项目中各个独立的生产车间、办公楼；一个民用建设项目中，学校的教学楼、食堂、图书馆等，这些都可以称为一个单项工程。单项工程是建设项目的组成部分，一个工程项目可以仅有一个单项工程，也可以包括多个单项工程。

（三）单位工程

单位工程是指具备独立施工条件并能形成独立使用功能的建筑物及构筑物。对于建筑规模较大的单位工程，可将其能形成独立使用功能的部分作为一个单位工程。具有独立施工条件和能独立形成使用功能是单位工程划分的基本要求，单位工程的划分，在施工之前由建设单位、监理单位和施工单位商议确定。

单位工程是单项工程的组成部分，按照单项工程的构成，又可将其分解为建筑工程和设备安装工程。如工业厂房中的土建工程、设备安装工程、工业管道工程等分别是单项工程中所包含的不同性质的单位工程；某教学楼的土建工程、电气照明工程、给水排水工程等是组成教学楼这一单项工程的单位工程。

（四）分部工程

分部工程是单位工程的组成部分，应按专业性质、建筑部位确定，如一般的工业与民用建筑工程的分部工程包括：地基与基础工程、主体结构工程、装饰装修工程、屋面工程、给水排水及采暖工程、电气工程、智能建筑工程、通风与空调工程、电梯工程。若干个分部工程组成一个单位工程。

（五）分项工程

分项工程是分部工程的组成部分，一般按主要工程、材料、施工工艺类别等进行划分。如某基础工程可划分为挖土、基础混凝土垫层、砖基础、地圈梁、回填土、土方运输等分项工程。分项工程是工程项目施工生产活动的基础，也是计量工程用工、用料、机械台班消耗的基本单元，同时也是工程质量形成的直接过程。分项工程既有其作业活动的独立性，又有相互联系、相互制约的整体性。

基本建设项目划分示意图见图1-1。

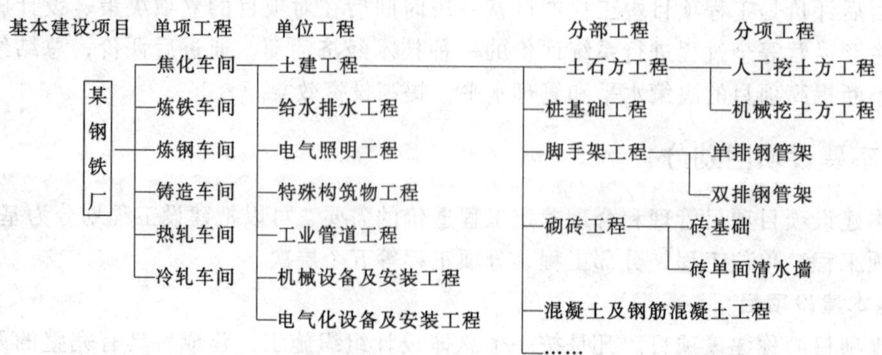

图1-1　基本建设项目划分示意图

第二节　工程造价构成

一、我国现行建设项目投资构成

建设项目投资含固定资产投资（建设投资及建设期贷款利息）和流动资产投资两部分，建设项目总投资中的固定资产投资与建设项目的工程造价在量上相等。

工程造价基本构成中，包括用于购买工程项目所含各种设备的费用，用于建筑施工和安装施工所需支出的费用，用于委托工程勘察设计应支付的费用，用于购置土地所需的费用，也包括用于建设单位自身进行项目筹建和项目管理所花费的费用等。总之，工程造价是工程项目按照确定的建设内容、建设规模、建设标准、功能要求和使用要求等全部建成并验收合格交付使用所需的全部费用。

二、我国现行建设项目工程造价的构成

生产性建设项目投资应包括建设投资、建设期贷款利息和流动资金三部分费用，见图1-2。非生产性项目只包括建设投资和建设期贷款利息。

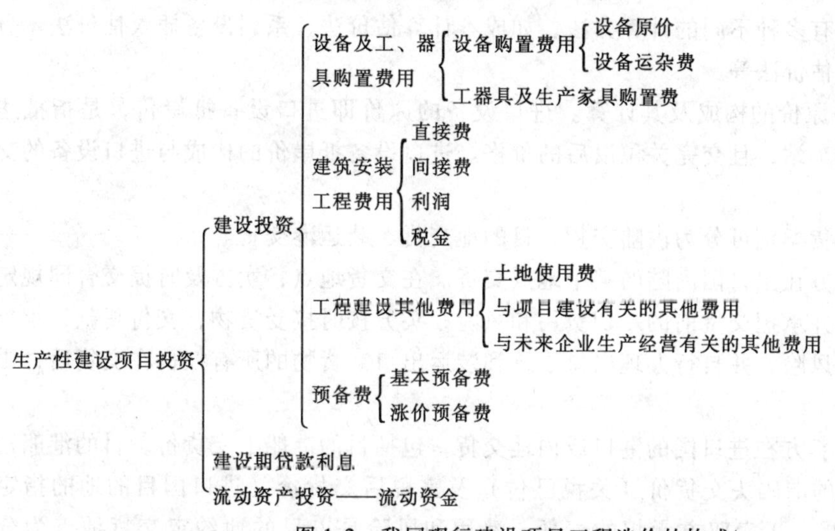

图1-2　我国现行建设项目工程造价的构成

[例1-1]　某建设项目投资构成中，设备购置费1000万元，工具、器具及生产家具购置费200万元，建筑工程费800万元，安装工程费500万元，工程建设其他费用400万元，基本预备费150万元，涨价预备费350万元，建设期贷款2000万，应计利息120万元，流动资金500万元，则该项目的工程造价为多少万元?

解：根据我国目前的规定，工程总投资由固定资产投资和流动资产投资组成，其中固定资产投资即通常所说的工程造价，流动资产投资即流动资金。因此工程造价中不含流动资金部分。

工程造价为：(1000 + 200 + 800 + 500 + 400 + 150 + 350 + 120)万元 = 3520万元

(一) 设备及工具、器具购置费用的构成

设备、工器具购置费用是由设备购置费用和工具、器具及生产家具购置费用组成，它是

固定资产投资中的积极部分。在生产性工程建设中，设备及工具、器具费用占工程造价比重的增大，意味着生产技术的进步和资本有机构成的提高。

1. 设备购置费的构成及计算

设备购置费是指为建设工程购置或自制的达到固定资产标准的设备、工具、器具的费用。

设备购置费包括设备原价和设备运杂费，即

$$设备购置费=设备原价或进口设备抵岸价+设备运杂费 \tag{1-1}$$

式（1-1）中，设备原价是指国产标准设备、非标准设备的原价。设备运杂费是指设备原价中未包括的包装和包装材料费、运输费、装卸费、采购费及仓库保管费、供销部门手续费等。

（1）国产标准设备原价的构成及计算。国产标准设备是指按照主管部门颁布的标准图样和技术要求，由设备生产厂批量生产的，符合国家质量检验标准的设备。国产标准设备原价一般指的是设备制造厂的交货价，即出厂价。国产设备原价有两种，即带有备件的原价和不带有备件的原价。在计算时，一般采用带有备件的原价。

（2）国产非标准设备原价。国产非标准设备是指国家尚无定型标准，各设备生产厂不可能在工艺过程中采用批量生产，只能按一次订货，并根据具体的设备图样制造的设备。国产非标准设备原价有多种不同的计算方法，如成本计算估价法、系列设备插入估价法、分部组合估价法、定额估价法等。

（3）进口设备原价的构成及其计算。进口设备的原价即进口设备抵岸价，是指抵达买方边境港口或边境车站，且交完关税以后的价格。进口设备抵岸价的构成与进口设备的交货类别有关。

进口设备的交货类别可分为内陆交货、目的地交货、装运港交货。

内陆交货即卖方在出口国内陆的某个地点交货。在交货地点，卖方及时提交合同规定的货物和有关凭证，并承担交货前的一切费用和风险；买方按时接受货物，交付货款，承担接货后的一切费用和风险，并自行办理出口手续和装运出口。货物的所有权也在交货后，由卖方转移给买方。

目的地交货即卖方在进口国的港口或内地交货，包括目的港船上交货价，目的港船边交货价（FOS）和目的港码头交货价（关税已付）及完税后交货价（进口国目的地的指定地点）。它们的特点是：买卖双方承担的责任、费用和风险是以目的地约定交货地点为分界线，只有当卖方在交货地点将货物置于买方控制下方为交货，方能向买方收取货款。这类交货价对卖方来说承担的风险较大，在国际贸易中卖方一般不愿意采用这类交货方式。

装运港交货即卖方在出口国装运港完成交货任务。主要有装运港船上交货价（FOB），习惯称为离岸价；运费在内价（CFR）；运费、保险费在内价（CIF），习惯称为到岸价。它们的特点主要是：卖方按照约定的时间在装运港交货，只要卖方把合同规定的货物装船后提供货运单据便完成交货任务，并可凭单据收回货款。

[例1-2] 在进口设备交货类别中，买方承担风险最大的交货方式是什么？

解：进口设备在不同交货地点交货，买方承担的风险程度是不一样的。在出口国内陆的某个地点交货，卖方及时提交合同规定的货物和有关凭证，并负担交货前的一切费用和风险；买方按时接受货物，交付货款，负担接货后的一切费用和风险，并自行办理出口手续和装运出口，因此买方承担的风险比其他交货方式的风险大。

进口设备原价通常由进口设备到岸价（CIF）和进口从属费用构成。

（1）进口设备到岸价的构成及计算。

$$进口设备到岸价(CIF) = 货价(FOB) + 国外运费 + 运输保险费 = 运费在内价(CFR) + 运输保险费 \tag{1-2}$$

1）货价。一般是指装运港船上交货价（FOB）。设备货价分为原币货价和人民币货价，原币货价一律折算为美元表示，人民币货价按原币货价乘以外汇市场美元兑换人民币中间价确定。进口设备货价按有关生产厂商询价、报价、订货合同价计算。

2）国外运费。即从装运港（站）到达我国抵达港（站）的运费。我国进口设备大部分采用海洋运输，小部分采用铁路运输，个别采用航空运输。进口设备国际运费计算公式为

$$国外运费(海、陆、空) = 原币货价 \times 运费率 \tag{1-3}$$

$$国外运费(海、陆、空) = 运量 \times 单位运价 \tag{1-4}$$

其中，运费率或单位运价参照有关部门或进出口公司的规定执行。

3）运输保险费。对外贸易货物运输保险是由保险人（保险公司）与被保险人（出口人或进口人）订立保险契约，在被保险人交付议定的保险费后，保险人根据保险契约的规定对货物在运输过程中发生的承保责任范围内的损失给予经济上的补偿。这属于财产保险。计算公式为

$$运输保险费 = \frac{原币货价(FOB) + 国外运费}{1 - 保险费率} \times 保险费率 \tag{1-5}$$

其中，保险费率按保险公司规定的进口货物保险费率计算。

（2）进口从属费用的构成及计算。

$$进口从属费 = 银行财务费 + 外贸手续费 + 关税 + 消费税 + 进口环节增值税 + 车辆购置税附加费 \tag{1-6}$$

1）银行财务费。一般是指中国银行手续费，可按下式简化计算

$$银行财务费 = 人民币货价(FOB) \times 人民币外汇汇率 \times 银行财务费率 \tag{1-7}$$

2）外贸手续费。指按对外经济贸易部规定的外贸手续费率计取的费用，外贸手续费率一般取 1.5%。计算公式为

$$外贸手续费 = 到岸价(CIF) \times 人民币外汇汇率 \times 外贸手续费率 \tag{1-8}$$

3）关税。关税是由海关对进出国境或关境的货物和物品征收的一种税。计算公式为

$$关税 = 到岸价(CIF) \times 人民币外汇汇率 \times 进口关税税率 \tag{1-9}$$

其中，到岸价（CIF）包括离岸价（FOB）、国际运费、运输保险费等费用，它作为关税完税价格。进口关税税率分为优惠和普通两种。普通税率适用于与我国未订有关税互惠条款的贸易条约或协定的国家与地区的进口设备；当进口货物来自与我国签订有关税互惠条款的贸易条约或协定的国家时，按优惠税率征税。进口关税税率按中华人民共和国海关总署发布的进口关税税率计算。

4）消费税。对部分进口设备（如轿车、摩托车等）征收，一般计算公式为

$$应纳消费税额 = \frac{到岸价 \times 人民币外汇汇率 + 关税}{1 - 消费税率} \times 消费税税率 \tag{1-10}$$

其中，消费税税率根据规定的税率计算。

5）进口环节增值税。增值税是我国政府对从事进口贸易的单位和个人，在进口商品报关进口后征收的税种。我国增值税条例规定，进口应税产品均按组成计税价格和增值税税率直接计算应纳税额，按下式计算

$$进口产品增值税额=组成计税价格\times增值税率 \tag{1-11}$$

$$组成计税价格=关税完税价格+关税+消费税 \tag{1-12}$$

增值税税率根据规定的税率计算。

6）车辆购置附加费。进口车辆需缴纳进口车辆购置附加费。其计算公式如下

$$进口车辆购置附加费=(关税完税价格+关税+消费税)\times进口车辆购置附加费率 \tag{1-13}$$

[例1-3] 国内某项目需进口设备，该设备重量为800t，装运港船上交货价为300万美元，国际运费标准为300美元/t，海上运输保险费费率为0.3%，银行财务费费率为0.5%，外贸手续费费率为1.5%，关税税率为22%，增值税税率为17%，消费税税率为10%，银行外汇牌价1美元=6.5元人民币，则该设备的原价为多少？

解： 进口设备货价FOB=300×6.5万元=1950万元

国外运费=300×800×6.5元=156万元

海运保险费=(1950+156)÷(1-0.3%)×0.3%万元=6.34万元

CIF=(1950+156+6.34)万元=2112.34万元

银行财务费=1950×0.5%万元=9.75万元

外贸手续费=2112.34×0.15%万元=31.69万元

关税=2112.34×22%万元=464.71万元

消费税=(2112.34+464.71)×(1-10%)×10%万元=286.34万元

增值税=(2112.34+464.71+286.34)×17%万元=486.78万元

进口设备从属费=(9.75+31.69+464.71+286.34+486.78)万元=1279.27万元

进口设备原价=(2112.34+1279.27)万元=3391.61万元

（3）设备运杂费。设备运杂费通常由下列各项构成：

1）运费和装卸费。国产标准设备由设备制造厂交货地点起至工地仓库（或施工组织设计指定的需要安装设备的堆放地点）止所发生的运费和装卸费。

进口设备则由我国到岸港口、边境车站起至工地仓库（或施工组织设计指定的需要安装设备的堆放地点）止所发生的运费和装卸费。

2）包装费。在设备出厂价格中没有包含的设备包装和包装材料器具费。

3）供销部门的手续费。按有关部门规定的统一费率计算。

4）采购与仓库保管费。指采购、验收、保管和收发设备所发生的各种费用，包括设备采购、保管和管理人员的工资、工资附加费、办公费、差旅交通费，设备供应部门办公和仓库所占固定资产使用费、工具用具使用费、劳动保护费、检验试验费等。这些费用可按主管部门规定的采购与保管费率计算。

设备运杂费按设备原价乘以设备运杂费率计算。其计算公式为

$$设备运杂费=设备原价\times设备运杂费率 \tag{1-14}$$

2. 工具、器具及生产家具购置费的构成及计算

工具、器具及生产家具购置费是指新建项目或扩建项目初步设计规定所必须购置的不够

高职高专土建类专业规划教材

工程造价系列

建筑工程预算

主　编　李宏魁　宋显锐

副主编　于卫云

参　编　钱　伟　周胜利　李静昆

　　　　李　惠　金威利

主　审　翟丽旻

机 械 工 业 出 版 社

本书是根据全国高职高专教育土建类专业教学指导委员会制定的工程造价专业教育标准和培养方案及主干课程教学大纲编写的。全书共5章，内容包括：工程预算基本理论，建筑工程定额应用，建筑工程费用计算，建筑工程量计算，工程结算与预、结算的审查。

本书作为高职院校工程造价专业的教材，结合行业最新规范、规程、标准，力求让工程造价高职高专教育与行业更贴近。本书也可作为工程造价从业人员培训的参考用书。

图书在版编目（CIP）数据

建筑工程预算李宏魁，宋显锐主编. —北京：机械工业出版社，2010.1（2019.8重印）

高职高专土建类专业规划教材. 工程造价系列

ISBN 978-7-111-29624-9

Ⅰ. 建… Ⅱ. ①李…②宋… Ⅲ. 建筑预算定额－高等学校：技术学校－教材 Ⅳ. TU723.3

中国版本图书馆CIP数据核字（2010）第013307号

机械工业出版社（北京市百万庄大街22号 邮政编码100037）

策划编辑：张荣荣 责任编辑：张荣荣 版式设计：霍永明

责任校对：樊钟英 封面设计：张 静 责任印制：郜 敏

北京富生印刷厂印刷

2019年8月第1版第6次印刷

184mm×260mm · 10.5印张 · 256千字

标准书号：ISBN 978-7-111-29624-9

定价：28.00元

凡购本书，如有缺页、倒页、脱页，由本社发行部调换

电话服务	网络服务
社服务中心：(010)88361066	教 材 网：http://www.cmpedu.com
销 售 一 部：(010)68326294	机工官网：http://www.cmpbook.com
销 售 二 部：(010)88379649	机工官博：http://weibo.com/cmp1952
读者购书热线：(010)88379203	封面无防伪标均为盗版

高职高专工程造价系列教材
编审委员会名单

出版说明

近年来，随着国家经济建设的迅速发展，建设工程的发展规模不断扩大，建设速度不断加快，对建筑类具备高等职业技能的人才需求也随之不断加大。为了贯彻落实《国务院关于大力推进职业教育改革与发展的决定》的精神，我们通过深入调查，在全国高职高专教育土建类专业教学指导委员会的指导与大力支持下，组织了全国三十余所高职高专院校的一批优秀教师，编写出版了本套教材。

本套教材以《高等职业教育工程造价技术专业教育标准和培养方案》为纲，编写中注重培养学生的实践能力，基础理论贯彻“实用为主、必需和够用为度”的原则，基本知识采用广而不深、点到为止的编写方法，基本技能贯穿教学的始终。在教材的编写中，力求文字叙述简明扼要、通俗易懂。本套教材结合了专业建设、课程建设和教学改革成果，在广泛的调查和研讨的基础上进行规划和编写，在编写中紧密结合职业要求，力争能满足高职高专教学需要并推动高职高专工程造价专业的教材建设。

本套教材包括工程造价专业的12门主干课程，编者来自全国多所在工程造价专业领域积极进行教育教学研究，并取得优秀成果的高等职业院校。在未来的2～3年内，我们将陆续推出工程监理、市政工程、园林景观等土建类各专业的教材及实训教材，最终出版一系列体系完整、内容优秀、特色鲜明的高职高专土建类专业教材。

本套教材适用于高职高专院校、成人高校、继续教育学院和民办高校的建筑装饰工程技术专业使用，也可作为相关从业人员的培训教材。

机械工业出版社

2010年1月

序　言

为了全面贯彻《国务院关于大力推进职业教育改革与发展的决定》，认真落实《教育部关于全面提高高等职业教育教学质量的若干意见》，培养工程造价行业紧缺的工程管理型、技术应用型人才，依照高职高专教育土建类专业教学指导委员会编制的工程造价专业的教育标准、培养方案及主干课程教学大纲，我们组织了全国多所在该专业领域积极进行教育教学改革，并取得许多优秀成果的高等职业院校的老师共同编写了这套系列教材。

本套系列教材包括《工程造价控制》、《工程量清单计价》、《建筑工程项目管理》、《建筑设备安装工程预算》、《建筑装饰工程预算》、《建筑工程预算》、《工程建设定额原理与实务》、《建筑设备安装与识图》、《建筑施工工艺》、《建筑结构基础与识图》、《建筑识图与构造》、《建筑与装饰材料》等12个分册，较好地体现了土建类高等职业教育培养“施工型”、“能力型”、“成品型”人才的特征。本着遵循专业人才培养的总体目标和体现职业型、技术型的特色以及反映最新课程改革成果的原则，整套教材在体系的构建、内容的选择、知识的互融、彼此的衔接和应用的便捷上不但可为一线老师的教学和学生的学习提供有效的帮助，而且必定会有力推进高职高专工程造价专业教育教学改革的进程。

教学改革是一项在探索中不断前进的过程，教材建设也必将随之不断革故鼎新，希望使用该系列教材的院校以及老师和同学们及时将你们的意见、要求反馈给我们，以使该系列教材不断完善，成为反映高等职业教育工程造价专业改革最新成果的精品系列教材。

高职高专工程造价系列教材编审委员会

2010年1月

前　言

本书根据《高等职业教育工程造价专业教育标准和培养方案及主干课程教学大纲》、现行的预算定额及现行的有关文件编写。

《建筑工程预算》是一门实践性很强的专业课，编写教材要着力提高学生职业技能和技术服务能力以适应企业的需求，本书突出职业技术教育特点，在理论上依照“必需、够用”的原则，建立理论知识与职业能力相互支撑、互相渗透的教学体系，结合建筑产品的特点，阐述了建筑工程预算的基本理论、建筑工程定额的应用、建筑工程费用的计算等内容，结合实际工程介绍了预、结算的编制与审查内容，并加入了相应案例。各章节均附有学习目标、学习重点及练习题，学生通过学、练同步了解和掌握编制工程预算的全过程。为了让学生掌握行业的最新发展动态和要求，在编写过程中，我们力求内容新颖，把新近颁布的《建筑工程建筑面积计算规范》（GB/T 50353—2005）、《建设工程工程量清单计价规范》（GB 50500—2008），编入本书，使其具有较强的适用性。

本书由河南建筑职业技术学院李宏魁、宋显锐主编，于卫云副主编，河南省建筑科学研究院钱伟、广东白云学院周胜利、新疆建设职业技术学院李静昆、吉林建筑工程学院职业技术学院李惠、山西建筑职业技术学院金威利参加编写，河南建筑职业技术学院翟丽旻主审。

全书共分五章，第一章由钱伟、李静昆编写，第二章由金威利、于卫云编写，第三章由周胜利编写，第四章由宋显锐、李宏魁编写，第五章由李静昆、李惠编写，附图部分由于卫云、李惠编写。

由于预算定额具有地区性的特点、定额和预算编制理论的不断发展以及编者水平有限，教材中如有疏漏和差错之处，诚望使用教材的同志提出批评和改进意见。

根据教学大纲要求，本书的参考教学学时为90，各章的学时分配如下。

序号	课程内容	总学时	授课学时	练习或实训学时
一	工程预算基本理论	12	8	4
二	建筑工程定额应用	16	13	3
三	建筑工程费用计算	14	7	7
四	建筑工程量计算	38	23	15
五	工程结算与预、结算的审查	10	6	4
小计		90	57	33

目　录

第一章　工程预算基本理论

学习目标：

通过学习工程预算基本理论，了解本课程研究的对象与任务，了解基本建设程序的概念；掌握建筑安装工程造价的费用构成；理解施工图预算的概念；掌握施工图预算的编制方法、编制程序；了解施工预算的概念、编制依据、包含的内容及编制步骤和应注意的问题，掌握施工预算与施工图预算的区别，熟悉两预算对比的内容和方法。

学习重点：

基本建设项目划分，建筑安装工程造价的费用构成，施工图预算的编制方法、编制程序，施工预算的概念，施工预算与施工图预算的区别，两算对比的意义与方法。

第一节　基本建设程序与建设项目划分

建筑工程预算是确定建筑工程造价的经济文件，在建筑工程预算的编制过程中，要合理确定工程项目的划分。为了正确掌握工程项目的划分方法，需了解基本建设程序及建设项目划分的内容。

一、基本建设的概念

基本建设是指国民经济各部门中固定资产的形成过程以及与之相关的各项工作。如建造工厂、矿山、铁路、电站、水库、医院、学校、商店、住宅和购置机器设备、车辆、船舶等活动以及与之紧密相连的征收土地、房屋拆迁、勘测设计、培训生产人员等工作。换言之，基本建设就是指固定资产的建设，即建筑、安装和购置固定资产的活动及其与之相关的工作。

基本建设是再生产的重要手段，是国民经济发展的重要物质基础。

基本建设是发展和扩大社会生产、增强国民经济实力的物质技术基础，是改善和提高人民群众物质生活水平和文化水平的重要手段，是实现社会扩大再生产的必要条件。

二、基本建设的内容

1. 建筑工程

建筑工程包括永久性和临时性的建筑物、设备基础的建造；电器、给水排水、暖通等设备的安装；建筑场地的清理、平整、排水；竣工后的清理、绿化以及水利、铁路、公路、桥梁等的建设。

2. 设备安装工程

设备安装工程包括生产、起重、运输、医疗、实验等各种机械设备的安装、装配工程；与设备相连的工作台、梯子等装备设施的安装；附属于被安装的管线敷设和设备的绝缘、保温、涂装等，以及为测定安装质量对单个设备进行的试运行工作。

3. 设备购置

设备购置包括各种机械设备、电器设备、工具、器具的购置。

4. 勘察与设计工作

勘察与设计工作包括地质勘探、地形测量、工程设计等工作。

5. 其他基本建设工作

除了以上内容外，还包括筹建机构、征收土地、工人培训以及生产准备等其他基本建设工作。

三、基本建设程序

基本建设程序是指工程项目从策划、评估、决策、设计、施工到竣工验收、投入生产或交付使用的整个建设过程中，各项工作必须遵循的先后工作次序。

按照我国现行规定，基本建设程序可以分为以下几个阶段：

（一）项目建议书阶段

项目建议书是要求建设某一具体项目的建议文件，其作用是推荐一个拟建项目。

项目建议书的内容视项目的不同而有繁有简，但一般应包括以下几个方面：

（1）建设项目提出的必要性和依据。

（2）产品方案、拟建规模和建设地点的初步设想。

（3）资源情况、建设条件、协作关系等方面的初步分析，对需要引进技术和进口设备的项目，还要做出引进国别、厂商的初步分析和比较。

（4）投资估算和资金筹措的设想。

（5）项目进度安排。

（6）经济效益和社会效益的估算。

（7）环境影响的初步评价。

项目建议书批准后，并不表明项目正式成立，而是反映该项目应该进行下一步工作。

（二）可行性研究报告阶段

可行性研究是对工程项目在技术上是否可行和经济上是否合理进行科学的分析和论证。

可行性研究应完成以下工作内容：

（1）进行市场研究，以解决项目建设的必要性问题。

（2）进行工艺技术方案的研究，以解决项目建设的经济合理性问题。

（3）进行财务和经济分析，以解决项目建设的经济合理性问题。

可行性研究报告批准后，不得随意修改和变更。

（三）建设地点选择阶段

建设地点的选择，要按隶属关系，由主管部门组织勘察设计等单位和所在部门共同进行。凡在城市辖区内选点的，要取得城市规划部门的同意，并要有协议文件。

选择建设地点主要考虑以下三个问题：

（1）工程地质、水文地质等自然条件是否可靠。

（2）建设时所需水电、运输条件是否落实。

（3）项目建成投产后，能源、材料等是否具备，同时对生产人员的生活条件、生产环境也要全面考虑。

（四）设计工作阶段

设计是建设计划的具体化，是组织施工的依据。

设计部门根据计划任务书、勘察资料进行初步设计，并编制初步设计概算；若需进一步确定初步设计中采用的工艺流程、建筑和结构的重大技术问题、设备的选型和数量，需进行技术设计，并编制修正概算；初步设计方案通过之后，根据初步设计（技术设计）的要求，结合现场实际情况完整地表现拟建建筑物外形、内部空间分割、结构体系以及与周围环境的配合，需进行施工图设计，并编制施工图预算。

（五）建设准备阶段

项目开工前要切实做好各项准备工作，主要包括：

（1）征地、拆迁和场地平整。

（2）完成施工用水、电、路等工程。

（3）组织材料、设备订货。

（4）准备必要的施工图样。

（5）组织施工招标、投标，择优选定施工单位。

（六）编制年度建设投资计划阶段

建设项目根据经过审批的总概算和工期，合理安排分年度投资。

（七）建设实施阶段

建设项目一经批准开工建设，项目就进入建设实施阶段。建设单位和施工单位根据施工图和年度基本建设计划组织全面施工。建设实施阶段是建设资金、人力、物力投入最密集的环节，也是工程管理和造价管理最复杂的阶段。

（八）生产准备阶段

建设项目竣工之前，在全面施工的同时，建设单位要做投产前的各项生产准备工作，以保证及时投产，并尽快达到生产能力。

（九）竣工验收、交付使用阶段

当工程项目按照设计文件的规定内容和施工图样的要求全部建完后，具备投产的使用条件，不论新建、扩建、改建、迁建，都要及时组织验收。施工单位需编制工程结算；竣工验收完成后，建设单位编制竣工决算。

（十）后评价阶段

建设项目后评价是工程项目竣工投产运营一段时间后在对项目的立项决策、设计施工、竣工投产、生产运营等全过程进行系统评价的一种技术经济活动。通过后评价，总结经验，吸取教训，不断提高项目的决策水平和管理水平，提高投资效益。

四、基本建设项目划分

按照基本建设项目项目管理和合理确定工程造价的需要，可以把建设工程划分为基本建设项目、单项工程、单位工程、分部工程、分项工程等五个层次。

（一）基本建设项目

基本建设项目简称建设项目。凡是按一个总体设计组织施工，建成后具有完整的系统，可以独立形成生产能力或使用价值的建设工程，称为一个建设项目。

建设项目按照合理确定工程造价和基本建设管理工作的需要，可以划分为单项工程、单位工程、分部工程和分项工程。

（二）单项工程

单项工程是指在一个工程项目中，具有独立的设计文件，竣工后可以单独发挥生产能力或使用效益的一组配套齐全的工程项目。例如，工业建设项目中各个独立的生产车间、办公楼；一个民用建设项目中，学校的教学楼、食堂、图书馆等，这些都可以称为一个单项工程。单项工程是建设项目的组成部分，一个工程项目可以仅有一个单项工程，也可以包括多个单项工程。

（三）单位工程

单位工程是指具备独立施工条件并能形成独立使用功能的建筑物及构筑物。对于建筑规模较大的单位工程，可将其能形成独立使用功能的部分作为一个单位工程。具有独立施工条件和能独立形成使用功能是单位工程划分的基本要求，单位工程的划分，在施工之前由建设单位、监理单位和施工单位商议确定。

单位工程是单项工程的组成部分，按照单项工程的构成，又可将其分解为建筑工程和设备安装工程。如工业厂房中的土建工程、设备安装工程、工业管道工程等分别是单项工程中所包含的不同性质的单位工程；某教学楼的土建工程、电气照明工程、给水排水工程等是组成教学楼这一单项工程的单位工程。

（四）分部工程

分部工程是单位工程的组成部分，应按专业性质、建筑部位确定，如一般的工业与民用建筑工程的分部工程包括：地基与基础工程、主体结构工程、装饰装修工程、屋面工程、给水排水及采暖工程、电气工程、智能建筑工程、通风与空调工程、电梯工程。若干个分部工程组成一个单位工程。

（五）分项工程

分项工程是分部工程的组成部分，一般按主要工程、材料、施工工艺类别等进行划分。如某基础工程可划分为挖土、基础混凝土垫层、砖基础、地圈梁、回填土、土方运输等分项工程。分项工程是工程项目施工生产活动的基础，也是计量工程用工、用料、机械台班消耗的基本单元，同时也是工程质量形成的直接过程。分项工程既有其作业活动的独立性，又有相互联系、相互制约的整体性。

基本建设项目划分示意图见图 1-1。

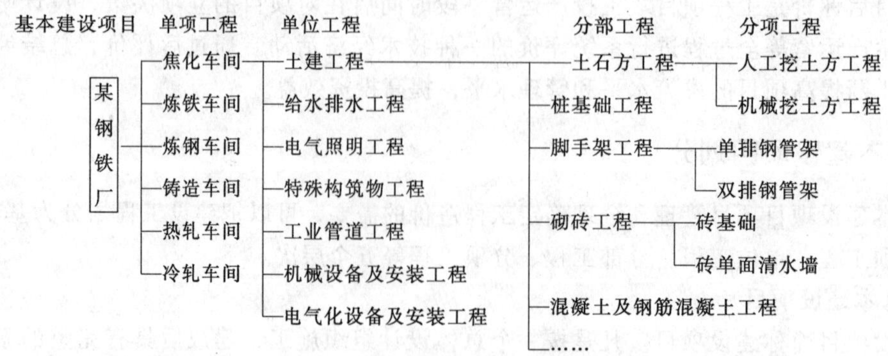

图 1-1　基本建设项目划分示意图

第二节 工程造价构成

一、我国现行建设项目投资构成

建设项目投资含固定资产投资（建设投资及建设期贷款利息）和流动资产投资两部分，建设项目总投资中的固定资产投资与建设项目的工程造价在量上相等。

工程造价基本构成中，包括用于购买工程项目所含各种设备的费用，用于建筑施工和安装施工所需支出的费用，用于委托工程勘察设计应支付的费用，用于购置土地所需的费用，也包括用于建设单位自身进行项目筹建和项目管理所花费的费用等。总之，工程造价是工程项目按照确定的建设内容、建设规模、建设标准、功能要求和使用要求等全部建成并验收合格交付使用所需的全部费用。

二、我国现行建设项目工程造价的构成

生产性建设项目投资应包括建设投资、建设期贷款利息和流动资金三部分费用，见图1-2。非生产性项目只包括建设投资和建设期贷款利息。

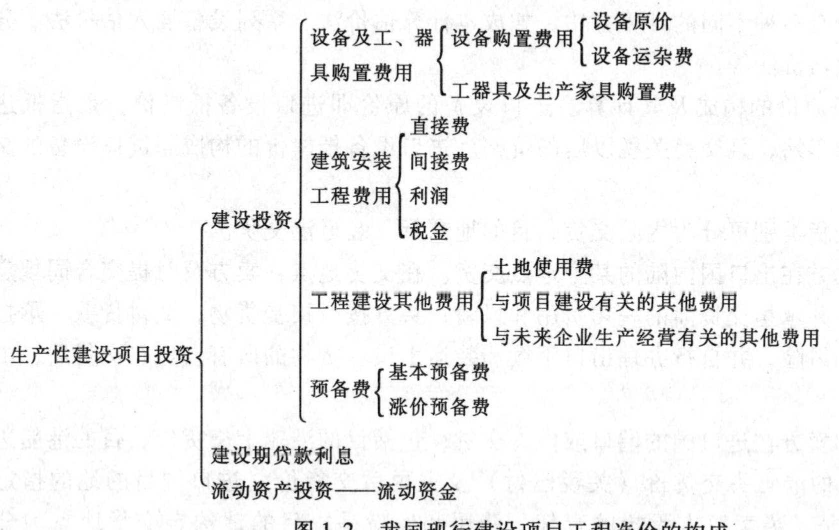

图1-2 我国现行建设项目工程造价的构成

[例1-1] 某建设项目投资构成中，设备购置费1000万元，工具、器具及生产家具购置费200万元，建筑工程费800万元，安装工程费500万元，工程建设其他费用400万元，基本预备费150万元，涨价预备费350万元，建设期贷款2000万，应计利息120万元，流动资金500万元，则该项目的工程造价为多少万元？

解：根据我国目前的规定，工程总投资由固定资产投资和流动资产投资组成，其中固定资产投资即通常所说的工程造价，流动资产投资即流动资金。因此工程造价中不含流动资金部分。

工程造价为：$(1000+200+800+500+400+150+350+120)$万元$=3520$万元

（一）设备及工具、器具购置费用的构成

设备、工器具购置费用是由设备购置费用和工具、器具及生产家具购置费用组成，它是

固定资产投资中的积极部分。在生产性工程建设中，设备及工具、器具费用占工程造价比重的增大，意味着生产技术的进步和资本有机构成的提高。

1. 设备购置费的构成及计算

设备购置费是指为建设工程购置或自制的达到固定资产标准的设备、工具、器具的费用。

设备购置费包括设备原价和设备运杂费，即

$$设备购置费 = 设备原价或进口设备抵岸价 + 设备运杂费 \tag{1-1}$$

式（1-1）中，设备原价是指国产标准设备、非标准设备的原价。设备运杂费是指设备原价中未包括的包装和包装材料费、运输费、装卸费、采购费及仓库保管费、供销部门手续费等。

（1）国产标准设备原价的构成及计算。国产标准设备是指按照主管部门颁布的标准图样和技术要求，由设备生产厂批量生产的，符合国家质量检验标准的设备。国产标准设备原价一般指的是设备制造厂的交货价，即出厂价。国产设备原价有两种，即带有备件的原价和不带有备件的原价。在计算时，一般采用带有备件的原价。

（2）国产非标准设备原价。国产非标准设备是指国家尚无定型标准，各设备生产厂不可能在工艺过程中采用批量生产，只能按一次订货，并根据具体的设备图样制造的设备。国产非标准设备原价有多种不同的计算方法，如成本计算估价法、系列设备插入估价法、分部组合估价法、定额估价法等。

（3）进口设备原价的构成及其计算。进口设备的原价即进口设备抵岸价，是指抵达买方边境港口或边境车站，且交完关税以后的价格。进口设备抵岸价的构成与进口设备的交货类别有关。

进口设备的交货类别可分为内陆交货、目的地交货、装运港交货。

内陆交货即卖方在出口国内陆的某个地点交货。在交货地点，卖方及时提交合同规定的货物和有关凭证，并承担交货前的一切费用和风险；买方按时接受货物，交付货款，承担接货后的一切费用和风险，并自行办理出口手续和装运出口。货物的所有权也在交货后，由卖方转移给买方。

目的地交货即卖方在进口国的港口或内地交货，包括目的港船上交货价，目的港船边交货价（FOS）和目的港码头交货价（关税已付）及完税后交货价（进口国目的地的指定地点）。它们的特点是：买卖双方承担的责任、费用和风险是以目的地约定交货地点为分界线，只有当卖方在交货地点将货物置于买方控制下方为交货，方能向买方收取货款。这类交货价对卖方来说承担的风险较大，在国际贸易中卖方一般不愿意采用这类交货方式。

装运港交货即卖方在出口国装运港完成交货任务。主要有装运港船上交货价（FOB），习惯称为离岸价；运费在内价（CFR）；运费、保险费在内价（CIF），习惯称为到岸价。它们的特点主要是：卖方按照约定的时间在装运港交货，只要卖方把合同规定的货物装船后提供货运单据便完成交货任务，并可凭单据收回货款。

[例 1-2] 在进口设备交货类别中，买方承担风险最大的交货方式是什么？

解：进口设备在不同交货地点交货，买方承担的风险程度是不一样的。在出口国内陆的某个地点交货，卖方及时提交合同规定的货物和有关凭证，并负担交货前的一切费用和风险；买方按时接受货物，交付货款，负担接货后的一切费用和风险，并自行办理出口手续和装运出口，因此买方承担的风险比其他交货方式的风险大。

进口设备原价通常由进口设备到岸价（CIF）和进口从属费用构成。

（1）进口设备到岸价的构成及计算。

$$\begin{aligned}\text{进口设备到岸价(CIF)} &= \text{货价(FOB)} + \text{国外运费} + \text{运输保险费} \\ &= \text{运费在内价(CFR)} + \text{运输保险费}\end{aligned} \qquad (1\text{-}2)$$

1）货价。一般是指装运港船上交货价（FOB）。设备货价分为原币货价和人民币货价，原币货价一律折算为美元表示，人民币货价按原币货价乘以外汇市场美元兑换人民币中间价确定。进口设备货价按有关生产厂商询价、报价、订货合同价计算。

2）国外运费。即从装运港（站）到达我国抵达港（站）的运费。我国进口设备大部分采用海洋运输，小部分采用铁路运输，个别采用航空运输。进口设备国际运费计算公式为

$$\text{国外运费(海、陆、空)} = \text{原币货价} \times \text{运费率} \qquad (1\text{-}3)$$

$$\text{国外运费(海、陆、空)} = \text{运量} \times \text{单位运价} \qquad (1\text{-}4)$$

其中，运费率或单位运价参照有关部门或进出口公司的规定执行。

3）运输保险费。对外贸易货物运输保险是由保险人（保险公司）与被保险人（出口人或进口人）订立保险契约，在被保险人交付议定的保险费后，保险人根据保险契约的规定对货物在运输过程中发生的承保责任范围内的损失给予经济上的补偿。这属于财产保险。计算公式为

$$\text{运输保险费} = \frac{\text{原币货价(FOB)} + \text{国外运费}}{1 - \text{保险费率}} \times \text{保险费率} \qquad (1\text{-}5)$$

其中，保险费率按保险公司规定的进口货物保险费率计算。

（2）进口从属费用的构成及计算。

$$\text{进口从属费} = \text{银行财务费} + \text{外贸手续费} + \text{关税} + \text{消费税} + \text{进口环节增值税} + \text{车辆购置税附加费} \qquad (1\text{-}6)$$

1）银行财务费。一般是指中国银行手续费，可按下式简化计算

$$\text{银行财务费} = \text{人民币货价(FOB)} \times \text{人民币外汇汇率} \times \text{银行财务费率} \qquad (1\text{-}7)$$

2）外贸手续费。指按对外经济贸易部规定的外贸手续费率计取的费用，外贸手续费率一般取1.5%。计算公式为

$$\text{外贸手续费} = \text{到岸价(CIF)} \times \text{人民币外汇汇率} \times \text{外贸手续费率} \qquad (1\text{-}8)$$

3）关税。关税是由海关对进出国境或关境的货物和物品征收的一种税。计算公式为

$$\text{关税} = \text{到岸价(CIF)} \times \text{人民币外汇汇率} \times \text{进口关税税率} \qquad (1\text{-}9)$$

其中，到岸价（CIF）包括离岸价（FOB）、国际运费、运输保险费等费用，它作为关税完税价格。进口关税税率分为优惠和普通两种。普通税率适用于与我国未订有关税互惠条款的贸易条约或协定的国家与地区的进口设备；当进口货物来自与我国签订有关税互惠条款的贸易条约或协定的国家时，按优惠税率征税。进口关税税率按中华人民共和国海关总署发布的进口关税税率计算。

4）消费税。对部分进口设备（如轿车、摩托车等）征收，一般计算公式为

$$\text{应纳消费税额} = \frac{\text{到岸价} \times \text{人民币外汇汇率} + \text{关税}}{1 - \text{消费税率}} \times \text{消费税税率} \qquad (1\text{-}10)$$

其中，消费税税率根据规定的税率计算。

5）进口环节增值税。增值税是我国政府对从事进口贸易的单位和个人，在进口商品报关进口后征收的税种。我国增值税条例规定，进口应税产品均按组成计税价格和增值税税率直接计算应纳税额，按下式计算

$$进口产品增值税额=组成计税价格\times 增值税率 \tag{1-11}$$

$$组成计税价格=关税完税价格+关税+消费税 \tag{1-12}$$

增值税税率根据规定的税率计算。

6）车辆购置附加费。进口车辆需缴纳进口车辆购置附加费。其计算公式如下

$$进口车辆购置附加费=(关税完税价格+关税+消费税)\times 进口车辆购置附加费率 \tag{1-13}$$

[例1-3] 国内某项目需进口设备，该设备重量为800t，装运港船上交货价为300万美元，国际运费标准为300美元/t，海上运输保险费费率为0.3%，银行财务费费率为0.5%，外贸手续费费率为1.5%，关税税率为22%，增值税税率为17%，消费税税率为10%，银行外汇牌价1美元=6.5元人民币，则该设备的原价为多少？

解： 进口设备货价FOB=300×6.5万元=1950万元

国外运费=300×800×6.5元=156万元

海运保险费=(1950+156)÷(1-0.3%)×0.3%万元=6.34万元

CIF=(1950+156+6.34)万元=2112.34万元

银行财务费=1950×0.5%万元=9.75万元

外贸手续费=2112.34×0.15%万元=31.69万元

关税=2112.34×22%万元=464.71万元

消费税=(2112.34+464.71)×(1-10%)×10%万元=286.34万元

增值税=(2112.34+464.71+286.34)×17%万元=486.78万元

进口设备从属费=(9.75+31.69+464.71+286.34+486.78)万元=1279.27万元

进口设备原价=(2112.34+1279.27)万元=3391.61万元

（3）设备运杂费。设备运杂费通常由下列各项构成：

1）运费和装卸费。国产标准设备由设备制造厂交货地点起至工地仓库（或施工组织设计指定的需要安装设备的堆放地点）止所发生的运费和装卸费。

进口设备则由我国到岸港口、边境车站起至工地仓库（或施工组织设计指定的需要安装设备的堆放地点）止所发生的运费和装卸费。

2）包装费。在设备出厂价格中没有包含的设备包装和包装材料器具费。

3）供销部门的手续费。按有关部门规定的统一费率计算。

4）采购与仓库保管费。指采购、验收、保管和收发设备所发生的各种费用，包括设备采购、保管和管理人员的工资、工资附加费、办公费、差旅交通费，设备供应部门办公和仓库所占固定资产使用费、工具用具使用费、劳动保护费、检验试验费等。这些费用可按主管部门规定的采购与保管费率计算。

设备运杂费按设备原价乘以设备运杂费率计算。其计算公式为

$$设备运杂费=设备原价\times 设备运杂费率 \tag{1-14}$$

2. 工具、器具及生产家具购置费的构成及计算

工具、器具及生产家具购置费是指新建项目或扩建项目初步设计规定所必须购置的不够

固定资产标准的设备、仪器、工卡模具、器具、生产家具和备品备件的费用。其一般计算公式为

$$工具、器具及生产家具购置费 = 设备购置费 \times 定额费率 \quad (1\text{-}15)$$

（二）建筑安装工程费用构成

建筑安装工程费用内容包括建筑工程费用和安装工程费用。

建筑工程费用的内容包括：各类房屋建筑工程和列入房屋建筑工程预算的供水、供暖、卫生、通风、煤气等设备费用及其装饰工程的费用，列入建筑工程预算的各种管道、电力、电信的敷设工程的费用。设备基础、支柱、工作台、烟囱、水塔、水池等建筑工程，以及各种炉窑的砌筑工程和金属结构工程的费用。为施工而进行的场地平整工程和水文地质勘察，原有建筑物和障碍物的拆除，以及施工临时用水、电、气、路和完工后的场地清理，环境绿化、美化等工作的费用。矿井开凿、井巷延伸、露天矿剥离及石油、天然气钻井，修建铁路、公路、桥梁、水库、堤坝、灌渠及防洪等工程的费用。

安装工程费用的内容包括：生产、动力、起重、运输、传动和医疗、实验等各种需要安装的机械设备的装配费用，与设备相连的工作台、梯子、栏杆等装设工程费用，附属于被安装设备的管线敷设工程费用，以及被安装设备的绝缘、防腐、保温、涂装等工作的材料费和安装费。为测定安装工程质量，对单台设备进行单机试运转、对系统设备进行系统联动无负荷试运转工作的调试费。

建筑安装工程费由直接费、间接费、利润和税金组成，其具体构成见图1-3。

我国建筑安装工程费用构成
- 直接费
  - 直接工程费（包括人工费、材料费、施工机械使用费）
  - 措施费
- 间接费（包括规费和企业管理费）
- 利润（施工企业完成承包工程所获得的赢利）
- 税金（主要包括营业税、城市建设维护税及教育费附加）

图1-3　建筑安装工程费用的组成

直接费由直接工程费和措施费组成。直接工程费是指在工程施工中耗费的构成工程实体的各项费用，包括人工费、材料费和施工机械使用费。措施费是指为完成工程项目施工，发生于该工程施工前和施工过程中非工程实体项目的费用。

间接费由规费和企业管理费组成。规费是指政府有关权力部门规定必须缴纳的费用。企业管理费是指施工企业组织施工生产和经营管理所需费用。

利润和税金是指按照国家有关部门的规定，工程施工企业在承担施工任务时应计取的利润，以及按规定应计入工程造价内的营业税、城市建设维护税和教育费附加。

（三）工程建设其他费用构成

工程建设其他费用，是指应在建设项目的建设投资中开支，为保证工程顺利完成和交付使用后能够正常发挥效用而发生的固定资产其他费用、无形资产费用和其他资产费用。

1. 固定资产其他费用

固定资产其他费用是固定资产费用的一部分，指项目投产时将直接形成固定资产的建设投资，包括工程费用及在工程建设其他费用中按规定将形成固定资产的费用，后者被称为固定资产其他费用。

（1）建设单位管理费。建设单位管理费是指建设单位发生的管理性质的开支。包括：

工作人员的基本工资、工资性补贴、施工现场津贴、职工福利费、住房基金、基本养老保险费、基本医疗保险费、失业保险费、工伤保险费、办公费、差旅交通费、劳动保护费、工具用具使用费、固定资产使用费、必要的办公及生活用品购置费、必要的通信设备及交通工具购置费、零星固定资产购置费、招募生产工人费、技术图书资料费、业务招待费、设计审查费、工程招标费、合同契约公证费、法律顾问费、咨询费、完工清理费、竣工验收费、印花税和其他管理性开支、工程监理费。

建设单位管理费按照单项工程费用之和（包括设备及工具、器具购置费和建筑安装工程费用）乘以建设单位管理费率计算。

（2）建设用地费。任何一个建设项目都必须占用一定量的土地，也就必然要发生为获得建设用地而支付的费用。土地使用费是指为获得建设用地而支付的费用。它的表现形式为：通过划拨方式取得土地使用权而支付的土地征收及迁移补偿费，或者通过土地使用权出让方式取得土地使用权而支付的土地使用权出让金。

1）土地征收及迁移补偿费。土地征收及迁移补偿费是指建设项目通过划拨方式取得无限期的土地使用权，依照《中华人民共和国土地管理法》等规定所支付的费用。其总和一般不得超过被征土地年产值的20倍，土地年产值则按该地被征收前三年的平均产量和国家规定的价格计算。其内容包括：

① 土地补偿费。征收耕地（包括菜地）的补偿标准，按政府规定，征收耕地的土地补偿费，为该耕地被征收前三年平均年产值的6～10倍，具体补偿标准由省、自治区、直辖市人民政府在此范围内制定。征收园地、鱼塘、藕塘、苇塘、宅基地、林地、牧场、草原等的补偿标准，由省、自治区、直辖市人民政府制定。征收无收益的土地，不予补偿。

② 青苗补偿费和被征收土地上的房屋、水井、树木等附着物补偿费。这些补偿费的标准由省、自治区、直辖市人民政府制定。征收城市郊区的菜地时，还应按照有关规定向国家缴纳新菜地开发建设基金。

③ 安置补助费。征收耕地的安置补助费按照需要安置的农业人口数计算。需要安置的农业人口数，按照被征收的耕地数量除以征地前被征收单位平均每人占有耕地的数量计算。每一个需要安置的农业人口的安置补助费标准，为该耕地被征收前三年平均年产值的4～6倍。但是，每公顷被征收耕地的安置补助费，最高不得超过被征收前三年平均年产值的15倍。

④ 缴纳的耕地占用税或城镇土地使用税、土地登记费及征地管理费等。县市土地管理机关从征地费中提取土地管理费的比率，要按征地工作量大小，视不同情况，在1%～4%幅度内提取。

⑤ 征地动迁费。包括征收土地上的房屋及附属构筑物、城市公共设施等拆除、迁建补偿费、搬迁运输费，企业单位因搬迁造成的减产、停工损失补贴费，拆迁管理费等。

⑥ 水利水电工程水库淹没处理补偿费。包括农村移民安置迁建费，城市迁建补偿费，库区工矿企业、交通、电力、通信、广播、管网、水利等的恢复、迁建补偿费，库底清理费，防护工程费，环境影响补偿费用等。

2）土地使用权出让金。土地使用权出让金指建设项目通过土地使用权出让方式，取得有限期的土地使用权，依照《中华人民共和国城镇国有土地使用权出让和转让暂行条例》规定支付的土地使用权出让金。土地使用权出让的相关规定如下：

① 明确国家是城市土地的唯一所有者，并分层次、有偿、有限期地出让、转让城市土地。第一层次是城市政府将国有土地使用权出让给用地者，该层次由城市政府垄断经营。出让对象可以是有法人资格的企事业单位，也可以是外商。第二层次及以下层次的转让则发生在使用者之间。

② 城市土地的出让和转让可采用协议、招标、公开拍卖等方式。

协议方式是由用地单位申请，经市政府批准同意后双方洽谈具体地块及地价。该方式适用于市政工程、公益事业用地以及需要减免地价的机关、部队用地和需要重点扶持、优先发展的产业用地。

招标方式是在规定的期限内，由用地单位以书面形式投标，市政府根据投标报价、所提供的规划方案以及企业信誉综合考虑，择优而取。该方式适用于一般工程建设用地。

公开拍卖是指在指定的地点和时间，由申请用地者叫价应价，价高者得。该方式完全由市场竞争决定，适用于赢利高的商业用地。

③ 在有偿出让和转让土地时，政府对地价不作统一规定，但应坚持以下原则：地价对目前的投资环境不产生大的影响；地价与当地的社会经济承受能力相适应；地价要考虑已投入的土地开发费用、土地市场供求关系、土地用途和使用年限。

④ 关于政府有偿出让土地使用权的年限，各地可根据时间、区位等各种条件作不同的规定，一般可在 40 ~ 70 年之间。

⑤ 土地有偿出让和转让，土地使用者和所有者要签约，明确使用者对土地享有的权利和对土地所有者应承担的义务。有偿出让和转让使用权，要向土地受让者征收契税。转让土地如有增值，要向转让者征收土地增值税。在土地转让期间，国家要区别不同地段、不同用途向土地使用者收取土地占用费。

（3）可行性研究费。可行性研究费是指建设项目前期工作中编制和评估项目建议书、可行性研究报告所需的费用。

可行性研究费应根据前期研究委托合同计划，或参照《国家计委关于印发<建设项目前期工作咨询收费暂行规定>的通知》（计投资〔1999〕1283 号规定计算）。

（4）研究试验费。研究试验费是指为建设项目提供或验证设计参数、数据、资料等所进行的必要的研究试验以及设计规定在施工中必须进行试验、验证所需费用。包括自行或委托其他部门研究试验所需人工费、材料费、实验设备及仪器使用费等。这项费用按照设计单位根据本工程项目的需要提出的研究试验内容和要求计算。

（5）勘察设计费。勘察设计费是指委托勘察设计单位进行工程水文地质勘察、工程设计所发生的各项费用。包括：工程勘察费、初步设计费、施工图设计费、设计模型制作费。

勘察设计费应按照《关于发布<工程勘察设计收费管理规定>的通知》（计价格〔2002〕10 号）的规定计算。

（6）环境影响评价费。环境影响评价费是指按照《中华人民共和国环境保护法》、《中华人民共和国环境影响评价法》等规定，为全面、详细地评价建设项目对环境可能产生的污染或造成的重大影响所需的费用。

包括编制环境影响报告书、环境影响报告表以及对环境影响报告书、环境影响报告表进行评估所需费用。此项费用可参照《关于规范环境影响咨询收费有关问题的通知》（计价格〔2002〕125 号）的规定计算。

(7) 劳动安全卫生评价费。劳动安全卫生评价费是指按照原劳动部《建设项目（工程）劳动安全卫生监察规定》和《建设项目（工程）劳动安全卫生预评价管理办法》的规定，为预测和分析建设项目存在的职业危险、危害因素的种类和危险危害程度，并提出先进、科学、合理可行的劳动安全卫生技术和管理对策所需的费用。包括编制建设项目劳动安全卫生预评价大纲和劳动安全卫生预评价报告书以及为编制上述文件所进行的工程分析和环境现状调查等所需的费用。

(8) 场地准备及临时设施费

1) 场地准备及临时设施费的内容：场地准备费是指建设项目为达到工程开工条件进行的场地平整和对建设场地余留的有碍于施工建设的设施进行拆除清理的费用。

建设单位临时设施费是指为满足施工建设需要而供到场地界区的、未列入工程费用的临时水、电、路、气、通信等其他工程费用和建设单位的现场临时建筑物的搭设、维修、拆除、摊销或建设期间租赁费用，以及施工期间专用公路或桥梁的加固、养护、维修等费用。

2) 场地准备及临时设施费的计算：新建项目的场地准备及临时设施费应根据实际工程量估算，或按照费用的比例计算。改扩建项目一般只计拆除清理费。

$$场地准备及临时设施费 = 工程费用 \times 费率 + 拆除清理费 \tag{1-16}$$

(9) 引进技术和引进设备其他费

1) 引进项目图样资料翻译复制费、备品备件测绘费。根据引进项目的具体情况计列或按引进货价的比例估列，引进项目发生备品备件测绘费时按具体情况估列。

2) 出国人员费用。是指为引进技术和进口设备派出人员出国设计联络、出国考察、联合设计、监造、培训等所发生的旅费、生活费等。依据合同或协议规定的出国人次、期限以及相应的费用标准计算。生活费按照财政部、外交部规定的现行标准计算，旅费按中国民航公布的票价计算。

3) 来华人员费用。包括卖方来华工程技术人员的现场办公费、往返现场交通费、接待费等。依据引进合同或协议有关条款及来华技术人员派遣计划进行计算。来华人员接待费可按每人次费用指标计算，引进合同价款中已包括的内容不得重复计算。

4) 银行担保和承诺费。是指引进由国内外金融机构出面承担风险和责任担保所发生的费用，以及支付贷款机构的承诺费用。应按担保或承诺协议计取。投资估算和概算编制时可以担保金额或承诺金额为基数乘以费率计算。

(10) 工程保险费。工程保险费是指建设项目在建设期间根据需要对建筑工程、安装工程、机械设备和人身安全进行投保而发生的保险费用。包括建筑安装工程一切险、引进设备财产保险和人身意外伤害险等。

工程保险费依据不同的工程类别，分别以建筑工程、安装工程费乘以建筑工程、安装工程保险费率计算。

(11) 联合试运转费用。联合试运转费是指新建企业或新增加生产工艺过程的扩建企业在竣工验收前，按照设计规定的工程质量标准，进行整个车间的负荷或无负荷联合试运转发生的费用支出大于试运转收入的亏损部分。费用内容包括：试运转所需的原料、燃料、油料和动力的费用，机械使用费用，低值易耗品及其他物品的购置费用和施工单位参加联合试运转人员的工资等。试运转收入包括试运转产品销售和其他收入。不包括应由设备安装工程费项下开支的单台设备调试费及试车费用。联合试运转费一般根据不同性质的项目按需要试运转车间的工艺设备购置费的百分比计算。

(12) 特殊设备安全监督检验费。特殊设备安全监督检验费是指在施工现场组装的锅炉容器、压力容器、压力管道、消防设备、燃气设备、电梯等特殊设备和设施，由安全检察部门按照有关规则以及设计基数要求进行安全检验，应由项目支付的、向安全检察部门交纳的费用。该费用按照项目所在省、自治区、直辖市安全检察部门的规定标准计算。无具体规定的，可按受检设备现场安装费的比例估算。

(13) 市政公用设施费。市政公用设施费是指使用市政公用设施的建设项目，按照项目所在地省一级人民政府有关规定建设或交纳的市政公用设施建设配套费用，以及绿化工程补偿费用。此项费用按照工程所在地人民政府规定的标准计列。

2. 无形资产费用

无形资产费用是指直接形成无形资产的建设投资，主要是指专利、专有技术使用费。包括国外设计及技术资料费、引进有效专利及专有技术使用费和技术保密费、国内有效专利及专有技术使用费、商标权、商誉及特许经营权费等。

专利及专有技术使用费按专利使用许可协议和专有技术使用合同的规定计列，专有技术的界定应以省、部级鉴定标准为依据。

项目投资中只计需在建设期支付的专利及专有技术使用费。协议或合同规定在生产期支付的使用费应在生产成本中核算。

一次性支付的商标权、商誉及特许经营权费按协议或合同规定计列。协议或合同规定在生产期支付的商标权和特许经营权费在生产成本中核算。

3. 其他资产费用

其他资产费用是指建设投资中除形成固定资产和无形资产以外的部分，包括生产准备及开办费等。生产准备及开办费是指建设项目为保证正常生产而发生的人员培训费、提前进场费、投产使用必备的生产办公、生活家具用具及工器具等购置费用。其内容包括：

(1) 生产人员培训费和提前进场费。包括自行培训、委托其他单位培训的人员的工资、工资性补贴、职工福利费、差旅交通费、学习资料费等。

(2) 为保证初期正常生产所必需的生产办公、生活家具用具及工器具等购置费用。

(3) 为保证初期正常生产所必需的第一套不够固定资产标准的生产工具、用具及工器具等购置费用，不包括备品备件费。

新建项目的生产准备及开办费计算可按设计定员为基数计算，改扩建项目按新增设计定员为基数计算。

$$生产准备费 = 设计定员 \times 生产准备费指标(元/人) \tag{1-17}$$

(四) 预备费、建设期贷款利息

1. 预备费

按我国现行规定，预备费包括基本预备费和涨价预备费。

(1) 基本预备费。基本预备费是指在初步设计及概算内难以预料的而在工程建设期间可能发生的工程费用，费用内容包括：

1) 在批准的初步设计范围内，技术设计、施工图设计及施工过程中所增加的工程费用；设计变更、局部地基处理等增加的费用。

2) 一般自然灾害造成的损失和预防自然灾害所采取的措施费用。实行工程保险的工程项目费用应适当降低。

3）竣工验收时为鉴定工程质量对隐蔽工程进行必要的挖掘和修复费用。

基本预备费在实践中一般用于零星设计、施工中的变更、局部地基处理等增加的费用及施工中的技术措施费。基本预备费是按各工程建设费与工程建设其他费用之和按相应费率计算。

基本预备费 = 工程建设费 × 基本预备费费率 =（设备及工器具购置费 + 建筑安装工程费用 + 工程建设其他费用）× 基本预备费费率 (1-18)

基本预备费率的取值应执行国家及部门的有关规定。在项目建议书阶段和可行性研究阶段，基本预备费率一般取 10% ~15%，在初步设计阶段，基本预备费率一般取 7% ~10%。

（2）涨价预备费。涨价预备费是指建设项目在建设期间内由于价格等变化引起工程造价变化的预测预留费用。费用内容包括：人工、设备、材料、施工机械的价差费，建筑安装工程费及工程建设其他费用调整，利率、汇率调整等增加的费用。

涨价预备费的测算，一般根据国家规定的投资综合价格指数，按估算年份价格水平的投资额为基数，采用复利方法计算。计算公式为

$$PF = \sum I_t[(1+f)^m(1+f)^t - 1(1+f)^{0.5} - 1] \tag{1-19}$$

式中 PF——涨价预备费；

I_t——建设期 t 年的静态投资。包括：建设期 t 年的工程费、工程建设其他费和基本预备费；

f——建设期物价平均上涨率；

m——建设前期年限。

[例 1-4] 某建设项目建安工程费 5000 万元，设备购置费 3000 万元，工程建设其他费用 2000 万元，已知基本预备费率 5%，项目建设前期年限为 1 年，建设期为 3 年，各年投资计划额如下：第一年完成投资 20%，第二年完成投资 60%，第三年完成投资 20%，年均投资价格上涨率为 6%，求建设项目建设期间涨价预备费。

解： 基本预备费 =(5000 +3000 +2000) ×5% 万元 =500万元

静态投资 =(5000 +3000 +2000 +500) 万元 =10500万元

建设期第一年完成投资 $I_1 = 10500 \times 20\%$ 万元 =2100万元

第二年完成投资 $I_2 = 10500 \times 60\%$ 万元 =6300万元

第三年完成投资 $I_3 = 10500 \times 20\%$ 万元 =2100万元

第一年涨价预备费为：$PF_1 = I_1[(1+f)(1+f)^{0.5} - 1] = 191.81$ 万元

第二年涨价预备费为：$PF_2 = I_2[(1+f)(1+f)(1+f)^{0.5} - 1] = 987.95$ 万元

第三年涨价预备费为：$PF_3 = I_3[(1+f)(1+f)^2(1+f)^{0.5} - 1] = 475.07$ 万元

所以，建设期的涨价预备费为：$PF = (19.18 + 98.79 + 47.51)$ 万元 =1654.83万元

2. 建设期贷款利息

建设期贷款利息是指建设项目向国内银行和其他非银行金融机构贷款、出口信贷、外国政府贷款、国际商业银行贷款以及在境内外发行的债券等所产生的利息。

当贷款在年初一次性贷出且利率固定时，建设期贷款利息按下式计算

$$I = P(1+i)^n - P \tag{1-20}$$

式中 P——一次性贷款数额；

i——年利率；

n——计息期；

I——贷款利息。

当总贷款是分年均衡发放时，建设期利息的计算可按当年借款在年中支用考虑，即当年贷款按半年计息，上年贷款按全年计息。计算公式为

$$q_j = (P_{j-1} + \frac{1}{2}A_j) \cdot i \tag{1-21}$$

式中 q_j——建设期第 j 年应计利息；

P_{j-1}——建设期第（$j-1$）年末贷款累计金额与利息累计金额之和；

A_j——建设期第 j 年贷款金额；

i——年利率。

[例 1-5] 某新建项目，建设期为 3 年，分年均衡进行贷款，第一年贷款为 300 万元，第二年贷款为 600 万元，第三年贷款为 400 万元，年利率为 12%，则建设期贷款利息为多少？

解： 在建设期，各年利息计算如下：

$q_1 = \frac{1}{2}A_1 i = \frac{1}{2} \times 300 \times 12\%$ 万元 $= 18$ 万元

$q_2 = (P_1 + \frac{1}{2}A_2) i = (300 + \frac{1}{2} \times 600) \times 12\%$ 万元 $= 74.16$ 万元

$q_3 = (P_2 + \frac{1}{2}A_3) i = (318 + 600 + 74.16 + \frac{1}{2} \times 400) \times 12\%$ 万元 $= 143.06$ 万元

则建设期贷款利息 $= (18 + 74.16 + 143.06)$ 万元 $= 235.22$ 万元

3. 固定资产投资方向调节税

固定资产投资方向调节税根据国家产业政策和项目经济规模实行差别税率，税率为 0%、5%、10%、15%、30% 五个档次。差别税率按两大类设计，一是基本建设项目投资，二是更新改造项目投资。对前者设计了四档税率，即 0%、5%、15%、30%；对后者设计了两档税率，即 0%、10%。

为贯彻国家宏观调控政策，扩大内需，鼓励投资，根据国务院的决定，对《中华人民共和国固定资产投资方向调节税暂行条例》规定的纳税义务人，其固定资产投资应税项目自 2000 年 1 月 1 日起新发生的投资额，暂停征收固定资产投资方向调节税。但该税种并未取消。

第三节 施工图预算编制原理

一、施工图预算的概念

施工图预算是施工图设计预算的简称，又称设计预算。它是在施工图设计完成后，根据施工图设计图样、现行预算定额、费用定额以及地区设备、材料、人工、施工机械台班等预算价格编制和确定的建筑安装工程造价的文件。

施工图预算是招投标的重要基础；是施工单位在施工前组织材料、机具、设备及劳动力供应的依据，是施工企业编制进度计划、统计完成工作量、进行经济核算的依据，是甲乙双方办理工程结算和拨付工程款的依据，也是施工单位拟定降低成本措施和按照工程量计算结果、编制施工预算的依据；是工程造价管理部门监督、检查执行定额标准，合理确定工程造价，测算造价指数的依据。

二、施工图预算的编制方法

根据中华人民共和国建设部令第 107 号《建筑工程施工发包与承包计价管理办法》的规定，施工图预算的编制方法分为工料单价法和综合单价法。

（一）工料单价法

1. 工料单价法

工料单价法是以分部分项工程量乘以单价后的合计为直接工程费，直接工程费以人工、材料、机械的消耗量及其相应价格确定。直接工程费汇总后另加间接费、利润、税金生成工程承发包价。

工料单价法编制施工图预算的步骤：熟悉施工图样和定额→计算分项工程量→套用预算定额单价，计算得到分项工程直接工程费→汇总分项工程直接工程费，得到单位工程直接工程费→汇总单位工程直接工程费→计算措施费、间接费、利润、税金并与单位工程直接工程费汇总，生成工程承发包价。

2. 工料单价法计算程序

工料单价法计算程序分为三种：

（1）以直接费为计算基础，见表 1-1。

表 1-1　以直接费为计算基础的计算程序

序号	费用项目	计算方法
1	直接工程费	按预算表
2	措施费	按规定标准计算
3	小计	(1) + (2)
4	间接费	(3) × 相应费率
5	利润	[(3) + (4)] × 相应利润率
6	合计	(3) + (4) + (5)
7	含税造价	(6) × (1 + 相应税率)

（2）以人工费和机械费为计算基础，见表 1-2。

表 1-2　以人工费和机械费为计算基础的计算程序

序号	费用项目	计算方法
1	直接工程费	按预算表
2	其中人工费和机械费	按预算表
3	措施费	按规定标准计算
4	其中人工费和机械费	按规定标准计算

（续）

序号	费 用 项 目	计 算 方 法
5	小计	(1)+(3)
6	人工费和机械费小计	(2)+(4)
7	间接费	(6)×相应费率
8	利润	(6)×相应利润率
9	合计	(5)+(7)+(8)
10	含税造价	(9)×(1+相应税率)

（3）以人工费为计算基础，见表1-3。

表1-3　以人工费为计算基础的计算程序

序号	费 用 项 目	计 算 方 法
1	直接工程费	按预算表
2	直接工程费中人工费	按预算表
3	措施费	按规定标准计算
4	措施费中人工费	按规定标准计算
5	小计	(1)+(3)
6	人工费小计	(2)+(4)
7	间接费	(6)×相应费率
8	利润	(6)×相应利润率
9	合计	(5)+(7)+(8)
10	含税造价	(9)×(1+相应税率)

（二）综合单价法

1. 综合单价法

综合单价法是分部分项工程单价为全费用单价，全费用单价经综合计算后生成，其内容包括直接工程费、间接费、利润和税金（措施费也可按此方法生成全费用价格）。各分项工程量乘以综合单价的合价汇总后，生成工程发承包价。

它综合了人工费、材料费、机械费，有关文件规定的调价、利润、税金，现行取费中有关费用、材料价差，以及采用固定价格的工程所测算的风险金等全部费用。

建筑安装工程预算造价＝（Σ分项工程完全价格）＋措施项目完全价格

其中分项工程完全价格包括完成该分项工程的直接工程费以及分摊在该分项工程上的间接费、利润和税金（措施项目完全价格的形成与此类似）。

2. 综合单价法计算程序

由于各分部分项工程中的人工、材料、机械含量的比例不同，各分项工程可根据其材料费占人工费、材料费和机械费合计的比例（以字母“C”代表该项比值）在以下三种计算程序中选择一种计算其综合单价。

（1）当 $C>C_0$（C_0 为本地区原费用定额测算所选典型工程材料费占人工费、材料费和机械费合计的比例）时，可采用以人工费、材料费和机械费合计为基数计算该分项工程的间接费和利润，见表1-4。

表1-4　以人工费、材料费和机械费为计算基础的计算程序

序号	费用项目	计算方法
1	分项直接工程费	人工费+材料费+机械费
2	间接费	(1)×相应费率
3	利润	[(1)+(2)]×相应利润率
4	合计	(1)+(2)+(3)
5	含税造价	(4)×(1+相应税率)

（2）当 $C<C_0$ 的下限时，可采用以人工费和机械费合计为基数计算该分项工程的间接费和利润，见表1-5。

表1-5　以人工费和机械费为计算基础的计算程序

序号	费用项目	计算方法
1	分项直接工程费	人工费+材料费+机械费
2	其中人工费和机械费	人工费+机械费
3	间接费	(2)×相应费率
4	利润	(2)×相应利润率
5	合计	(1)+(3)+(4)
6	含税造价	(5)×(1+相应税率)

（3）如该分项的直接费仅为人工费，无材料费和机械费时，可采用以人工费为基数计算该分项工程的间接费和利润，见表1-6。

表1-6　以人工费为计算基础的计算程序

序号	费用项目	计算方法
1	分项直接工程费	人工费+材料费+机械费
2	直接工程费中人工费	人工费
3	间接费	(2)×相应费率
4	利润	(2)×相应利润率
5	合计	(1)+(3)+(4)
6	含税造价	(5)×(1+相应税率)

三、施工图预算的编制依据

（1）施工图样及说明书、标准图集。经审定的施工图样、说明书和标准图集完整地反映了工程的具体内容、各分部工程的具体做法、结构尺寸、技术特征及施工方法，是编制施工图预算的重要依据。

（2）现行预算定额及单位估价表。现行预算定额及单位估价表和相应的工程量计算规则，是编制施工图预算时确定分项工程子目、计算工程量、选用单位估价表、计算工程造价的主要依据。

（3）施工组织设计或施工方案。因为施工组织设计或施工方案中包括了与编制施工图预算必不可少的有关资料，如建设地点的土质、地质情况、土石方开挖的施工方法及余土外运方式及运距，施工机械使用情况等。

（4）人工、材料、机械台班预算价格及调价。人工、材料、机械台班预算价格是预算定额的三要素，是构成直接工程费的主要因素。尤其是材料费在工程成本中占的比重很大，为使预算造价尽可能接近实际，各地区主管部门对此都有明确的调价规定。因此，合理的确定材料、人工、机械台班价格及其调价规定是编制施工图预算的重要依据。

（5）建筑安装工程费用定额及计算程序。

（6）施工合同。

四、施工图预算编制程序

（1）根据施工图、施工方案、预算定额列出分项工程项目。

（2）计算工程量。

（3）根据分项工程名称和预算定额套用定额数据。

（4）根据分项工程量和定额数据计算定额的人工费、材料费、机械费，并进行工料分析和汇总。

（5）将分部分项工程直接费汇总为单位工程的直接费。

（6）根据人、材、机价差调整文件，根据人、材、机预算价格调整价差。

（7）计算间接费。

（8）计算利润。

（9）根据直接费、间接费、利润之和及税率计算税金。

（10）将直接费、间接费、利润、税金汇总成单位工程造价。

（11）编写编制说明及封面。

施工图预算的编制程序示意图见图 1-4。

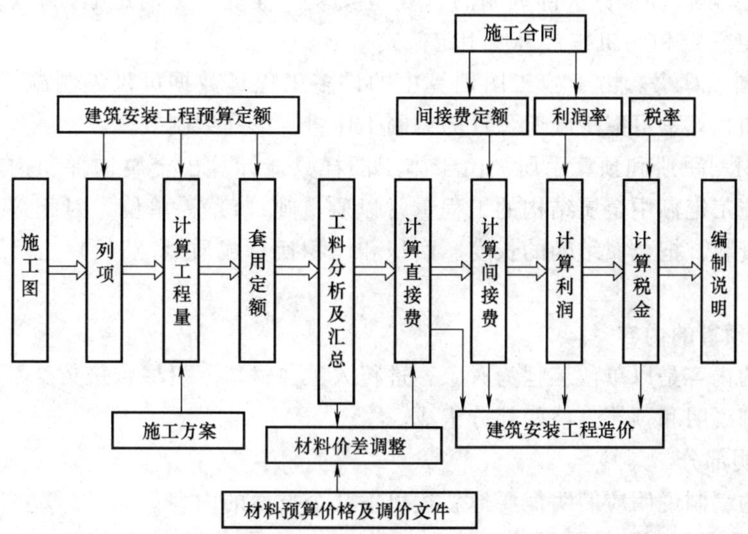

图 1-4　施工图预算的编制程序示意图

第四节 施工预算

一、施工预算的概念

施工预算是施工企业为了适应内部管理的需要，按照项目核算的要求，根据施工图样、施工组织设计、施工定额（又称企业内部定额），考虑挖掘企业内部潜力，由施工单位编制的预算技术经济文件。

施工预算规定了单位工程或分部、分项工程所需各工种的人工数量，工程材料的规格、品种、数量，所需各种机械数量及其台班数量和直接费用，以便有计划、有步骤地合理组织施工，从而达到节约人力、物力和财力之目的。是施工企业加强经济核算、控制工程成本的重要手段。

二、施工预算的编制方法

（一）施工预算编制的依据

（1）施工图样。包括经过建设单位、设计单位和施工单位共同会审后的全套施工图和设计说明书，以及有关的标准图集。

（2）施工组织设计或施工方案。包括经批准的施工组织设计或施工方案所确定的施工方法、施工顺序、施工机械、技术组织措施和现场平面布置等，可供施工预算具体计算时采用。例如，土方工程是采用机械还是人力；脚手架的材料是木制还是金属，单排还是双排，安全网是立网还是平网；垂直运输机械是井架还是塔式起重机；混凝土预制构件是现场预制还是到预制厂购买；模板是钢模还是木模等，这些都是编制人工、机械、材料用量的依据。

（3）现行的施工定额或劳动定额、材料消耗定额和机械台班使用定额。包括各省、自治区、直辖市或地区编制颁发的《建筑工程施工定额》或本企业编制的“施工定额”。亦可使用1985年城乡建设环境保护部编制的《建筑安装工程统一劳动定额》，以及各地区编制的《材料消耗定额》和《机械台班使用定额》。

（4）施工图预算书。由于施工图预算中的许多工程量数据可供编制施工预算时利用，因而依据施工图预算书可减少施工预算的编制工作量，提高编制效率。

（5）建筑材料手册和预算手册。由于施工图样只能计算出金属构件和钢筋的长度、面积和体积，而施工定额中金属结构的工程量常以质量吨（t）为单位，因此必须根据建筑材料手册和有关资料，把金属结构的长度、面积和体积换算成质量吨（t）之后，才能套用相应的施工定额。

（二）施工预算的内容

施工预算的内容是以单位工程为对象，进行人工、材料、机械台班数量及其费用总和的计算。它由编制说明和预算表格两部分组成。

1. 编制说明部分

施工预算的编制说明应简明扼要地叙述以下几个方面的内容：

（1）工程概况及建设地点。

（2）编制的依据（如采用的定额、图样、图集、施工组织设计等）。

（3）对设计图样和说明书的审查意见及编制中的处理方法。

（4）所编工程的范围。

（5）在编制时所考虑的新技术、新材料、新工艺，冬雨期施工措施、安全措施等。

（6）工程中还存在和需要进一步解决的其他问题。

2. 预算表格部分

（1）工程量计算汇总表。工程量计算汇总表是按照施工定额的工程量计算规则做出的重要基础数据。

为了便于生产、调度、计划、统计及分期材料供应，根据工程情况，可将工程量按照分层、分段、分部位进行汇总，然后进行单位工程汇总。

（2）施工预算工料分析表。施工预算工料分析表与施工图预算的工料分析表编制方法基本相同，要注意按照工程量计算汇总表的划分，进行分层、分段、分部位的工料分析，为施工分期生产计划提供方便条件。

（3）人工汇总表。人工汇总表是将工料分析表中的人工按工种分层、分段、分部位进行汇总的表格，是编制劳动力计划、合理调配劳动力的依据。

（4）材料消耗量汇总表。将工料分析表中不同品种、规格的材料按层、段、部位进行汇总。材料消耗量汇总表是编制材料供应计划的依据。

（5）机械台班使用量汇总表。将工料分析表中各种施工机具及消耗台班数量按层、段、部位进行汇总。

（6）施工预算表。将已汇总的人工、材料、机械台班消耗数量分别乘以所在地区的人工工资标准、材料预算价格、机械台班单价，计算出直接费（有定额单价时可直接使用定额单价）。

（7）“两算”对比表。指同一工程内容的施工预算与施工图预算的对比分析表。将计算出的人工、材料、机械台班消耗数量，以及人工费、材料费、机械费等与施工图预算进行对比，找出节约或超支的原因，作为开工之前的预测分析表。

（三）施工预算编制步骤

（1）熟悉施工图样、施工组织设计及现场资料。

（2）熟悉施工定额及有关文件规定。

（3）列出工程项目，计算工程量。

（4）套用定额，计算直接费并进行工料分析。

（5）单位工程直接费及人工、材料、机械台班消耗量汇总。

（6）进行“两算”对比分析。

（7）编写编制说明并填写封面，装订成册。

（四）编制时应注意的问题

（1）当施工定额中仅给出砌筑砂浆、混凝土标号（强度等级），而没有给出砂、石子、水泥用量时，必须根据砂浆或混凝土的标号（强度等级），按定额附录《砂浆配合比表》及《混凝土配合比表》的使用说明进行二次分析，计算出各原材料的用量。

（2）凡确定外加工的成品、半成品，如预制混凝土构件、钢木门窗制作等，不需进行工料分析，应与现场施工的项目区别开，便于基层施工班组的经济核算。

（3）人工分析中的其他用工是指各工种搭接和单位工程之间转移操作地点影响工效，

临时停水停电，个别材料超运距以及其他细小难以计算工程量的直接用工，它不作为下达班组施工任务单之用。

三、施工预算的作用

编制施工预算是加强企业内部管理、实行经济核算的重要措施，它对提高企业经营管理水平有着重要的作用。具体可以概括为以下几个方面：

(1) 编制施工作业计划的依据。施工作业计划是施工企业计划管理的中心环节，也是计划管理的基础和具体化。根据施工预算能准确地计算出单位工程，或分部、分层、分段的工程量、劳动力，为施工企业有计划地调配劳动力提供可靠的依据；它能准确地确定材料的需用量，使施工企业可据此安排材料采购和供应；它能计算出施工中所需的人力和物力的实物工作量，为施工作业计划的编制提供分层、分段及分部分项工程量、材料数量及分工种的用工数，以便施工企业作出最佳的施工进度计划。

(2) 施工队向班组签发工程施工任务单和限额领料单的依据。施工任务单是把施工作业计划贯彻落实到施工班组的计划文件，是记录班组完成任务情况和结算工人工资的凭证，也是考虑施工中工料超用或节约情况、开展班组经济核算的基础。

(3) 是衡量工人劳动成果、计算应得报酬的依据。在施工中利用施工预算衡量工人的劳动成果，使工人的劳动成果与个人应得报酬联系起来，有利于贯彻多劳多得原则，调动生产工人的生产积极性，很好地体现了多劳多得的按劳分配原则。

(4) 保证降低成本的有利手段。计算施工预算的工程量和人工、材料数量时，一般都把降低成本技术措施的因素考虑在内。因此，在施工中只要严格按施工预算的工料消耗实行有计划的控制，保证技术和节约措施的实施，就能达到降低工程实际成本的目的。

(5) 施工预算是施工企业开展经济活动分析，进行“两算”对比的依据。施工企业开展经济活动分析，是提高和加强企业经营管理的有效手段。通过经济活动分析，可以找出企业管理中的薄弱环节和存在问题，提出加强和改进的具体办法，从而进一步提高企业的管理水平。

在经济活动分析中，可根据施工预算的人工、材料和机械台班数量等与实际消耗对比，同时将施工预算与施工图预算二者的直接费进行对比。分析超支或节约的因素及其产生原因，以便改进技术操作和管理，有效地控制施工中的人力、物力消耗，节约成本开支。

四、施工预算与施工图预算的区别

(1) 施工预算与施工图预算的作用及编制方法不同。施工预算用于施工企业内部核算，它主要计算工料机用量和直接费，而施工图预算要确定整个单位工程造价，是签订工程合同、拨付工程价款、办理工程结算的依据。施工预算必须在施工图预算价值的控制下进行编制。

(2) 使用的定额不同。施工预算使用的定额是施工定额，施工图预算使用的是预算定额。两种定额水平不同，施工定额是平均先进水平，而预算定额是平均水平，即使是同一定额项目，两种定额中各自的工、料、机耗用数量都有一定的差别。两种定额项目划分也不同，预算定额的综合性较施工定额大。

(3) 工程项目粗细程度不同。施工定额项目按工种划分，其综合程度较低，而且施工预算要满足班组核算的要求，所以项目划分较细。预算定额项目的综合程度较高，其主要任务是用来确定工程造价，所以施工图预算的项目划分较粗。

（4）计算范围不同。施工预算主要计算工、料、机的数量及其相应的直接费，而施工图预算除计算直接费外，还需计算间接费、利润和税金，从而确定整个工程造价。

五、“两算”对比的内容和方法

“两算”对比是指施工图预算与施工预算的对比。通过对比分析，找出节约和超出的原因，研究提出解决的措施，防止人工、材料和机械用量及使用费的超支，以避免发生预算成本的亏损。

通过“两算”对比，并在完工后加以总结，取得经验教训，积累资料，加强和改进施工组织管理，以减少工料消耗，提高劳动生产率，降低工程成本，节约资金，增加积累，取得更大的经济效益。

“两算”对比的主要内容有人工工日、材料消耗量的对比；直接费的对比：人工费对比，机械台班费对比，材料费对比，脚手架费用对比，其他直接费的“两算”对比也都以金额对比。

（1）实物对比法。即将施工预算中的各分部工程的人工、主要材料、机械台班数量与施工图预算的人工、主要材料和机械台班消耗量分别进行对比。

（2）金额对比法。将施工预算的人工费、材料费、机械费、直接费与施工图预算中的人工费、材料费、机械费、直接费分别进行对比。

本章小结

本章参考全国造价工程师职业资格考试培训教材《工程造价管理基础理论与相关法规》、《工程造价计价与控制》，结合建设部、财政部关于印发《建筑安装工程费用项目组成》的通知〔建标（2003）206号文件〕的具体内容，简要叙述了建筑工程预算基本理论。

本章主要内容有：建设程序的概念、建筑安装工程造价的费用构成、施工图预算的概念、施工图预算的编制方法、编制程序、施工预算的概念、施工预算编制依据及所包含的主要内容、施工预算的编制步骤、施工预算编制时应注意的问题、施工预算与施工图预算的区别、两算对比的内容、两算对比的方法。

本章的教学目标是使学生通过本章的学习，了解本课程研究的对象与任务，了解建设程序的概念；掌握建筑安装工程造价的费用构成；理解施工图预算的概念；掌握施工图预算的编制方法、编制程序；了解施工预算的概念、施工预算的编制依据及编制步骤、施工预算编制时应注意的问题，掌握施工预算与施工图预算的区别，熟悉两算对比的内容和方法及其重要意义。

习　题

1. 简答题

（1）什么是基本建设？基本建设包括哪些内容？

（2）基本建设程序包括哪些主要内容？

（3）基本建设项目是如何划分的？

(4) 工程建设其他费用包括哪些内容?

(5) 简要叙述施工图预算的概念。

(6) 施工图预算的编制方法有哪些?

(7) 施工图预算的主要编制依据有哪些?

(8) 简要叙述施工图预算编制程序。

(9) 简要叙述建筑安装工程费用内容及构成。

(10) 什么是施工预算?

(11) 施工预算的编制依据有哪些?

(12) 施工预算的作用有哪些?

(13) 施工预算和施工图预算有什么区别?

2. 选择题

(1) 某新建项目,建设期4年,分年均衡进行贷款,第一年贷款1000万元,以后各年贷款均为500万元,年贷款利率为6%,建设期内利息只计息不支付,该项目建设期贷款利息为( )。

A. 76.80万元　B. 106.80万元　C. 366.30万元　D. 389.35万元

(2) 根据《建筑安装工程费用项目组成》(建标[2003]206号)文件的规定,工料单价法计算程序中,当以直接费为计算基数时,利润的计算基数包括( )。

A. 直接工程费　B. 措施费　C. 规费　D. 企业管理费

E. 建设单位管理费

第二章　建筑工程定额应用

学习目标：

通过学习建筑工程定额的相关知识，掌握建筑工程定额的概念、分类、作用，了解企业定额和预算定额的概念、作用和编制原则，掌握预算定额消耗量的编制方法，了解概算定额和概算指标的相关内容，为正确使用定额打下良好的基础。

学习重点：

建筑工程定额的概念、建筑工程定额的分类、预算定额消耗量的编制方法。

第一节　概　　述

定额伴随着管理科学的产生而产生，伴随着管理科学的发展而发展，在企业管理中占有重要的地位。

一、定额概念

“定”是规定，“额”是数量、额度，定额就是规定的一种额度标准，是人们根据各种不同的需要，对某一事物规定的数量标准。在现代社会经济生活中，定额几乎无时无处不在。就生产领域来说，工时定额、原材料消耗定额、原材料和成品半成品储备定额、流动资金定额等都是企业管理的重要基础。在工程建设领域也存在多种定额。

建设工程定额是指在正常的施工（生产）技术组织条件下，为完成一定计量单位的合格产品所预先规定的必需消耗的人工、材料、机械的消耗量标准。建设工程定额是指按照国家有关的产品标准、设计规范和施工验收规范、质量评定标准，并参考行业、地方标准以及有代表性的工程设计、施工资料确定的工程建设过程中完成规定计量单位产品所消耗的人工、材料、机械等消耗量的标准。这种规定的额度所反映的是在一定的社会生产力发展水平下，完成某项工程建设产品与各种生产消耗之间特定的数量关系。

二、建设工程定额的分类

建设工程定额是工程建设中各类定额的总称。为对建设工程定额有一个全面的了解，可以按不同的原则和方法对其进行分类。

（一）按反映的生产要素来划分

可分为人工消耗定额、材料消耗定额和机械台班消耗定额。

1. 人工消耗定额

人工消耗定额又称劳动定额。它是指在合理的劳动组织条件下，某工种的劳动者为完成单位的合格产品（工程实体或劳务）所消耗的活劳动的数量标准。劳动定额一般采用工作时间消耗量来计算人工工日消耗的数量。所以劳动定额的主要表现形式是时间定额，但同时也表现为产量定额。

劳动定额的时间定额是指完成单位合格产品所消耗的定额时间即工日数；产量定额是指单位时间内完成合格产品的数量。二者互为倒数关系。

2. 材料消耗定额

材料消耗定额简称材料定额。是指在合理施工条件下和节约使用材料的原则下，生产单位合格产品所必须消耗的一定品种、规格材料的数量标准。

材料是工程建设中使用的原材料、成品、半成品、构配件、燃料以及水电等动力资源的总称。材料作为劳动对象是构成工程的实体物质，需要数量很大，种类繁多。重视和加强材料的定额管理，制定合理的材料消耗定额，是组织材料的正常供应，保证生产顺利进行，以及合理利用资源，减少积压、浪费的必要前提。

3. 机械台班消耗定额

机械台班消耗定额简称机械定额。是指为完成一定计量单位合格产品所规定的施工机械台班消耗的数量标准。机械消耗定额的主要表现形式是机械时间定额，但同时也表现为产量定额。

机械定额的时间定额是指完成单位合格产品所消耗的定额时间即机械台班数；产量定额是指单位时间内完成合格产品的数量。二者互为倒数关系。

劳动定额、材料消耗定额、机械台班消耗定额统称为基础定额，是制定其他定额的基础。

（二）按编制程序和用途分

可分为施工定额、预算定额（消耗量定额）、概算定额（指标）、投资估算指标、工期定额等。

1. 施工定额

施工定额是以同一性质的施工过程或以工序为测定对象，确定建筑安装工人在正常的施工条件下，为完成一定计量单位的某一施工过程或工序所需的人工、材料和机械台班的数量标准。它属于企业生产定额的性质，是施工企业组织生产和加强管理在企业内部使用的一种定额。是编制班组作业计划、签发工程任务单和限额领料卡，以及结算计件工资或超额、节约奖励的依据。施工定额是施工企业内部经济核算的依据，也是编制预算定额的基础。

2. 预算定额（消耗量定额）

预算定额（消耗量定额）是指由建设行政主管部门根据合理的施工组织设计，按照正常施工条件制定的生产一个规定计量单位工程合格产品所需人工、材料、机械台班的社会平均消耗量。

预算定额（消耗量定额）是计算单位工程中人工、材料、机械台班需要量，确定单位工程造价的一种定额，属于计价性定额。

在工程委托承包的情况下，预算定额是确定工程造价的主要依据。在定额计价招标投标的过程中，预算定额是编制标底和投标报价的依据。在工程量清单计价招标投标的工程中，预算定额是编制招标限价的依据，也是投标报价的参考。

从编制程序上看，施工定额是预算定额（消耗量定额）的编制基础，而预算定额（消耗量定额）则是概算定额和概算指标、估算指标的编制基础。

预算定额（消耗量定额）在计价定额中是基础性定额。

3. 概算定额

概算定额是在预算定额基础上，确定完成合格的单位扩大分项工程或单位扩大结构构件所需消耗的人工、材料和机械台班的数量标准，概算定额又称扩大结构定额。它是设计单位在初步设计阶段编制设计概算、计算投资需要量时使用的一种参考定额，它的主要作用是为项目投资控制提供依据。

4. 概算指标

概算指标是概算定额的扩大与合并，是以整个建筑物和构筑物为对象，以更为扩大的计量单位来编制的。它规定了完成一定计量单位的所需的劳动力、主要材料、机械台班数量和相应费用的指标，是一种计价定额，适用于初步设计阶段，是控制项目投资的有效工具，它所提供的数据是计划工作的依据和参考。

5. 投资估算指标

通常是根据历史的预结算资料和价格变动等资料，依据预算定额、概算定额，以单项工程或完整的工程项目为计算对象，反映一定计量单位的建（构）筑物或工程项目所需费用的指标。

投资估算指标是在项目建议书和可行性研究报告阶段编制投资估算、计算投资需要量时使用的一种定额。

6. 工期定额

它是规定各类工程建设和施工期限的定额，包括建设工期定额和施工工期定额两个层次。

建设工期是指建设项目或独立的单项工程从开工建设起，到全部建成投产或交付使用止所需要的时间总量。一般以月或天表示。施工工期一般指单项工程或单位工程从正式开工至完成承包工程的全部设计内容并达到国家验收标准的全部有效天数。施工工期是建设工期的一部分。

建设项目缩短工期、提前投产或交付使用，不仅能节约投资，也能更快地发挥效益，创造出更多的物质财富和精神财富。工期对于施工企业来说，也是在履行承包合同、安排施工计划、减少成本开支、提高经营成果等方面必须考虑的指标。

相互之间的关系：前者是后者的基础，后者是前者的综合、扩大（表2-1）。

表2-1　各种计价定额间关系的比较

名称	预算定额	概算定额	概算指标	投资估算指标
对象	分部分项工程	扩大的分部分项工程	整个建筑物或构筑物	独立的单项工程或完整的工程项目
用途	编制施工图预算	编制设计概算	编制初步设计概算	编制投资估算
项目划分	细	较粗	粗	很粗
定额水平	平均	平均	平均	平均

（三）按主编单位和管理权限分

可分为全国统一定额、地区统一定额、企业定额、行业统一定额等。

1. 全国统一定额

全国统一定额是由国家建设行政主管部门综合全国工程建设、工程技术和施工组织管理的情况编制的，并在全国范围内执行的定额，如全国统一安装工程预算定额。

2. 地区统一定额

地区统一定额是由各省、自治区、直辖市建设行政主管部门结合本地区特点，在全国统一定额水平的基础上，对定额项目做出适当的调整、补充而成的一种定额，在本地区范围内执行，如××省建筑工程消耗量定额。

3. 企业定额

企业定额是指由施工企业考虑本企业的具体情况，参照国家、本地区定额的水平制定的定额。企业定额只在企业内部使用，是企业素质的一个标志。企业定额水平一般高于国家现行定额，才能满足生产技术发展、企业管理和市场竞争的需要。

4. 行业统一定额

行业统一定额是考虑到各行业部门专业工程技术特点，以及施工生产和管理水平编制的。一般只在本行业和相同专业性质的范围内使用的专业定额，如铁路建设工程定额等。

5. 补充定额

补充定额是指随着设计、施工技术的发展，现行定额不能满足需要的情况下，为了补充缺项所编制的定额，它包括为长久使用正式补充的定额和为一次性使用补充的定额。补充定额一般由施工企业提出测定资料，与建设单位或设计单位协商议定，地方建设行政主管部门批准，只能在指定的范围内使用，并且作为以后修订定额的基础。

（四）按投资的费用性质分

1. 建筑工程定额

建筑工程定额是建筑工程施工定额、建筑工程预算定额（或消耗量定额）、建筑工程概算定额和建筑工程概算指标的统称。

建筑工程一般理解为房屋和构筑物工程，具体包括一般土建工程（含装饰装修）、电气照明工程、水暖通风工程、工业管道工程、特殊构筑物工程等。广义上它也被理解为除房屋和构筑物外的其他各类工程，如道路、铁路、桥梁、隧道、运河、堤坝、港口、电站、机场等工程。广义上的建筑工程概念几乎等同于土木工程的概念。

2. 设备安装工程定额

设备安装工程定额是安装工程施工定额、安装工程预算定额（或消耗量定额）、安装工程概算定额和安装工程概算指标的统称。设备安装时对需要安装的设备所进行的安装、就位、组合、校正、调试等工作。在工业项目中，机械设备安装和电气设备安装占据重要地位。生产设备大多需要安装，不需要安装的设备很少。在非生产性的建设项目中，由于社会生活和城市设施的日益现代化，设备安装工程量也在不断增加，所以设备安装工程定额也是工程建设定额中不可缺少的一部分。

3. 建筑安装工程费用定额

建筑安装工程费用定额包括两部分内容：

（1）施工措施费定额。施工措施费属于直接费的一部分，其计取包括两种情况。一种能执行分项工程定额计费的，如脚手架费、模板费等；另一种是不能执行分项工程定额计费的，如夜间施工增加费、材料的二次搬运费、临设费等。在施工措施费定额中，通常把能执行分项工程定额计费的措施项目只列出项目名称，对不能执行分项工程定额计费的措施项目规定了计费基础和相应费率。

（2）间接费定额。是指与建筑安装施工生产的个别产品无关，而为企业生产全部产品所必需，为维持企业的经营管理活动所必须发生的各项费用开支的标准。间接费包括企业管理费和规费。

4. 工、器具定额

工、器具定额是为新建或扩建项目投产运转首次配置的工、器具的数量标准。工具和器具，是指按照有关规定不够固定资产标准而起劳动手段作用的工具、器具和生产用家具，如锻造用的锻模、翻砂用的模型、工具台、工具箱、计量器、容器、仪器等等。

5. 工程建设其他费用标准

工程建设其他费用标准是独立于建筑安装工程、设备和工、器具购置之外的其他费用开支的标准。工程建设其他费用主要包括土地使用费、与建设项目有关的费用和与未来企业生产经营有关的费用等。这些费用的发生和整个项目的建设密切相关。其他费用定额是按照各项独立费用分别编制的，以便合理控制这些费用的开支。

（五）按专业性质分

1. 建筑工程定额

建筑工程定额适用于一般工业与民用建筑的新建、扩建工程，特指一般土建工程、装饰工程、构筑物工程。

2. 安装工程定额

安装工程定额适用于一般工业与民用建筑的新建、扩建工程中的水、暖、电以及其他安装工程，按专业分为：机械设备安装工程，电气设备安装工程，热力设备安装工程，炉窑砌筑工程，静置设备与工艺金属结构制作安装工程，工业管道工程，消防及安全防范设备安装工程，给排水、采暖、燃气工程，通风空调工程，自动化控制仪表安装工程，涂装、防腐蚀、绝热工程，通风设备及线路工程等。

3. 市政工程预算定额（消耗量定额）及与之配套的费用定额

市政工程预算定额（消耗量定额）及与之配套的费用定额适用于新建、扩建市政工程及住宅区、厂区内道路、排水管道工程。主要专业包括：城市道路、桥涵、隧道、排水、给水、燃气与集中供热工程等。

4. 房屋修缮、抗震加固定额及与之配套的费用定额

房屋修缮、抗震加固定额及与之配套的费用定额主要内容包括：

（1）土建。包括房屋的整体拆除、局部拆除、局部翻修、零星维修以及随同房屋维修施工的零星工程。

（2）安装。包括建筑修缮工程中的水、暖、电、通风和民用煤气工程的拆除、修理和更换，以及旧建筑物新装水、暖、电、通风和民用煤气工程。

5. 仿古园林工程预算定额（包括园林绿化工程消耗量定额）及与之配套的费用定额

仿古园林工程预算定额及与之配套的费用定额主要适用于新建、扩建、修缮的仿古建筑及园林绿化工程，也适用于小区的绿化的和小品设施。

6. 市政养护维修定额及与之配套的费用定额

市政养护维修定额及与之配套的费用定额主要适用于城市、城镇的道路、排水、桥涵、路灯等市政设施的中小养护维修工程。

7. 由国务院有关部门主编的并由各主编部门负责管理的专业定额

这种定额专业性强，如煤炭井巷工程预算定额、煤炭露天剥离工程预算定额、铁路工程预算定额、公路工程预算定额等。

三、建设工程定额的作用

（1）工程建设定额是完成规定计量单位分项工程计价所需的人工、材料、施工机械台班的消耗量标准。由于经济实体受各自的生产条件的影响，其完成某项特定工程所消耗的人力、物力和财力资源存在着差别，而定额就为个别劳动之间存在的这种差异制定了一个一般消耗量的标准，即人工、材料、施工机械台班的消耗量标准，这个标准有利于鞭策落后，鼓励先进。

（2）工程建设定额是编制工程量计算规则、项目划分、计量单位的依据。要计算建筑安装工程的工程量，必须要依据一定的工程量计算规则。工程量计算规则的确定、项目划分、计量单位，以及计算方法都必须依据定额。

（3）工程建设定额是编制建安工程地区单位估价表的依据。建安工程单位估价表的编制过程就是根据定额规定消耗的各类资源（人、材、机）的消耗量乘以该地区基期资源价格，然后进行分类汇总的过程。

（4）工程建设定额是编制施工图预算，招标工程标底以及投标报价的依据。定额的制定，其主要目的就是为了计价。我国现阶段还处在定额模式、清单模式并存的阶段，施工图预算、招标标底以及投标报价书的编制，主要还是依据工程所在地的预算定额来制定。

（5）工程建设定额是编制投资估算指标的基础。在对一个拟建工程进行可行性研究时，一个重要的内容就是要用估算指标来估算工程的总投资，而估算指标通常是根据历史的预、结算资料和价格变动等资料，依据预算定额、概算定额所编制的反映一定计量单位的建（构）筑物或工程项目所需费用的指标。

第二节　企 业 定 额

一、企业定额的概念和作用

（一）企业定额的概念

所谓企业定额，就是指建筑安装企业根据企业自身的技术水平和管理水平所确定的完成单位合格产品所必需的人工、材料和施工机械台班的消耗量，以及其他生产经营要素消耗的数量标准。作为企业定额，必须具备以下特点：

（1）其各项平均消耗要比社会平均水平低，体现其先进性。

（2）可以表现本企业在某些方面的技术优势。

（3）可以表现本企业局部或全面管理方面的优势。

（4）所有匹配的单价都是动态的，具有市场性。

（5）与施工方案能全面接轨。

企业定额是企业的商业机密，是参与市场竞争的核心竞争能力的具体表现。

（二）企业定额的作用

1. 企业定额是施工企业在工程量清单计价条件下对建设工程投标报价依据

（1）企业定额的编制和使用，是实现工程量清单计价的关键和核心。国家标准《计价规范》发布以后，我国建设工程计价存在两种形式。其中，工程量清单计价是一种与市场经济相适应，通过市场竞争形成建设工程价格、择优选定中标单位的计价模式。其目的就是通过计价方法和价格形式的改革，实现我国建筑业综合生产能力与国际先进水平接轨。施工企业综合生产能力的高低，只有通过企业定额的水平及其决定的报价，在竞争中才能显示出来，企业定额的编制与使用对于实现工程量清单计价具有重要意义。

（2）企业定额的编制和使用是企业自主报价从思想观念转化到具体实践的重要环节。定额计价模式下的建设工程招、投标活动中，虽然也存在竞争，但竞争并不充分。其最大弊端是施工企业未能以真正活动主体的身份参与市场竞争。主要表现在：所有的投标人都使用具有社会平均水平的预算定额报价，定额水平不能反映报价企业的综合生产能力；投标企业的报价是在招标方的标底价的基础上形成的，不能体现企业的自主报价的原则。

施工企业要想真正成为建设市场竞争活动的主体，就必须依据企业定额和市场价格信息，或参照建设行政主管部门发布的社会平均消耗量定额自主报价。这就要求企业定额的编制，必须真实反映企业的综合生产能力及其发展趋势。按照企业定额确定的工程造价是企业经营所需要的实际成本和预期利润，报价的成败基本反映了企业在投标过程中是否具有竞争优势。

2. 企业定额的编制和使用，可以提高企业的综合生产能力

随着经济全球化的加剧，企业要在激烈的市场竞争中占据有利的地位，就必须不断提高自己的综合生产能力。编制和使用企业定额，参与市场竞争，是促使企业科技进步、管理创新、提高综合生产能力的重要手段。

（1）在编制企业定额的过程中，掌握本企业的综合生产能力水平。企业定额是企业综合生产能力的反映，企业必须以本企业实际的综合生产力水平为依据，确定分项工程中人工、材料和机械台班消耗量。在编制工程中，通过与平均水平的消耗量定额相比较，可以掌握本企业在哪些方面高于社会平均水平，应该保持、发扬；哪些方面低于社会平均水平，并从劳动组织、技术装备、生产效率、管理水平等方面找出原因，以求改进和提高。

（2）使用企业定额在投标中自主报价，能准确获得市场反馈信息。企业定额是企业综合生产能力的反映，使用企业定额投标报价，就是以企业实际的综合生产能力与其他投标单位的综合生产能力相比较，以企业自己的价格同其他投标单位的价格竞争。竞争的成败，将直接反映企业在本次竞争中所处的地位。竞争成功，获得工程，企业获得发展机会，说明企业的竞争能力在目前具有一定的优势；竞争失败，失去工程，则说明企业的竞争能力在目前处于劣势。企业定额越能真实反映企业自身的综合能力，所获得的市场反馈信息就越有价值。

3. 企业定额是推广先进技术和鼓励创新的工具

（1）企业定额必须反映企业的平均先进水平。所谓企业的平均先进水平，是指在企业的综合生产能力条件下，大多数劳动者通过努力才能达到的水平。因此，编制企业定额的要求是：

1）对于某些工程项目，本企业具有多种劳动组织、施工方法、技术装备条件从而具有多种劳动效率时，要选择劳动效率较高的编入企业定额。

2）在行业内部已经成熟或即将成熟的先进施工工艺和先进的技术操作方法，应及时编入企业定额。

(2) 平均先进水平的定额有助于推广先进技术，提高劳动生产率。

采用平均先进水平的企业定额报价，意味着报价中的生产成本是平均先进水平的成本。工程施工必须考虑满足工程直接成本和间接成本先进水平的要求，否则企业就会亏损。

1) 生产工人要达到和超过企业定额，就必须掌握和运用先进技术，就必须付出创造性劳动，改进工具和技术操作方法，注意原材料的节约，提高劳动效率，努力降低成本。

2) 企业要想降低间接成本，就必须改善企业管理，采用科学的管理技术，缩小非生产人员比例，从而提高全员劳动生产率。

4. 企业定额的编制和使用可以规范建设市场秩序，规范承发包行为

施工企业的经营活动，应通过工程项目的承建来谋求质量、工期、信誉的最优化。才能使企业走向良性循环的发展道路，提高其综合素质。

企业定额的应用，促使企业在市场竞争中按企业成本报价，这就避免了落后的施工企业为了在竞标中获胜，无节制地低于企业成本而中标，使先进企业失去承建工程的机会。同时，也避免了业主在招投标过程中孳生腐败。

如果说工程量清单计价是对传统定额计价方法的改革，那么，施工企业采用反映自己综合生产能力的企业定额报价则是工程计价思想观念的根本改变，是施工企业在市场经济条件下真正以一个市场活动主体的身份进入竞争角色，真正把建设市场中的竞争变成各施工企业综合实力的竞争，并在竞争中优胜劣汰，实现优化我国建筑业的目的。

二、企业定额的编制原则

1. 执行国家、行业的有关规定，适应国家标准《计价规范》的原则

国家和行业主管部门颁布的法律、法规、标准规范等是编制企业定额中划分定额项目、明确工艺组成、确定定额消耗量的前提和基础，不折不扣地执行国家、行业的有关规定是编制企业定额的先决条件。同时，企业定额是为了满足工程量清单计价需要、适应市场竞争形式而编制的，因此，企业定额必须符合国家标准《计价规范》的要求，才能保证定额在投标报价中的实用性和可操作性。

2. 平均先进性原则

企业定额规定的消耗在单位产品上的人工、机械和材料数量是企业在现有的综合生产能力条件下，按照一定的施工程序和工艺条件确定的。这些消耗量所表现的定额水平是企业大多数施工队、组和大多数生产者经过努力能够达到和超过的水平。

以企业平均先进水平为基准制定企业定额是参与市场竞争的需要。当企业使用企业定额投标失败时，则说明自己的综合生产能力落后于竞争对手，就应该改善企业的技术水平和管理水平。

3. 简明适用性的原则

简明适用是指企业定额要方便于定额的贯彻和执行，有利于投标竞争。

企业定额的简明性要求，是指企业定额必须做到项目齐全、划分得当、步距合理，正确选择产品和材料的计量单位，合理确定工作内容，适当应用系数，提供必要的说明和附注，达到便于查阅、便于理解、便于计算、便于携带的目的。

企业定额的适用性要求是指要适用于工程量清单投标报价，适用于不同的清单项目综合单价的组合，同时还要在定额水平上理顺同管理性定额（如劳动定额、施工定额）的关系。

定额的简明性和适用性是既有联系又有区别的两个方面，编制企业定额时应全面加以贯彻。当二者发生矛盾时，定额的简明性应服从适用性的要求。

4. 以专家为主、专群结合编制定额的原则

企业定额的编制要求有支经验丰富、技术与管理知识全面、有一定政策水平的专业队伍，其人员结构应以专家、专业人员为主并吸收工人、工程技术人员以及企业各部门业务人员参加，做到理论与实践的结合。这样既有利于制订出高质量的企业定额，也为定额的实施奠定良好的群众基础。

5. 独立自主的原则

企业独立自主地制订定额，主要是根据企业的具体情况结合政府的价格政策和产业导向，自主地确定定额水平，自主地划分定额项目和根据需要增加新的定额项目。贯彻这一原则有利于企业的自主经营、自主报价，有利于推行现代化企业财务制度，有利于减少对施工企业的过多的行政干预，使企业更好地面对市场竞争环境。

6. 时效性和相对稳定的原则

企业定额是一定时期内技术发展和管理水平的反应，所以在一段时期内表现出稳定的状态。这种稳定性又是相对的，它还有显著的时效性。当企业定额不再适应本企业综合生产能力、市场竞争和成本监控需要时，它就要重新编制和修订，否则就会竞争失败，挫伤群众的积极性，甚至产生负效应。

7. 保密原则

企业定额的指标体系及标准要求严格保密。建设市场卧虎藏龙，竞争激烈。就企业现行的定额水平，工程项目在投标中如被竞争对手获取，会使本企业陷入十分被动的境地，给企业带来不可估量的损失。所以，企业要有自我保护意识和相应的保密措施。

第三节 预算定额

一、预算定额的概念和作用

(一) 预算定额的概念

预算定额是指在正常施工条件下，完成一定计量单位的分项工程或结构构件所必须消耗的人工、材料、机械台班和资金的数量标准。表 2-2 为 1995 年《全国统一建筑工程基础定额》中砖石结构工程部分砖墙项目的示例。

(二) 预算定额的作用

(1) 预算定额是编制建筑安装工程施工图预算和确定工程造价的依据。施工图设计确定后，工程预算造价就取决于预算定额水平和人工、材料、机械台班的社会平均消耗量标准。预算定额是工程建设中的一项重要的技术经济文件，是编制施工图预算的基础，是确定和控制工程造价的基础。

(2) 预算定额是编制施工组织设计的依据。施工组织设计中需确定施工中所需人力、物力的供求量，并做出最佳安排。施工单位在缺乏本企业的施工定额的情况下，根据预算定额可以比较精确地计算出各项资源的需要量，为有计划地组织材料采购、劳动力、施工机械的调配提供了可靠的计算依据。

表 2-2 砖墙定额示例

工作内容：调、运、铺砂浆；砌砖包括窗台虎头砖、腰线、门窗套；安装木砖、铁件等

定额编号			4-2	4-3	4-5	4-8	4-10	4-11
项目		单位	单面清水砖墙			混水砖墙		
			1/2 砖	1 砖	1 砖半	1/2 砖	1 砖	1 砖半
人工	综合工日	工日	21.79	18.87	17.83	20.14	16.08	15.63
材料	水泥砂浆 M5	m^3	—	—	—	1.95	—	—
	水泥砂浆 M10	m^3	1.95	—	—	—	—	—
	混合砂浆 M2.5	m^3	—	2.25	2.40	—	2.25	2.04
	普通粘土砖	千块	5.641	5.314	5.350	5.641	5.341	5.350
	水	m^3	1.13	1.06	1.07	1.33	1.06	1.07
机械	灰浆搅拌机 200L	台班	0.33	0.38	0.40	0.33	0.38	0.40

(3) 预算定额是建设单位和施工单位按照工程进度对已完成工程进行工程结算的依据。按进度支付工程款，需要根据预算定额将已完的分部分项工程的造价算出。单位工程验收后，再按竣工工程量、预算定额和施工合同规定进行结算，以保证建设单位建设资金的合理使用和施工单位的经济收入。

(4) 预算定额是施工单位对施工中的劳动、材料、机械的消耗情况进行具体分析的依据。施工单位根据预算定额对施工中的劳动、材料、机械的消耗情况进行具体的分析，以便找出并克服低功效、高消耗的薄弱环节，提高企业竞争能力。

(5) 预算定额是编制概算定额的基础。概算定额是在预算定额的基础上综合扩大编制的，利用预算定额作为编制依据，可以节省编制工作的大量人力、物力、时间，还可以使概算定额在水平上与预算定额保持一致。

(6) 预算定额是招标投标活动中合理编制招标标底、投标报价的基础。虽然预算定额的指令性作用日益削弱，但其对施工单位按照个别成本报价的指导性作用仍然存在，因此预算定额作为编制招标控制价的依据和施工企业报价的基础性作用仍将存在。

二、预算定额的编制原则

1. 按社会必要劳动时间确定定额水平的原则

预算定额是确定和控制工程造价的主要依据，因此必须按价值规律的客观要求，即按照社会平均水平确定的原则。

2. 简明实用性原则

简明实用一是指对于那些主要的、常用的、价值量大的项目，分项工程划分要细些，次要的、不常用的、价值量相对较小的可以粗一些；二是指预算定额要项目齐全，若项目不全，缺项多，就会使计价工作缺少充足可靠的依据；三是要求合理确定预算定额的计量单位，简化工程量的计算，尽可能避免同一种材料用不同的计量单位和一量多用，尽量减少定额附注和换算系数。

3. 坚持统一性和差别性相结合的原则

统一性是指全国统一的定额制订或修订，以及工程造价惯例的规章制度的颁发，由国务院建设行政主管部门归口惯例；差别性是指在统一性的基础上，各部门和省、自治区、直辖市主管部门可以在自己的管辖范围内，根据本地区的具体情况，制订部门和地区性定额以及

惯例办法。

三、预算定额消耗量的编制方法

确定预算定额人工、材料、机械台班消耗量指标时，要先按照施工定额分项逐项计算出消耗指标，然后再按照预算定额的项目加以综合，并且在综合过程中考虑两种定额之间的适当水平差。

（一）预算定额计量单位的确定

预算定额与施工定额计量单位往往不同。施工定额的计量单位一般按照工序或施工过程确定；而预算定额的计量单位主要是根据分部分项工程和结构构件的形体特征及其变化确定。

（二）人工工日消耗量的计算

预算定额中人工工日消耗量是指在正常施工条件下，生产单位合格产品所必需消耗的人工工日数量，是由分项工程所综合的各个工序劳动定额包括的基本用工、其他用工两部分组成的。其中其他用工包括超运距用工、辅助用工和人工幅度差。

1. 基本用工

基本用工指完成一定计量单位的分项工程或结构构件的各项工作过程的施工任务所必需消耗的技术工种用工。基本用工包括：

（1）完成定额计量单位的主要用工。按综合取定的工程量和相应劳动定额进行计算。

$$基本用工=\sum(综合取定的工程量\times劳动定额) \tag{2-1}$$

例如工程实际的砖基础，有1砖厚、1砖半厚、2砖厚等之分，用工各不相同，在预算定额中由于不区分厚度，需要按照统计的比例，加权平均得出综合的人工消耗。

（2）按劳动定额规定应增减计算的用工量。由于预算定额是在施工定额子目的基础上综合扩大的，包括的工作内容较多，施工的功效视具体部位而不一样，所以需要另外增加人工消耗，而这种人工消耗也可以列入基本用工内。

2. 其他用工

其他用工是辅助基本用工消耗的工日，包括超运距用工、辅助用工和人工幅度差用工。

（1）超运距用工。超运距是指劳动定额中已包括的材料、半成品场内水平搬运距离与预算定额所考虑的现场材料、半成品堆放地点到操作地点的水平距离之差。

$$超运距=预算定额取定运距-劳动定额已包括的运距 \tag{2-2}$$

$$超运距用工=\sum(超运距材料数量\times时间定额) \tag{2-3}$$

（2）辅助用工。指技术工种劳动定额内不包括而在预算定额内又必须考虑的用工。如机械土方工程配合用工、材料加工（筛砂、洗石、淋化石膏）、电焊点火用工等。

$$辅助用工=\sum(材料加工数量\times相应加工劳动定额) \tag{2-4}$$

（3）人工幅度差用工。即预算定额与劳动定额的差额，主要是指在劳动定额中未包括而在正常施工情况下不可避免但又很难准确计量的用工和各种工时消耗。

人工幅度差主要包括各工种间的工序搭接及交叉作业相互配合或影响所发生的停歇用工；施工机械在单位工程之间转移及临时水电线路移动所造成的停工；质量检查和隐蔽工程验收工作的影响；班组操作地点转移用工；工序交接时对前一工序不可避免的修整用工；施工中不可避免的其他零星用工等。

人工幅度差 =（基本用工 + 辅助用工 + 超运距用工）× 人工幅度差系数 （2-5）

人工幅度差的用工量列入其他用工量中。

（三）材料消耗量的计算

材料消耗量计算方法主要有：

（1）对于砖、防水卷材、块料面层等有标准规格的材料，按规范要求计算定额计量单位的耗用量。

（2）对于门窗制作用材料、方、板料等设计图样标注尺寸及下料要求的按设计图样尺寸计算材料净用量。

（3）对于各种胶结、涂料等材料的配合比用料，可以用换算法得出材料用量。

（4）对于各种强度等级的混凝土及砌筑砂浆配合比的耗用原材料数量的计算可采用测定法，包括试验室试验法和现场观察法。

材料消耗量 = 材料净用量 + 损耗量 （2-6）

或 材料消耗量 = 材料净用量 ×（1 + 损耗率） （2-7）

（四）机械台班消耗量的计算

预算定额中的机械台班消耗量指在正常施工条件下，生产单位合格产品（分布分项工程或结构构件）必需消耗的某种型号施工机械的台班数量。

预算定额机械耗用台班 = 施工定额机械耗用台班 ×（1 + 机械幅度差系数） （2-8）

机械台班幅度差一般包括正常施工组织条件下不可避免的机械空转时间，施工技术原因的中断及合理停滞时间，因供水供电故障及水电线路移动检修而发生的运转中断时间，因气候变化或机械本身故障影响工时利用的时间，施工机械转移及配套机械相互影响损失的时间；配合机械施工的工人因与其他工种交叉造成的间歇时间，因检查工程质量造成的机械停歇的时间，工程收尾和工作量不饱满造成的机械停歇时间等。

第四节 概算定额与概算指标

一、概算定额

（一）概算定额的概念

概算定额，是在预算定额基础上，确定完成合格的单位扩大分项工程或单位扩大结构构件所需消耗的人工、材料和机械台班的数量标准，所以概算定额又称作扩大结构定额。

概算定额是预算定额的合并与扩大。它将预算定额中有联系的若干个分项工程项目综合为一个概算定额项目。概算定额与预算定额的相同之处在于它们都是以建（构）筑物各个结构部分和分部分项工程为单位表示的，内容也包括人工、材料和机械台班使用量定额三个基本部分，并列有基准价。概算定额表达的主要内容、主要方式及基本使用方法都与预算定额相近。概算定额与预算定额的不同之处在于项目划分和综合扩大程度上的差异。

概算定额是初步设计阶段编制概算、扩大初步设计阶段编制修正概算的主要依据；是对设计项目进行技术经济分析比较的基础资料之一；是建设工程主要材料计划编制的依据；是编制概算指标的依据。

（二）概算定额的编制方法

概算定额的编制原则应贯穿社会平均水平和简明适用的原则，依据现行的设计规范和建筑工程预算定额、具有代表性的标准设计图样和其他设计资料、现行的人工工资标准、材料预算价格、机械台班预算价格及其他的价格资料进行编制。

概算定额的编制步骤一般分三阶段进行，即准备阶段、编制初稿阶段和审查定稿阶段。

1. 准备阶段

主要是确定编制机构和人员组成，进行调查研究，了解现行概算定额执行情况和存在问题，明确编制的目的，制定概算定额的编制方案和确定概算定额的项目。

2. 编制初稿阶段

是根据已经确定的编制方案和概算定额项目，收集和整理各种编制依据，对各种资料进行深入细致的测算和分析，确定人工、材料和机械台班的消耗量指标，最后编制概算定额初稿。

3. 审查定稿阶段

主要工作是测算概算定额水平，即测算新编制概算定额与原概算定额及现行预算定额之间的水平。既要分项进行测算，又要通过编制单位工程概算以单位工程为对象进行综合测算。概算定额经测算比较后，可报送国家授权机关审批。概算定额水平与预算定额水平之间应有一定的幅度差，一般在5%以内。

二、概算指标

概算指标是以整个建筑物和构筑物为对象，以建筑面积、体积或成套设备装置的台或组为计量单位而规定的人工、材料、机械台班的消耗量和造价指标。

概算指标分为建筑工程概算指标和安装工程概算指标。

建筑工程概算指标包括：一般土建工程概算指标、给排水工程概算指标、采暖工程概算指标、通信工程概算指标、电气照明工程概算指标；安装工程概算指标包括：机械设备及安装工程概算指标、电气设备及安装工程概算指标、器具及生产家具购置费概算指标。

概算指标的作用可以作为编制投资估算的参考；是设计单位进行设计方案比较，建设单位选址的一种依据；是编制固定资产投资计划，确定投资额和主要材料计划的主要依据，其中的主要材料指标也可以作为概算主要材料用量的依据。

概算指标在具体内容的表示方法上分为综合概算指标和单项概算指标两种形式。

（1）综合概算指标。综合概算指标是按照工业或民用建筑及其结构类型而制定的概算指标。综合概算指标的概括性较大，其准确性、针对性不如单项概算指标。

（2）单项概算指标。单项概算指标是为某种建筑物或构筑物而编制的概算指标。单项概算指标的针对性较强，故指标中对工程结构形式要作介绍。只要工程项目的结构形式及工程内容与单项指标中的工程概况相吻合，编制出的设计概算就比较准确。

三、概算定额与概算指标的应用

（一）概算定额的应用

（1）符合概算定额的应用范围。

（2）工程项目的综合内容、计量单位应与概算定额一致。

(3) 必要的调整和换算应严格按定额的文字说明和附录进行。

(4) 避免重复计算和漏项。

(二) 概算指标的应用

概算指标的应用比概算定额具有更大的灵活性，由于它是一种综合性很强的指标，不可能与拟建工程的建筑特征、结构特征、自然条件、施工条件完全一致。因此，在选用概算指标时要十分慎重，选用的各个指标与设计对象在各个方面应尽量一致或接近，不一致的地方要进行换算，以提高准确性。

概算指标的应用一般有两种情况。第一种情况，当设计对象的结构特征与概算指标一致时，可以直接套用；第二种情况，当设计对象的结构特征与概算指标的规定局部不同时，要对指标的局部内容进行调整后再套用。

1. 每 $100m^2$ 造价调整

调整的思路如同定额换算，即从原每 $100m^2$ 概算造价中，减去每 $100m^2$ 建筑面积需换算出结构构件的价值，加上每 $100m^2$ 建筑面积需换入结构构件的价值，即得每 $100m^2$ 修正概算造价调整指标，再将每 $100m^2$ 造价调整指标乘以设计对象的建筑面积，即得拟建工程概算造价。

2. 每 $100m^2$ 工料数量的调整

调整的思路：从所选定指标的工料消耗量中，换出与拟建工程不同的结构构件的工料消耗量，换入所需结构构件的工料消耗量。

换入换出的工料数量是根据换出换入结构构件的工程量乘以相应的概算定额中的工料消耗指标得到的。根据调整后的工料消耗量和地区材料预算价格，人工工资标准、机械台班预算单价，计算每 $100m^2$ 的概算价格，然后根据有关的取费规定计算每 $100m^2$ 的概算造价。

本章小结

本章参考全国造价工程师职业资格考试培训教材《工程造价计价与控制》，简要叙述了建筑工程定额的相关内容。

本章主要内容有：建筑工程定额的概念、建筑工程定额的分类、建筑工程定额的作用、企业定额和预算定额的概念、企业定额和预算定额的作用、企业定额和预算定额的编制原则、预算定额消耗量的编制方法、概算定额和概算指标。

本章的教学目标是：通过本章的学习，掌握建筑工程定额的概念、分类、作用，了解企业定额和预算定额的概念、作用和编制原则，掌握预算定额消耗量的编制方法、了解概算定额和概算指标的相关内容。

习　题

1. 简答题

(1) 什么是建筑工程定额？建筑工程定额有哪些种类？

(2) 什么叫企业定额？企业定额有哪些作用？

(3) 什么叫预算定额？预算定额有哪些作用？

(4) 什么叫概算定额？

(5) 什么叫概算指标？

2. 选择题

(1) 企业定额必须具备（　　）特点。

A. 能够体现本企业的技术优势
B. 能够体现本企业的管理优势
C. 其人工平均消耗高于社会平均水平
D. 其机械平均消耗低于社会平均水平
E. 以分项工程为对象编制

(2) 编制预算定额应依据（　　）。

A. 现行劳动定额
B. 典型施工图样
C. 现行施工及验收规范
D. 新结构、新材料和先进施工方法
E. 现行的概算定额

(3) 在编制预算定额时，对于那些常用的、主要的、价值量大的项目，分项工程划分宜细；次要的、不常用的、价值量相对较小的项目可以划分较粗，这符合预算定额编制的（　　）。

A. 平均先进性原则
B. 时效性原则
C. 保密原则
D. 简明适用原则

(4) 在计算预算定额人工工日消耗量时，对于工种间的工序搭接及交叉作业相互配合影响所发生的停歇用工，应列入（　　）。

A. 辅助用工
B. 人工幅度差
C. 基本用工
D. 超运距用工

(5) 概算指标在具体内容的表示方法上，有（　　）两种形式。

A. 单项指标和分类指标
B. 综合指标和分类指标
C. 综合指标和单项指标
D. 单项指标和分项指标

第三章　建筑工程费用计算

学习目标：

通过建筑工程费用的学习，明确直接费、间接费、利润和税金的计算依据；掌握工程直接费计算方法；熟悉间接费的概念和内容；了解间接费计算基础的确定原则与方法；掌握间接费计算方法；掌握利润、税金计算方法。

学习重点：

建筑工程直接费计算、间接费计算、利润和税金计算。

第一节　直接费计算

工程造价由直接费、间接费、利润和税金组成，其具体构成见图 3-1 所示。

直接费由直接工程费、措施费组成。

一、直接工程费计算

直接工程费是指施工过程中耗费的构成工程实体的和有助于工程形成的各项费用，它包括人工费、材料费和施工机械使用费。

（一）人工费

人工费是指直接从事建筑安装工程施工的生产工人开支的各项费用。构成人工费的基本要素有工日消耗量和日工资单价。

1. 概预算定额中的人工工日消耗量

预算定额中人工工日消耗量是指在正常施工生产条件下，生产单位假定建筑安装产品（即分部分项工程或结构件）必须消耗的某种技术等级的人工工日数量，它由分项工程所综合的各个工序施工劳动定额包括的基本用工、其他用工以及施工劳动定额同预算定额工日消耗量的幅度差三部分组成，构成人工定额消耗量。

2. 生产工人的日工资单价的组成

生产工人的日工资单价由生产工人基本工资、生产工人工资性补贴、生产工人辅助工资、职工福利费、生产工人劳动保护费组成。

人工费的基本计算公式为：

$$人工费=\sum(工日消耗量\times日工资单价)=\sum(工程量\times人工定额消耗量\times日工资单价) \quad (3\text{-}1)$$

（二）材料费

材料费是指工程施工过程中耗用的构成工程实体的原材料、辅助材料、构配件、零件、半成品的费用。内容包括：

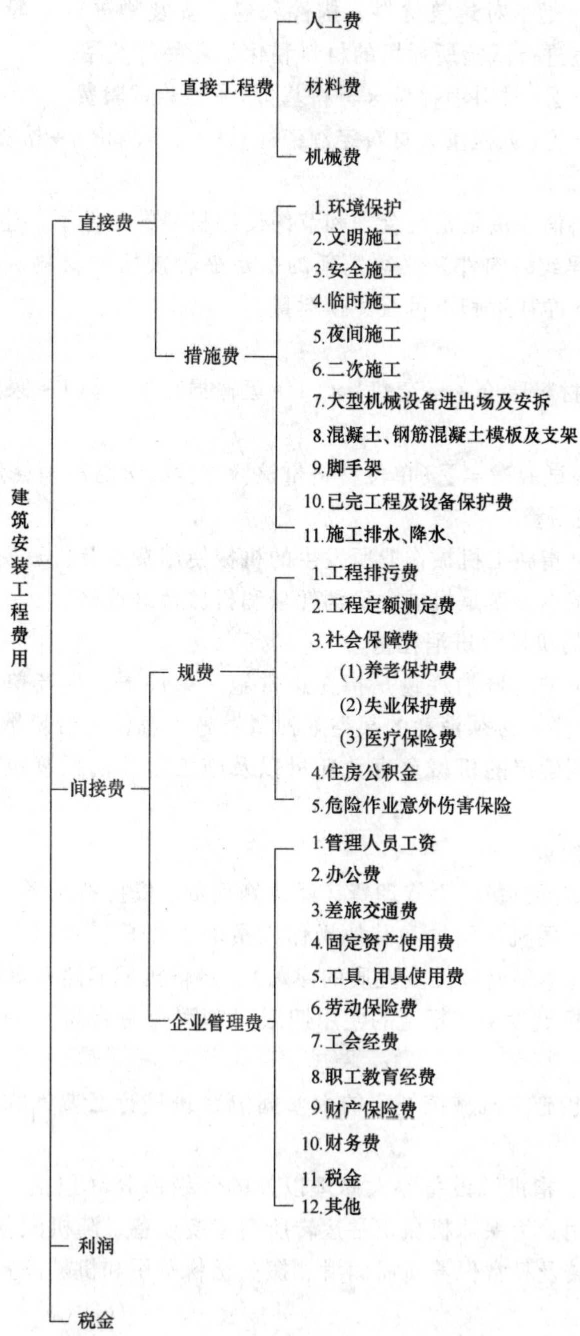

图 3-1　建筑安装工程费用组成

（1）材料原价（或供应价）。

（2）材料运杂费。是指材料自来源地运至工地仓库或指定堆放地点所发生的全部费用。

（3）运输损耗费。是指材料在运输装卸过程中不可避免的损耗。

（4）采购及保管费。是指在组织采购、供应和保管材料过程中所需要的各项费用。包括采购费、仓储费、工地保管费、仓储损耗。

(5) 检验试验费。是指对建筑材料、构件和建筑安装物进行一般鉴定、检查所发生的费用，包括自设试验室进行试验所耗用的材料和化学药品等费用。

$$材料费=\sum(材料消耗量\times材料基价)+检验试验费$$
$$=\sum(工程量\times材料定额消耗量\times材料基价)+检验试验费 \tag{3-2}$$

1. 材料定额消耗量

预算定额中的材料消耗量是指在合理和节约使用材料的条件下，生产单位假定建筑安装产品（即分部分项工程或结构件）必须消耗的一定品种规格的材料、半成品、构配件等的数量标准。它包括材料净耗量和不可避免损耗量。

2. 材料基价

$$材料基价=(材料原价+运杂费)\times(1+运输损耗率)\times(1+采购保管费率) \tag{3-3}$$

3. 检验试验费

$$检验试验费=\sum(单位材料量检验试验费\times材料消耗量) \tag{3-4}$$

(三) 施工机械使用费

施工机械使用费是指施工机械作业所发生的机械使用费以及机械安拆费和场外运费。构成施工机械使用费的基本要素是机械台班消耗量和机械台班价格。

1. 概预算定额中的机械台班消耗量

概预算定额中的机械台班消耗量是指在正常施工条件下，生产单位假定建筑安装产品（分部分项工程或结构件）必须消耗的某类某种型号施工机械的台班数量。它由分项工程综合的有关工序施工定额确定的机械台班消耗量以及施工定额同预算定额的机械台班幅度差组成。

2. 机械台班价格组成

机械台班价格包括折旧费、大修理费、经常修理费、安拆费及场外运输费、燃料动力运输费、人工费（指机上司机、司炉和其他操作人员的工作日工资以及上述人员在机械规定的年工作台班以外的基本工资和工资性质的津贴）、运输机械养路费等组成。

(1) 折旧费。指机械设备在规定的使用期限（即耐用总台班）内，陆续收回其原值及支付贷款利息的费用。

(2) 大修理费。指施工机械按规定的大修间隔台班进行必要的大修理，以恢复其正常功能所需的费用。

(3) 经常修理费。指机械设备除大修理以外的各级保养（包括一、二、三级保养）及临时故障排除所需费用；为保障机械正常运转所需替换设备、随机配备的工具、附具的摊销及维护费用；机械运转及日常保养所需润滑、擦拭材料费用和机械停置期间的维护保养费用等。其计算公式如下：

$$\begin{aligned}台班经常修理费=[&\sum(各级保养一次费用\times寿命期各级保养次数)+临时故障排除费+\\&替换设备台班摊销费+工具附具台班摊销费+\\&例行保养辅料费]/耐用总台班\end{aligned} \tag{3-5}$$

(4) 安拆费及场外运输费。安拆费指机械在施工现场进行安装、拆卸所需人工、材料、机械和试运转费用，以及机械辅助设施（包括基础底座、固定锚桩、行走轨道、枕木等）的折旧、搭设、拆除等费用。场外运输费指机械整体或分体自停置地点运至施工现场或由一工地运至另一工地的运输、装卸、辅助材料以及架线费用。

安拆费及场外运输费的计算式如下

台班安拆费及场外运费 = 台班辅助设施摊销费 + [机械一次安拆费 × 年平均安拆次数 + (一次运输及装卸费 + 辅助材料一次摊销费 + 一次架线费) × 年平均场外运输次数]/年工作台班　　(3-6)

(5) 燃料动力费。指机械在运转施工作业中所耗用的固体燃料（煤炭、木材）、液体燃料（汽油、柴油）、电力、水和风力等费用。

(6) 人工费。指机上司机、司炉和其他操作人员的工作日及上述人员在规定的机械年工作台班以外的人工费。年工作台班以外机上人员人工费用，以增加机上人员的工日系数形式列入。其增加工日系数按下式计算

机上人工工日 = 机上定员工日 × (1 + 增加工日系数)　　(3-7)

增加工日系数 = (年制度工作日 - 年工作台班 - 施工管理费内非生产天数)/年工作台班　　(3-8)

(7) 养路费及车船使用税。指机械按照国家有关规定应交纳的养路费和车船使用税等。其计算式如下

养路费及车船使用税 = 载重量(或核定吨位) × [养路费 ×12 + 车船税]/年工作台班　　(3-9)

式中，载重量单位为 t，养路费的单位为元/(t · 月)，车船税的单位为元/(t · 年)。

(8) 保险费。对施工机械实行保险的，按有关保险条款计算。

施工机械使用费的基本计算公式为

施工机械使用费 = ∑(工程量 × 机械定额台班消耗量 × 机械台班价格)　　(3-10)

[例 3-1] 选择题：根据《建筑安装工程费用项目组成》（建标〔2003〕206 号文件）的规定，下列各项中属于施工机械使用费的是（　　）。

A. 机械夜间施工增加费　　B. 大型机械设备进出场费　　C. 机械燃料动力费

D. 机械经常修理费　　E. 司机的人工费

解： 建筑安装工程费中的施工机械使用费，是指施工机械作业所发生的机械使用费以及机械安拆费和场外运费。机械台班单价，其内容包括折旧费、大修理费、经常修理费、安拆费及场外运费、人工费、燃料动力费、养路费及车船使用税。

本题答案：C、D、E

二、措施费计算

措施费是指为完成工程项目施工，发生于该工程施工前和施工过程中非工程实体项目的费用。所谓非实体性项目，是指其费用的发生和金额大小与使用时间、施工方法或者两个以上的工序有关，并且不形成最终的实体工程，如大型机械进出场及安拆、文明施工、临时设施等。措施费项目的构成应考虑多种因素，除工程本身的因素外，还涉及水文、气象、环境、安全等因素。综合《建筑安装工程费用项目组成》、《建设工程工程量清单计价规范》（GB 50500—2008）的规定，措施项目可归纳为以下几项：

（一）环境保护费

环境保护费是指施工现场为达到环境保护部门要求所需要的各项费用。

环境保护费费率 = 直接工程费 × 环境保护费费率(%)　　(3-11)

$$环境保护费费率(\%)=\frac{本项费用年度平均支出}{全年建安产值\times直接工程费占总造价比例(\%)} \tag{3-12}$$

（二）文明施工费

文明施工费是指施工现场文明施工所需要的各项费用。

$$文明施工费=直接工程费\times文明施工费费率(\%) \tag{3-13}$$

$$文明施工费费率(\%)=\frac{本项费用年度平均支出}{全年建安产值\times直接工程费占总造价比例(\%)} \tag{3-14}$$

（三）安全施工费

安全施工费是指施工现场安全施工所需要的各项费用。

$$安全施工费=直接工程费\times安全施工费费率(\%) \tag{3-15}$$

$$安全施工费费率(\%)=\frac{本项费用年度平均支出}{全年建安产值\times直接工程费占总造价比例(\%)} \tag{3-16}$$

（四）临时设施费

临时设施费是指施工企业为进行建筑工程施工所必须搭设的生活和生产用的临时建筑物、构筑物和其他临时设施费用等。

临时设施包括：临时宿舍、文化福利及公用事业房屋与构筑物，仓库、办公室、加工厂以及规定范围内道路、水、电、管线等临时设施和小型设施。

临时设施费用包括临时设施的搭设、维修、拆除费或摊消费。

临时设施费由以下三部分组成：

(1) 周转使用临时建筑物（如活动房屋）

(2) 一次性使用临时建筑物（如简易建筑）

(3) 其他临时设施（如临时管线）

$$临时设施费=(周转使用临时建筑费+一次使用临时建筑费)\times(1+其他临时建筑设施所占比例(\%)) \tag{3-17}$$

（五）夜间施工增加费

夜间施工增加费是指因夜间施工所发生的夜班补助费、夜间施工降效、夜间施工设备摊销及照明用电等费用。

$$夜间施工增加费=(1-合同工期/定额工期)\times直接工程费中的人工费合计\times每工日夜间施工费开支/平均日工资单价 \tag{3-18}$$

（六）二次搬运费

二次搬运费是指施工场地狭小等特殊情况而发生的二次搬运费用。

$$二次搬运费=直接工程费\times二次搬运费费率(\%) \tag{3-19}$$

$$二次搬运费费率(\%)=\frac{年平均二次搬运费开支额}{全年建安产值\times直接工程费占总造价的比例(\%)} \tag{3-20}$$

（七）冬雨季施工增加费

冬雨季施工增加费是指在冬季、雨季施工期间，为了确保工程质量，采取保温、防雨措施所增加的材料费、人工费和设施费用以及功效和机械作业效率降低所增加的费用。

$$冬雨季施工增加费=直接工程费\times冬雨季施工增加费费率(\%) \tag{3-21}$$

$$冬雨季施工增加费费率(\%)=\frac{年平均冬雨季施工增加费开支额}{全年建安产值\times直接工程费占总造价的比例(\%)} \tag{3-22}$$

（八）大型机械设备进出场及安拆费

大型机械设备进出场及安拆费是指机械整体或分体自停放场地运至施工现场或由一个施工地点运至另一个施工地点，所发生的机械进出场运输及转移费用及机械在施工现场进行安装、拆卸所需的人工费、材料费、机械费、试运转费和安装所需的辅助设施的费用。

$$大型机械进出场及安拆费=\frac{一次进出场及安拆费\times 年平均安拆次数}{年工作台班} \tag{3-23}$$

（九）施工排水费

施工排水费是指为确保工程在正常条件下施工，采取各种排水措施所发生的各种费用。

$$施工排水费=\sum 排水机械台班费\times 排水周期+排水使用材料费、人工费 \tag{3-24}$$

（十）施工降水费

施工降水费是指为确保工程在正常条件下施工，采取各种降水措施所发生的各种费用。

$$施工降水费=\sum 降水机械台班费\times 降水周期+降水使用材料费、人工费 \tag{3-25}$$

（十一）地上、地下设施、建筑物临时保护设施费

地上、地下设施、建筑物临时保护设施费是指为了保护施工现场的一些成品免受其他施工工序的破坏，而在施工现场搭设一些临时保护设施所发生的费用。

一般以直接费为取费依据，根据工程所在地工程造价管理机构测定的相应费率计算支出。

（十二）已完工程及设备保护费

已完工程及设备保护费是指竣工验收前，对已完工程及设备进行保护所需费用。

$$已完工程及设备保护费=成品保护所需机械费+材料费+人工费 \tag{3-26}$$

（十三）专业措施项目

根据《建设工程工程量清单计价规范》（GB 50500—2008）的规定，上述措施项目为各专业工程的通用措施项目。除此之外，原《建筑安装工程费用项目组成》中列示的混凝土、钢筋混凝土模板、支架费列为建筑工程的专业措施项目，脚手架列为建筑工程、装饰装修工程的专业措施项目。

1. 混凝土、钢筋混凝土模板及支架费

是指混凝土施工过程中需要的各种钢模板、木模板、支架等的支、拆、运输费用及模板、支架的摊销（或租赁）费用。

$$模板及支架费=模板摊销量\times 模板价格+支、拆、运输费 \tag{3-27}$$

$$\begin{aligned}摊销量=&一次使用量\times(1+施工损耗)\times[1+(周转次数-1)\times\\&补损率/周转次数-(1-补损率)\times 50\%/周转次数]\end{aligned} \tag{3-28}$$

$$租赁费=模板使用量\times 使用日期\times 租赁价格+支、拆、运输费 \tag{3-29}$$

2. 脚手架费

是指施工需要的各种脚手架搭、拆、运输费用及脚手架的摊销（或租赁）费用。

$$脚手架搭拆费=脚手架摊销量\times 脚手架价格+支、拆、运输费 \tag{3-30}$$

$$脚手架摊销量=\frac{单位一次使用量\times(1-残值率)}{耐用期/一次使用期} \tag{3-31}$$

$$租赁费=脚手架每日租金\times 搭设周期+搭、拆、运输费 \tag{3-32}$$

第二节 间接费计算

一、间接费的组成

间接费由规费、企业管理费组成。

（一）规费

1. 规费包括的内容

规费包括：

（1）工程排污费。是指施工现场按规定缴纳的工程排污费。

（2）工程定额测定费。是指按规定支付工程造价（定额）管理部门的定额测定费。

为推进行政事业性收费改革，促进依法行政，切实减轻企业和社会负担，支持经济平稳较快发展，财政部、国家发展改革委对全国性及中央部门和单位行政事业性收费项目进行了全面清理，发布了财政部、国家发展改革委财综［2008］78号文件，文件规定：自2009年1月1日起，在全国统一取消和停止征收100项行政事业性收费，其中包括工程定额测定费。

（3）社会保障费

1）养老保险费。是指企业按规定标准为职工缴纳的基本养老保险费。

2）失业保险费。是指企业按照国家规定标准为职工缴纳的失业保险费。

3）医疗保险费。是指企业按照规定标准为职工缴纳的基本医疗保险费。

（4）住房公积金。是指企业按照规定标准为职工缴纳的住房公积金。

（5）危险作业意外伤害保险。是指按照《建筑法》规定，企业为从事危险作业的建筑安装施工人员支付的意外伤害保险费。

2. 规费的计算方法

规费的计算公式：

（1）以直接费为计算基础

$$规费 = 直接费 \times 规费费率 \tag{3-33}$$

（2）以人工费和机械费合计为计算基础

$$规费 = (人工费 + 机械费) \times 规费费率 \tag{3-34}$$

（3）以人工费为计算基础

$$规费 = 人工费 \times 规费费率 \tag{3-35}$$

（二）企业管理费

1. 企业管理费包括的内容

企业管理费包括：

（1）管理人员工资。是指管理人员的基本工资、工资性补贴、职工福利费、劳动保护费等。

（2）办公费。是指企业管理办公用的文具、纸张、账表、印刷、邮电、书报、会议、水电、烧水和集体取暖（包括现场临时宿舍取暖）用煤等费用。

（3）差旅交通费。是指职工因公出差、调动工作的差旅费、住勤补助费，市内交通费和误餐补助费，职工探亲路费，劳动力招募费，职工离退休、退职一次性路费，工伤人员就医路费，工地转移费以及管理部门使用的交通工具的油料、燃料、养路费及牌照费。

（4）固定资产使用费。是指管理和试验部门及附属生产单位使用的属于固定资产的房屋、设备仪器等的折旧、大修、维修或租赁费。

（5）工具用具使用费。是指管理使用的不属于固定资产的生产工具、器具、家具、交通工具和检验、试验、测绘、消防用具等的购置、维修和摊销费。

（6）劳动保险费。是指由企业支付离退休职工的易地安家补助费、职工退职金、六个月以上的病假人员工资、职工死亡丧葬补助费、抚恤费、按规定支付给离休干部的各项经费。

（7）工会经费。是指企业按职工工资总额计提的工会经费。

（8）职工教育经费。是指企业为职工学习先进技术和提高文化水平，按职工工资总额计提的费用。

（9）财产保险费。是指施工管理用财产、车辆保险。

（10）财务费。是指企业为筹集资金而发生的各种费用。

（11）税金。是指企业按规定缴纳的房产税、车船使用税、土地使用税、印花税等。

（12）其他。包括技术转让费、技术开发费、业务招待费、绿化费、广告费、公证费、法律顾问费、审计费、咨询费等。

2. 企业管理费的计算方法

企业管理费的计算公式：

（1）以直接费为计算基础

$$\text{企业管理费} = \text{直接费} \times \text{企业管理费费率} \tag{3-36}$$

（2）以人工费和机械费之和为计算基础

$$\text{企业管理费} = (\text{人工费} + \text{机械费}) \times \text{企业管理费费率} \tag{3-37}$$

（3）以人工费为计算基础

$$\text{企业管理费} = \text{人工费} \times \text{企业管理费费率} \tag{3-38}$$

二、间接费的计算方法

（一）间接费的计算方法

间接费的计算方法按取费基数不同分为以下三种：

1. 以直接费为计算基础

$$\text{间接费} = \text{直接费合计} \times \text{间接费费率}(\%) \tag{3-39}$$

2. 以人工费和机械费之和为计算基础

$$\text{间接费} = \text{人工费和机械费之和} \times \text{间接费费率}(\%) \tag{3-40}$$

3. 以人工费为计算基础

$$\text{间接费} = \text{人工费合计} \times \text{间接费费率}(\%) \tag{3-41}$$

$$\text{间接费费率} = \text{规费费率}(\%) + \text{企业管理费费率}(\%) \tag{3-42}$$

（二）费率的计算

1. 规费费率

根据本地区典型工程承发包价的分析资料综合取定规费计算中所需数据：每万元发承包

价中人工费含量和机械费含量；人工费占直接费的比例；每万元发承包价中所含规费缴纳标准的各项基数。

规费费率的计算公式

（1）以直接费为计算基础

$$规费费率(\%)=\frac{\sum 规费缴纳标准\times 每万元发承包价计算基数}{每万元发承包价中的人工费含量}\times 人工费占直接费的比例(\%) \quad (3\text{-}43)$$

（2）以人工费和机械费合计为计算基础

$$规费费率(\%)=\frac{\sum 规费缴纳标准\times 每万元发承包价计算基数}{每万元发承包价中的人工费含量和机械费含量}\times 100\% \quad (3\text{-}44)$$

（3）以人工费为计算基础

$$规费费率(\%)=\frac{\sum 规费缴纳标准\times 每万元发承包价计算基数}{每万元发承包价中的人工费含量}\times 100\% \quad (3\text{-}45)$$

2. 企业管理费费率

企业管理费费率计算公式

（1）以直接费为计算基础

$$企业管理费费率(\%)=\frac{生产工人年平均管理费}{年有效施工天数\times 人工单价}\times 人工费占直接费比例(\%) \quad (3\text{-}46)$$

（2）以人工费和机械费之和为计算基础

$$企业管理费费率(\%)=\frac{生产工人年平均管理费}{年有效施工天数\times(人工单价+每一工日机械使用费)}\times 100\% \quad (3\text{-}47)$$

（3）以人工费为计算基础

$$企业管理费费率(\%)=\frac{生产工人年平均管理费}{年有效施工天数\times 人工单价}\times 100\% \quad (3\text{-}48)$$

第三节　利润和税金的计算

一、利润

利润是指施工企业完成所承包工程获得的盈利。

建筑安装企业的施工活动是为社会建造具有使用价值的工程产品。建筑安装企业通过施工生产和经营管理，将投入的劳动资料（劳动手段和劳动对象）和劳动相结合，转变成新的物质形态下的工程产品。与此同时，企业全部劳动成员的劳动，除因支出劳动力按照劳动力的价值得到补偿外，还会创造出一部分新增的价值，凝固在工程产品之内，这一部分新增的价值表现为价格形态就是企业的利润。

一般来说，建筑安装企业从工程价款收入减去工程成本的支出（直接工程费和间接费之和）之后的余额即为利润。因其中还包括了应缴的税金，故称之为税前利润（俗称毛利），减去应纳税金后的余额为税后利润（俗称净利）。利润与工程成本的比值称为利润率。

施工企业投标报价时，可依据本企业经营管理素质和市场供求情况，在规定的利润范围内，自行确定企业的利润水平。

利润的计算因计算基础的不同而不同

（1）以直接费为基础时利润的计算方法：

$$利润 = (直接费 + 间接费) \times 相应利润率(\%) \tag{3-49}$$

（2）以人工费和机械费之和为基础时利润的计算方法：

$$利润 = 直接费中的人工费和机械费之和 \times 相应利润率(\%) \tag{3-50}$$

（3）以人工费为基础时利润的计算方法：

$$利润 = 直接费中的人工费合计 \times 相应利润率(\%) \tag{3-51}$$

二、税金

（一）税收的特征和本质

税收是国家凭借政治权利，把一部分国民经济收入以税金形式转变为国家所有的一种分配制度。税收的特征：一是法制性，各种税目和税率由国家决定，对一切从事生产、经营或其他业务，有经济收入的单位或个人均普遍适用，纳税人必须依照税法条例按期足额缴纳税金；二是无偿性，国家依法征得的税金无需偿还，也不需要对纳税人付出任何代价；三是稳定性，即各种税目所确定的课税主体、课税对象和课税税率，都具有较长时期的延续性，以保持国家财政收入的稳定性。

（二）列入工程造价的三种税收

1. 营业税

营业税是以营业收入额为基础征收的，营业收入是指纳税人从事建筑、安装、修缮、装饰及其他工程作业收取的全部收入。

2. 城市维护建设税

收取城市维护建设税的目的是扩大和稳定城市、县或乡镇的公用事业和公共设施维护资金的来源。其税额以营业税额为基数计取。

3. 教育费附加

是为加快发展地方教育事业，扩大地方教育经费的资金来源，以营业税为基础征收的税额。

关于营业税、城市维护建设税、教育费附加的税率及计征基数，见表3-1内容。

表3-1　营业税、城市维护建设税、教育费附加的税率

税种名称	工程所在地			计算基础
	市区	城（镇）	非城镇	
营业税	3%	3%	3%	含税工程造价
城市维护建设税	7%	5%	1%	营业税
教育费附加	3%	3%	3%	营业税

（三）税金的计算

1. 营业税

税法规定营业税是以营业收入额为计税依据计算的，税率为3%。计算公式如下

$$营业税 = 计税营业额 \times 3\% \tag{3-52}$$

营业额是指从事建筑、安装、修缮、装饰及其他工程作业收取的全部收入，还包括建筑、修缮、装饰工程所用原材料及其他物资和动力的价款。当安装的设备的价值作为安装工程产值时，亦包括所安装设备的价款。但建筑安装工程总承包方将工程分包或转包给其他人的，其营业额中不包括付给分包或转包方的价款。

2. 城市维护建设税

城市维护建设税以营业税额为基础计税。因纳税人所处的地点不同其税率也不同，见表3-1，计算公式如下

$$城市维护建设税 = 营业税额 \times 规定税率 \tag{3-53}$$

城乡维护建设税的纳税人所在地为市区的，其使用税率为营业税的7%；所在地在县镇的，其适用税率为营业税的5%；所在地为农村的，其适用税率为营业税的1%。

例如：纳税人所在地在市区的，城市维护建设税为

$$城市维护建设税 = 计税营业额 \times 3\% \times 7\% \tag{3-54}$$

3. 教育费附加

教育费附加以营业税额为基础计取，税率为3%，即为营业额的3% ×3% =0.09%。

建筑安装企业的教育费附加要与其营业税同时交纳。即使办有职工子弟学校的建筑安装企业也应当先缴纳教育费附加，教育部门可根据企业的办学情况，酌情返还给办学单位，作为对办学经费的补助。

4. 税金的综合计算

将上述三种税率汇总即可得到应纳税税率：

纳税人所在地在市区者为：3%+0.21%+0.09%=3.3%

纳税人所在地为县城、建制镇者为：3%+0.15%+0.09%=3.24%

纳税人所在地处在上述两者以外者为：3%+0.03%+0.09%=3.12%

上述税率是以建筑安装工程全部收入为计税基础的，即

$$应纳税额 = 含税工程造价 \times 应纳税税率$$

$$含税工程造价 = 不含税工程造价 + 应纳税额$$

其中，不含税工程造价 = 直接费 + 间接费 + 利润

因此 应纳税额 = 不含税工程造价 × 应纳税税率/(1 - 应纳税税率)

$$\begin{aligned}单位工程税金 &= 单位工程的不含税工程造价 \times 综合税率\\ &= (直接费 + 间接费 + 利润) \times 综合税率\end{aligned}$$

$$综合税率 = 应纳税税率/(1 - 应纳税税率)$$

根据上述规定，综合税率计算如下：

纳税人所在地为市区的综合税率为

$$综合税率 = \frac{3\%}{1 - 3\%} = 3.413\%$$

纳税人所在地为县城、镇的综合税率为

$$综合税率 = \frac{3.24\%}{1 - 3.24\%} = 3.348\%$$

纳税人所在地不在市区、县城、镇的综合税率为

$$综合税率=\frac{3.12\%}{1-3.12\%}=3.220\%$$

[例 3-2] 某学校拟建一栋实验楼，建筑面积 1350m^2，根据施工图样计算出工程量，依据当地信息价算出直接工程费合计为 866505.02 元，以直接费为计算基础，各项费用费率为：措施费费率 9%，间接费费率 11%，利润率 4.5%，税率 3.41%。按照现行的费用项目组成方法和取费程序，该工程的工程造价为多少元?

解：按照建设部建标［2003］206 号《建筑安装工程项目费用组成》规定，以直接费为基础时：

措施费 = 直接工程费 ×9% = 866505.02 ×9% = 77985.45元

间接费 = (直接工程费 + 措施费) ×11% = (866505.02 + 77985.45) ×11% = 103893.95元

利润 = (直接费 + 间接费) ×4.5% = (866505.02 + 77985.45 + 103893.95) ×4.5% = 47177.30元

税金 = (直接费 + 间接费 + 利润) ×3.41% = (866505.02 + 77985.45 + 103893.95 + 47177.3) ×3.41% = 37358.65元

则工程造价 = 直接费 + 间接费 + 利润 + 税金 = 866505.02 + 77985.45 + 103893.95 + 47177.3 + 37358.65 = 1132920.37 元。

本章小结

本章参考建设部、财政部关于印发《建筑安装工程费用项目组成》的通知〔建标(2003) 206 号文件〕的具体内容，全面叙述了建设工程造价构成和计算方法。

通过建筑工程费用的内容和计算方法的学习，明确直接费、间接费、利润和税金的计算依据；掌握工程直接费计算方法；熟悉间接费的概念和内容；了解间接费计算基础的确定原则与方法；掌握间接费计算方法；掌握利润、税金计算方法。

习　题

1. 选择题

(1) 职工教育经费属于（　　）。

A. 规费　　B. 措施费　　C. 直接工程费　　D. 企业管理费

(2) 二次搬运费属于（　　）。

A. 措施费　　B. 机械费　　C. 直接工程费　　D. 企业管理费

(3) 根据《建筑安装工程费用项目组成》(建标［2003］206 号) 文件的规定，下列属于直接工程费中的材料费的是（　　）。

A. 塔式起重机基础的混凝土费用

B. 现场预制构件地胎模的混凝土费用

C. 保护已完石材地面而铺设的大芯板费用

D. 独立柱基础混凝土垫层费用

(4) 根据《建筑安装工程费用项目组成》(建标［2003］206 号) 文件的规定，现场项目经理的工资列入（　　）。

A. 其他直接费　　B. 现场经费　　C. 企业管理费　　D. 直接费

(5) 根据《建筑安装工程费用项目组成》(建标［2003］206 号) 文件的规定，大型机械设备进出场及安拆费中的辅助设施费用应计入（　　）。

A. 直接费　　B. 间接费　　C. 施工机械使用费　　D. 措施费

(6) 根据《建筑安装工程费用项目组成》（建标［2003］206 号）文件的规定，下列属于直接工程费中人工费的是（　　）。

A. 六个月以上的病假人员的工资　　B. 装载机司机工资

C. 公司安全监督人员工资　　D. 电焊工产、婚假期的工资

(7) 根据《建筑安装工程费用项目组成》（建标［2003］206 号）文件的规定，工程定额测定费属于（　　）。

A. 措施费　　B. 规费　　C. 企业管理费　　D. 直接费

(8) 直接费是由（　　）组成的。

A. 规费　　B. 措施费　　C. 直接工程费

D. 企业管理费　　E. 其他直接费

(9) 根据《建筑安装工程费用项目组成》（建标［2003］206 号）文件的规定，规费包括（　　）。

A. 工程排污费　　B. 工程定额测定费　　C. 文明施工费

D. 住房公积金　　E. 社会保障费

(10) 下列属于措施费的项目有（　　）。

A. 环境保护　　B. 工程排污费　　C. 社会保障费

D. 安全施工　　E. 文明施工

(11) 下列属于企业管理费的项目有（　　）。

A. 危险作业意外伤害保险　　B. 固定资产使用费

C. 社会保障费　　D. 劳动保险费　　E. 职工教育经费

(12) 下列属于企业管理费中的税金有（　　）。

A. 印花税　　B. 土地使用税　　C. 营业税

D. 车船使用税　　E. 教育费附加

(13) 根据《建筑安装工程费用项目组成》（建标［2003］206 号）文件的规定，劳动保险费包括（　　）。

A. 养老保险费　　B. 离退休职工的异地安家补助费　　C. 职工退休金

D. 医疗保险费　　E. 女职工哺乳时间的工资

2. 计算题

根据某基础工程工程量和《全国统一建筑工程基础定额》消耗指标，进行工料分析计算得出各项资源消耗及该地区相应的市场价格见表 3-2。按照建标［2003］206 号文件关于建安工程费用的组成和规定取费，各项费用的费率为：措施费率 8%，间接费率 10%，利润率 4.5%，税率 3.41%。

(1) 根据表 3-2 中的各种资源的消耗量和市场价格，列表计算该基础工程的人工费、材料费和机械费。

(2) 根据背景材料给定的费率，按照建标（2003）206 号文件中关于建安工程费用的组成，以直接费为计算基数，计算该基础工程的施工图预算造价。

表 3-2 资源消耗量及预算价格表

资源名称	单位	消耗量	单价/元	资源名称	单位	消耗量	单价/元
325#水泥	kg	1740.84	0.32	钢筋 Φ10 以内	t	2.307	3100.00
425#水泥	kg	18101.65	0.34	钢筋 Φ10 以上	t	5.526	3200.00
525#水泥	kg	20349.76	0.36				
净砂	m^3	70.76	30.00	砂浆搅拌机	台班	16.24	42.84
碎石	m^3	40.23	41.20	5t 载重汽车	台班	14.00	310.59
钢模板	kg	152.96	9.95	木工圆锯	台班	0.36	171.28
工程用木材	m^3	5.00	2480.00	翻斗车	台班	16.26	101.59
模板用木材	m^3	1.232	2200.00	挖土机	台班	1.00	1060.00
镀锌铁丝	kg	146.58	10.48	混凝土搅拌机	台班	4.35	152.15
灰土	m^3	54.74	50.48	卷扬机	台班	20.59	72.57
水	m^3	42.90	2.00	钢筋切断机	台班	2.79	161.47
焊条	kg	12.98	6.67	钢筋弯曲机	台班	6.67	152.22
草袋子	m^3	24.30	0.94	插入式震动器	台班	32.37	11.82
粘土砖	千块	109.07	150.00	平板式震动器	台班	4.18	13.57
隔离剂	kg	20.22	2.00	电动打夯机	台班	85.03	23.12
铁钉	kg	61.57	5.70	综合工日	工日	1207.00	20.31

第四章 建筑工程量计算

学习目标：

通过学习建筑工程量的计算，了解工程量的概念、工程量的计算依据及工程量的统筹计算方法；掌握建筑面积的计算方法，掌握土方工程、基础与垫层工程、桩基础工程、砌筑工程等分部分项工程量的计算方法，能结合实际工程进行建筑面积的计算，进行土方工程、基础与垫层工程、桩基础工程、砌筑工程等分部分项工程量的计算，为编制施工图预算书打下基础。

学习重点：

建筑面积的计算、土方工程量的计算、基础与垫层工程工程量的计算、桩基础工程工程量的计算、砌筑工程工程量的计算、混凝土及钢筋混凝土工程工程量的计算、门窗及木结构工程工程量的计算、楼地面工程工程量的计算、屋面工程工程量的计算、装饰工程工程量的计算。

第一节 工程量概述

一、工程量的概念

工程量是把设计图样的内容按一定的顺序划分，并按统一的计算规则进行计算，以物理计量单位或自然计量单位表示的各种具体工程或结构构件的数量。

物理计量单位是以物体的某种物理属性为计量单位，一般是指以米制度量表示的长度、面积、体积等的单位。如建筑面积以“m^2”为计量单位、管道工程、装饰线等工程量以“m”为计量单位。

自然计量单位是以施工对象本身自然属性为计量单位。一般用个、台、套等为计量单位如门窗、五金工程量以个（套）为计量单位。

工程量是编制施工图预算的原始数据，也是作业计划、资源供应计划、建筑统计、经济核算的依据，正确地计算工程量对建设单位、施工企业、管理部门加强管理，对正确确定工程造价有重要的现实意义。

二、工程量计算依据

（一）施工设计图样、设计说明和图样会审记录

施工设计图样上所反映工程的构造、材料做法、材料品种和各部位尺寸等设计要求是工程计价的重要依据，也是计算工程量的基础资料。

图样会审记录是设计人员进行设计意图的技术交底。一般由业主组织设计单位和承包

商，对于设计单位提供的施工图样，进行认真细致的审查，并做出会审记录，作为设计文件的一部分在施工时一并执行。图样会审记录也是工程量计算的重要依据。

（二）现行定额中的工程量计算规则

工程量计算规则规定了工程量计量单位和计算方法，是计算工程量的主要依据。

（三）经审定的施工组织设计或施工方案

施工图样为施工的依据，但是这个工程采取什么方法或选择哪些机械进行施工，由施工组织设计或施工方案确定。计算工程量时，还必须参照施工组织设计或施工方案进行。

（四）工程施工合同、招标文件等其他有关技术经济文件

三、工程量计算的方法和步骤

（一）工程量的计算方法

工程量的计算方法，即工程量的计算顺序。一个单位工程的工程项目（指分项工程）少则几十项，多则上百项，为了节约时间加快计算进度，避免漏算和重复计算，同时为了方便审核，必须按一定的顺序依次进行。工程量计算时，常用的计算顺序有以下几种：

1. 单位工程计算顺序

（1）按施工顺序计算法。即按工程的施工先后顺序来计算工程量。计算时先地下，后地上；先底层，后上层。如一般的民用建筑工程可按照土石方、基础、主体、楼面、屋面、门窗安装、内外墙抹灰、涂装等顺序进行计算。

（2）按定额项目分部顺序计算法。即按定额顺序分别计算每个分项的工程量。这种方法尤其适用于初学人员计算工程量。

2. 分项工程计算顺序

为了防止漏算和重复计算，对于同一分项内容，一般有以下几种计算方法：

（1）按照顺时针方向计算法。即从施工平面图的左上角开始，自左至右，然后再由上而下，最后回到左上角为止，按顺时针方向逐步计算。例如计算外墙、外墙基础等分项，可以按照此种方法进行计算。

（2）按先横后竖、先上后下、先左后右顺序计算法。即从施工平面图左上角开始按照先横后竖、先上后下、先左后右顺序进行工程量计算。例如楼地面工程、天棚工程等分项，可以按照此种方法进行计算。

（3）按图样编号顺序计算法。即按照施工图样上所标注的构件编号顺序进行工程量计算。例如门窗、屋架等分项工程，可以按照此种方法进行计算。

实际计算时，通常几种方法经常结合起来使用。

（二）工程量的计算步骤

1. 列出分项工程项目名称

根据拟建工程施工图样，按照一定的计算顺序，列出分项工程名称。

2. 列出工程量计算式

分项工程名称列出后，按规定的计算规则列出计算式。

3. 工程量计算

计算式列出后，应对取定数据进行一次复核，核定无误后，对工程量进行计算。

4. 调整计量单位

工程量计算通常以“m、m^2、m^3”等为计量单位，而定额中往往以“10m、$100m^2$、$100m^3$”等为计量单位，因此应对工程量单位进行调整，使其与定额单位一致。

四、统筹法计算工程量

统筹法是一种科学的计划和管理方法，它是在吸收和总结运筹学的基础上，经过广泛的调查研究，在50年代中期由著名数学家华罗庚首创和命名的。

统筹法计算工程量不是按施工顺序及定额项目分部顺序计算工程量，而是根据工程量自身各分项工程量计算之间固有的规律和相互之间的依赖关系，运用统筹法原理来合理安排工程量的计算顺序，以达到节约时间、简化计算、提高工效的目的。统筹法计算工程量时，其基本要点是：统筹程序、合理安排，利用基数、连续计算，一次计算、多次应用，联系实际、灵活机动。

（一）统筹程序、合理安排

工程量计算程序安排的是否合理，关系到进度的快慢。运用统筹法原理，根据分项工程量计算规律，先主后次、统筹安排。例如：室内地面工程中的室内回填土、地面垫层、地面面层，如果按施工顺序计算工程量，其计算顺序可按图4-1所示计算程序进行。

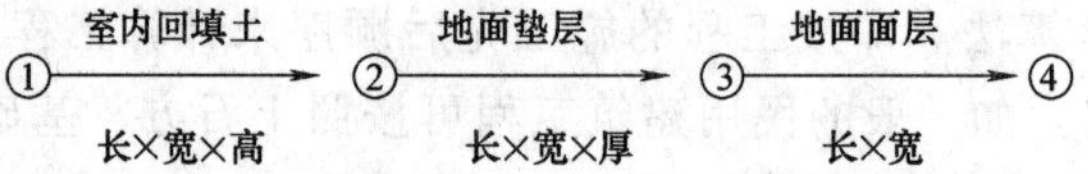

室内回填土　地面垫层　地面面层

①→②→③→④

长×宽×高　长×宽×厚　长×宽

图4-1　室内地面工程量计算程序示意图

从图中可以看出，按施工顺序计算工程量时，重复计算了三次长×宽，而利用统筹法计算工程量，可按图4-2所示计算程序进行。

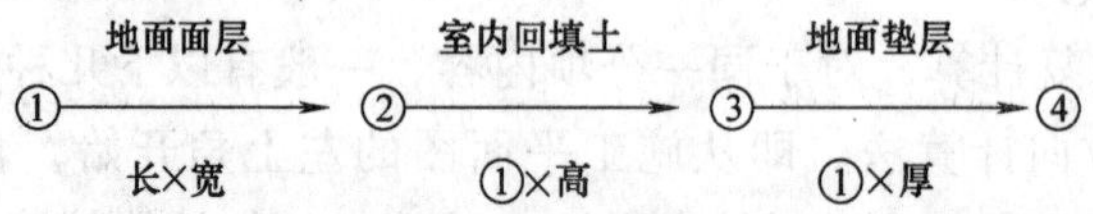

图4-2　室内地面工程量统筹法计算程序示意图

从图中可以看出，按统筹法计算工程量时，只需计算了一次长×宽，就可以把其他工程量带算出一部分，以达到减少重复计算和简化计算、提高工程量计算速度的目的。

（二）利用基数、连续计算

所谓的基数，即“三线一面”（外墙中心线、外墙外边线、内墙净长线和底层建筑面积），它是计算许多分项工程量的基础。

利用外墙中心线可以计算外墙挖地槽、外墙基础垫层、外墙基础、外墙墙身等分项工程。

利用外墙外边线可以计算勒角、外墙抹灰、散水等分项工程。

利用内墙净长线可以计算内墙挖地槽、内墙基础垫层、内墙基础、内墙墙身、内墙抹灰等分项工程。

利用底层建筑面积可以计算平整场地、地面垫层、地面面层、天棚等分项工程。

根据工程量计算规则，把“三线一面”数据先计算好作为基础数据，然后利用这些基础数据计算与它们有关的分项工程量，使前面项目的计算结果能运用于后面的计算中，以减少重复计算。

（三）一次计算、多次应用

把各种定型门窗、钢筋混凝土预制构件等分项工程以及常用的工程系数，预先一次计算出工程量，编入手册，在后续工程量计算时，可以反复使用。

（四）联系实际、灵活机动

统筹法计算工程量是一种简捷的计算方法，但在实际工程中，对于一些较为复杂的项目应结合工程实际，灵活运用。如某建筑物每层楼地面面积均相同，其中地面构造中除了一层大厅为大理石外，其余均为水泥砂浆地面，可以先按每层均为水泥砂浆地面计算各楼层工程量，然后再减去大厅的大理石工程量。

第二节　建筑面积计算

一、建筑面积的概念

建筑面积是指建筑物各层面积的总和，它包括使用面积、辅助面积和结构面积。

使用面积：是指建筑物各层平面中直接为生产、生活使用的净面积的总和。如：教学楼中各层教室面积的总和。

辅助面积：是指建筑物各层平面中，为辅助生产或生活活动作用所占净面积的总和。如：教学楼中的楼梯、厕所等面积的总和。

结构面积：是指建筑物中各层平面中的墙、柱等结构所占的面积的总和。

二、建筑面积计算的意义

建筑面积是一项重要的技术经济指标。年度竣工建筑面积的多少，是衡量和评价建筑承包商的重要指标。在国民经济一定时期内，完成建设工程建筑面积的多少，也标志着国家人民生活居住条件的改善程度。另外有了建筑面积，才能够计算出另外一个重要的技术经济指标——单方造价（元/m^2）。建筑面积和单方造价又是计划部门、规划部门和上级主管部门进行立项、审批、控制的重要依据。

另外，在编制工程建设概预算时，建筑面积也是计算某些分项工程量的基础数据，从而减少概预算编制过程中的计算工作量。如：场地平整、地面抹灰、地面垫层、室内回填土、天棚抹灰等项的工程量计算，均可利用建筑面积这个基数来计算。

2005 年 4 月 15 日，中华人民共和国建设部发布了第 326 号公告，批准了《建筑工程建筑面积计算规范》为国家标准，编号为 GB/T 50353—2005，自 2005 年 7 月 1 日起实施。

三、建筑面积计算规则

《建筑面积计算规范》由总则、术语、计算建筑面积的规定三部分内容。其中在计算建筑面积的规定中详细解释了现行的建筑面积计算方法。其规定原文如下：

3.0.1 单层建筑物的建筑面积，应按其外墙勒脚以上结构外围水平面积计算，并应符合下列规定：

1. 单层建筑物高度在 2.20m 及以上者应计算全面积；高度不足 2.20m 者应计算 1/2 面积。

2. 利用坡屋顶内空间时净高超过 2.10m 的部位应计算全面积；净高在 1.20m 至 2.10m 的部位应计算 1/2 面积；净高不足 1.20m 的部位不应计算面积。

说明：勒脚是指建筑物的外墙与室外地面或散水接触部位墙体的加厚部分。“外墙勒脚以上结构外围水平面积”主要强调建筑面积计算应计算墙体结构的面积，按建筑平面图结构外轮廓尺寸计算，而不应包括墙体构造所增加的抹灰厚度、材料厚度等。

[例 4-1] 图 4-3 为某建筑平面和剖面示意图，计算该单层建筑物的建筑面积。

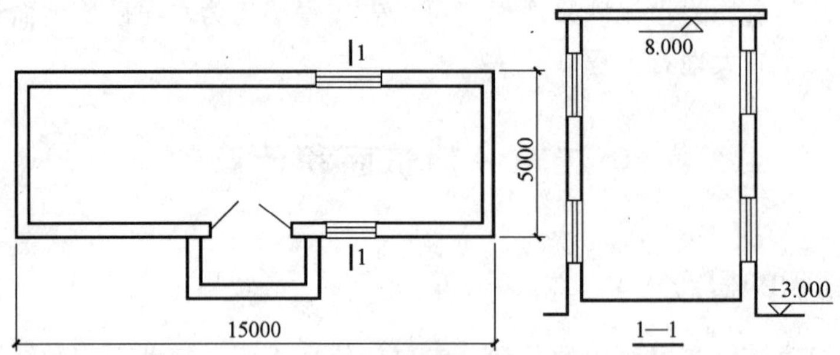

图 4-3 单层建筑物示意图

解：根据 3.0.1 条规定，单层建筑物高度在 2.20m 及以上者应计算全面积；高度不足 2.20m 者应计算 1/2 面积。

由图 4-3 可知：该单层建筑物层高在 2.20m 以上，则其建筑面积为：$S = 15 \times 5\text{m}^2 = 75\text{m}^2$。

[例 4-2] 图 4-4 为某建筑平面和剖面示意图，计算该单层建筑物的建筑面积。

解：根据 3.0.1 条规定：利用坡屋顶内空间时净高超过 2.10m 的部位应计算全面积：净高在 1.20m 至 2.10m 的部位应计算 1/2 面积；净高不足 1.20m 的部位不应计算面积。

则其建筑面积为：$S = 5.4 \times (6.9 + 0.24)\text{m}^2 + 2.7 \times (6.9 + 0.24) \times 0.5 \times 2\text{m}^2 = 57.84\text{m}^2$

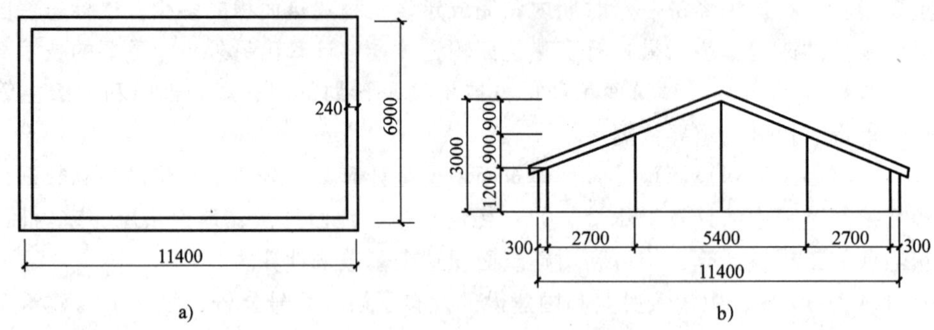

图 4-4 单层建筑物示意图

a) 平面 b) 坡屋顶立面

3.0.2 单层建筑物内设有局部楼层者，局部楼层的二层及以上楼层，有围护结构的应按其围护结构外围水平面积计算，无围护结构的应按其结构底板水平面积计算。层高在 2.20m 及以上者应计算全面积；层高不足 2.20m 者应计算 1/2 面积。

[例 4-3] 图 4-5 为某单层建筑物（二层设有局部楼层）示意图，已知该单层建筑物层高为 6.0m，局部楼层层高为 3.0m，求该建筑物建筑面积。

解：根据 3.0.2 条规定，单层建筑物内设有局部楼层者，局部楼层的二层及以上楼层，

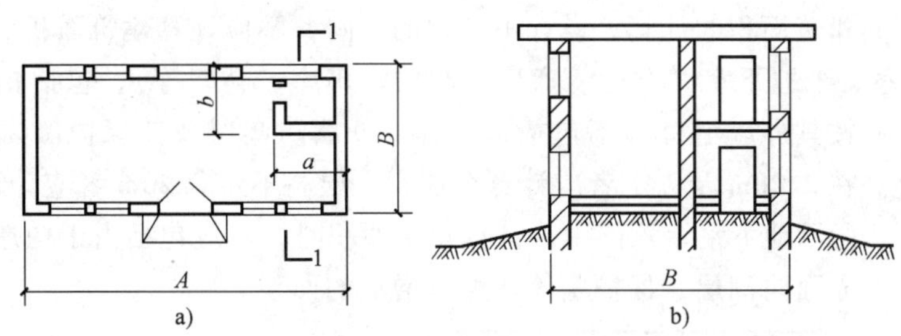

图 4-5　单层建筑物有局部楼层示意图

a）平面图　b）剖面图

有围护结构的应按其围护结构外围水平面积计算，无围护结构的应按其结构底板水平面积计算。层高在 2.20m 及以上者应计算全面积；层高不足 2.20m 者应计算 1/2 面积。

由图 4-5 可知：该局部楼层有围护结构且层高在 2.20m 以上，则其建筑面积为：

$$S = A \times B(\text{一层}) + a \times b(\text{二层局部楼层})$$

3.0.3 多层建筑物首层应按其外墙勒脚以上结构外围水平面积计算；二层及以上楼层应按其外墙结构外围水平面积计算。层高在 2.20m 及以上者应计算全面积；层高不足 2.20m 者应计算 1/2 面积。

[例 4-4]　图 4-6 为某多层建筑物示意图，已知该多层建筑物各层平面图相同，求该建筑物建筑面积。

解：根据 3.0.3 条规定，多层建筑物首层应按其外墙勒脚以上结构外围水平面积计算；二层及以上楼层应按其外墙结构外围水平面积计算。层高在 2.20m 及以上者应计算全面积；层高不足 2.20m 者应计算 1/2 面积。

由图 4-6 可知：该建筑物各层层高均在 2.20m 以上，则其建筑面积为：

$$S = (18 + 0.24) \times (12 + 0.24) \times 7\text{m}^2 = 1562.80\text{m}^2$$

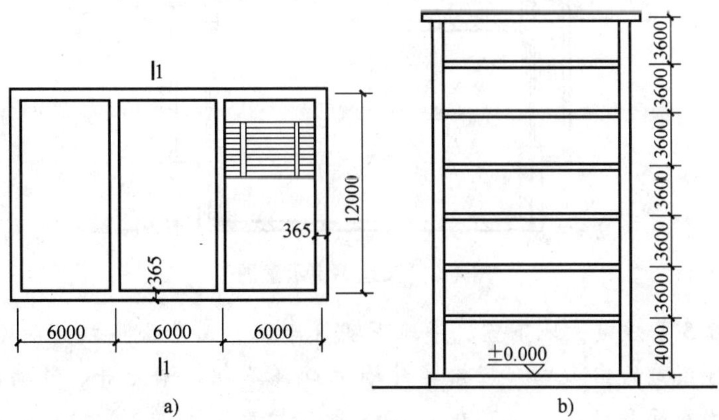

图 4-6　多层建筑物示意图

a）平面图　b）1—1 剖面图

3.0.4 多层建筑坡屋顶内和场馆看台下，当设计加以利用时净高超过 2.10m 的部位应计算全面积；净高在 1.20m 至 2.10m 的部位应计算 1/2 面积；当设计不利用或室内净高不足 1.20m 时不应计算面积。

说明：多层建筑坡屋顶和场馆看台下的空间应视为坡屋顶内的空间。设计加以利用时，应按其净高确定其建筑面积的计算，设计不利用的空间，不应计算建筑面积。

3.0.5 地下室、半地下室（车间、商店、车站、车库、仓库等），包括相应的有永久性顶盖的出入口，应按其外墙上口（不包括采光井、外墙防潮层及其保护墙）外边线所围水平面积计算。层高在 2.20m 及以上者应计算全面积；层高不足 2.20m 者应计算 1/2 面积。

说明：图 4-7 所示地下室示意图中，计算建筑面积时，不应包括由于构造需要所增加的面积，如采光井、立面防潮层、保护墙等厚度所增加的面积。

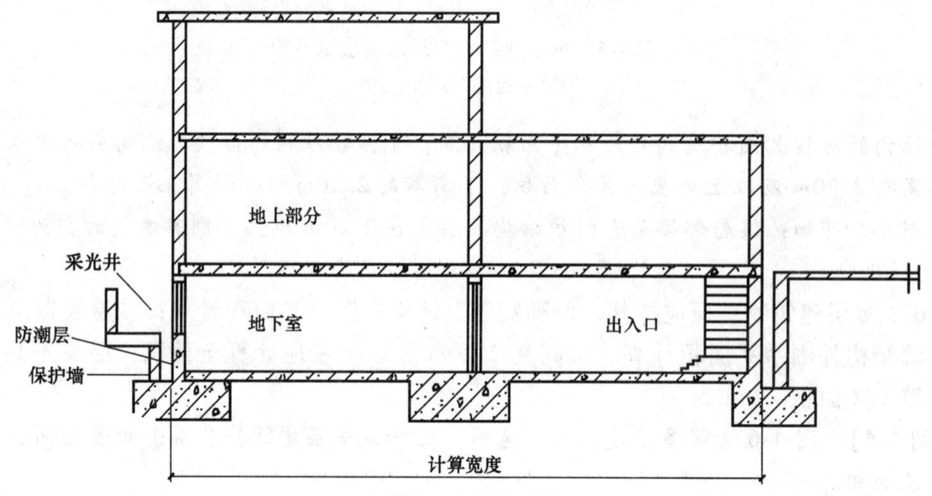

图 4-7　地下室示意图

[例 4-5]　图 4-8 为地下室示意图，求该地下室的建筑面积。

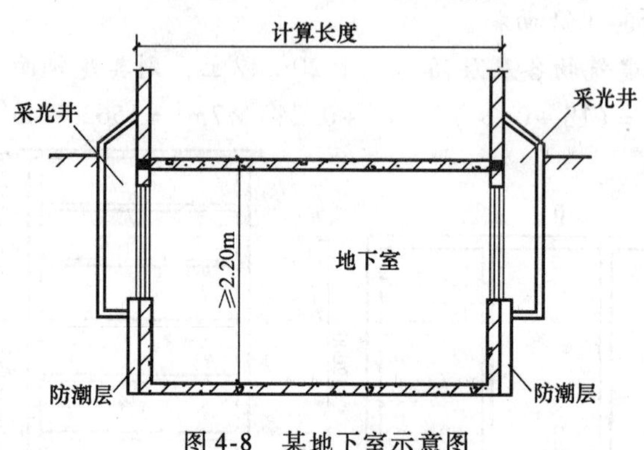

图 4-8　某地下室示意图

解： 根据 3.0.5 条规定，地下室、半地下室（车间、商店、车站、车库、仓库等），包括相应的有永久性顶盖的出入口，应按其外墙上口（不包括采光井、外墙防潮层及其保护墙）外边线所围水平面积计算。层高在 2.20m 及以上者应计算全面积；层高不足 2.20m 者应计算 1/2 面积。

由图 4-8 可知，地下室的建筑面积为：

$$S = 7.98 \times 5.68\text{m}^2 = 45.33\text{m}^2$$

3.0.6 坡地的建筑物吊脚架空层、深基础架空层，设计加以利用并有围护结构的，层高在 2.20m 及以上的部位应计算全面积；层高不足 2.20m 的部位应计算 1/2 面积。设计加以利用、无围护结构的建筑吊脚架空层，应按其利用部位水平面积的 1/2 计算；设计不利用的深基础架空层、坡地吊脚架空层、多层建筑坡屋顶内、场馆看台下的空间不应计算面积。

说明：架空层即建筑物深基础或坡地建筑吊脚架空部位不回填土石方形成的建筑空间。如图 4-9、图 4-10 所示。

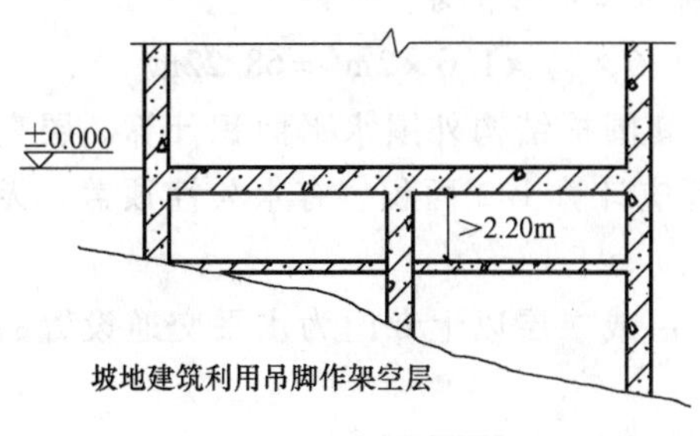

图 4-9 坡地建筑物利用吊脚作架空层示意图

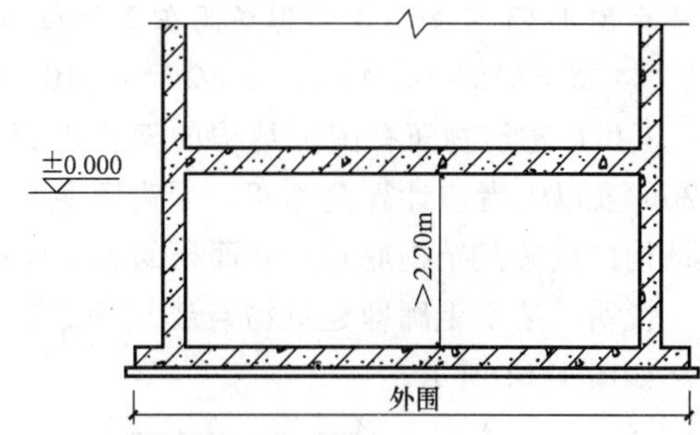

图 4-10 深基础作地下架空层示意图

3.0.7 建筑物的门厅、大厅按一层计算建筑面积。门厅、大厅内设有回廊时，应按其结构底板水平面积计算。层高在 2.20m 及以上者应计算全面积；层高不足 2.20m 者应计算 1/2 面积。

说明：回廊即在建筑物门厅、大厅内设置在二层或二层以上的回形走廊。如图 4-11、图 4-12 所示。

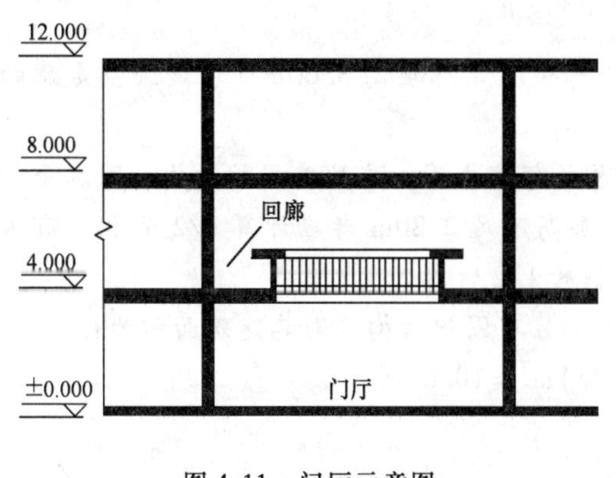

图 4-11 门厅示意图

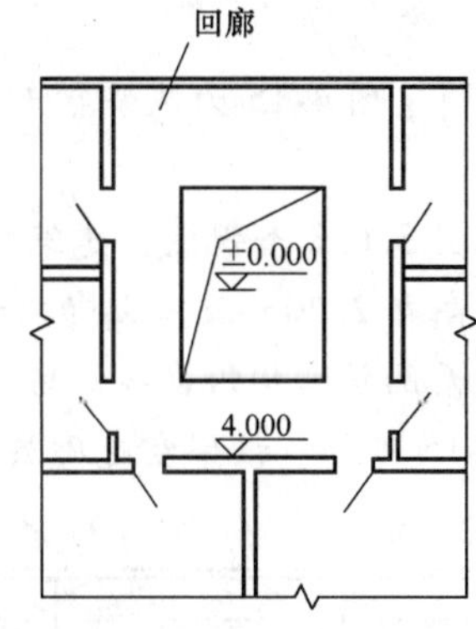

图 4-12 回廊示意图

[例 4-6] 图 4-13 为某带回廊的二层平面示意图，已知二层层高 2.90m，求该回廊的建筑面积。

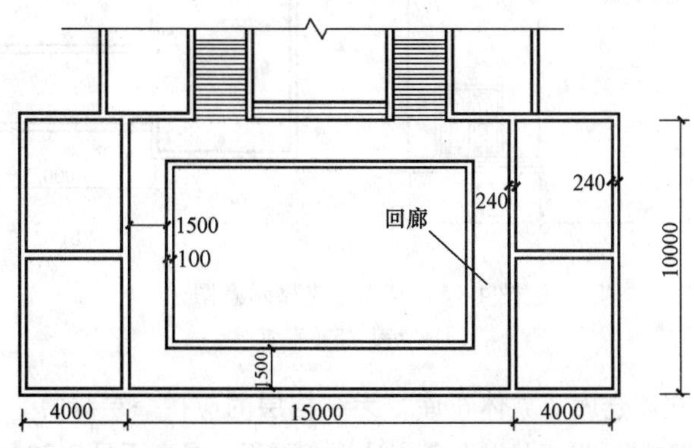

图 4-13 带回廊的二层平面示意图

解：根据 3.0.7 条规定，建筑物的门厅、大厅按一层计算建筑面积。门厅、大厅内设有回廊时，应按其结构底板水平面积计算。层高在 2.20m 及以上者应计算全面积；层高不足 2.20m 者应计算 1/2 面积。

由图 4-13 可知，该回廊层高在 2.20m 以上，则其建筑面积为：

$$S=(15-0.24)\times1.6\times2\text{m}^2+(10-0.24-1.6\times2)\times1.6\times2\text{m}^2=68.22\text{m}^2。$$

3.0.8 建筑物间有围护结构的架空走廊，应按其围护结构外围水平面积计算。层高在 2.20m 及以上者应计算全面积；层高不足 2.20m 者应计算 1/2 面积。有永久性顶盖、无围护结构的应按其结构底板水平面积的 1/2 计算。

说明：架空走廊即建筑物与建筑物之间，在二层或二层以上专门为水平交通设置的走廊。如图 4-14 所示。

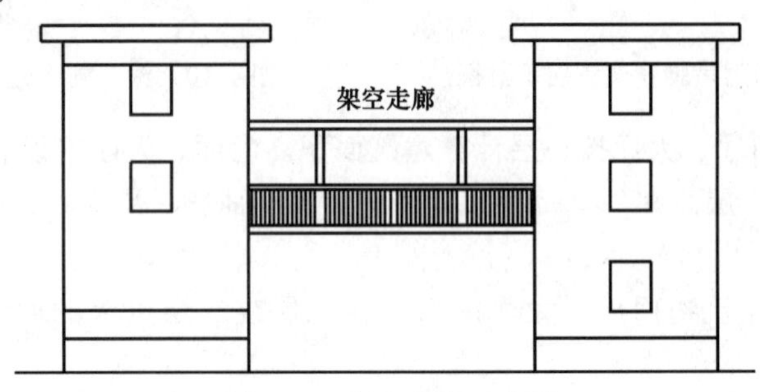

图 4-14　架空走廊示意图

［**例 4-7**］　图 4-15 为某架空走廊示意图，已知架空走廊层高 3.00m，求该架空走廊的建筑面积。

解：根据 3.0.8 条规定，建筑物间有围护结构的架空走廊，应按其围护结构外围水平面积计算。层高在 2.20m 及以上者应计算全面积；层高不足 2.20m 者应计算 1/2 面积。有永久性顶盖、无围护结构的应按其结构底板水平面积的 1/2 计算。

由图 4-15 可知，该架空走廊层高在 2.20m 以上且有围护结构，则其建筑面积为：

$$S=(6-0.24)\times(3+0.24)\text{m}^2=18.66\text{m}^2。$$

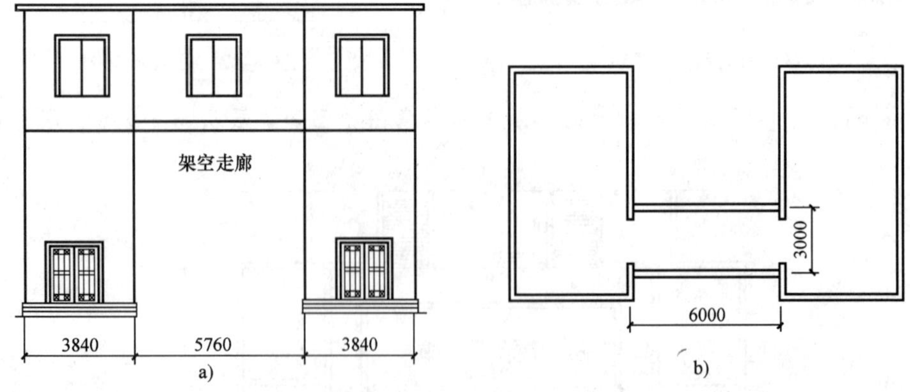

图 4-15　某架空走廊示意图

a）立面　b）平面

3.0.9 立体书库、立体仓库、立体车库，无结构层的应按一层计算，有结构层的应按其结构层面积分别计算。层高在 2.20m 及以上者应计算全面积；层高不足 2.20m 者应计算 1/2 面积。

3.0.10 有围护结构的舞台灯光控制室，应按其围护结构外围水平面积计算。层高在 2.20m 及以上者应计算全面积；层高不足 2.20m 者应计算 1/2 面积。

3.0.11 建筑物外有围护结构的落地橱窗、门斗、挑廊、走廊、檐廊，应按其围护结构外围水平面积计算。层高在 2.20m 及以上者应计算全面积；层高不足 2.20m 者应计算 1/2 面积。有永久性顶盖、无围护结构的应按其结构底板水平面积的 1/2 计算。

说明：落地橱窗即突出墙面根基落地的橱窗；门斗即在建筑物出入口设置的起分割、挡风、御寒等作用的建筑过渡空间（如图 4-16 所示）；挑廊即挑出建筑物外墙的水平交通空间；走廊即建筑物的水平交通空间；檐廊即设置在建筑物底层出檐下的水平交通空间。挑廊、走廊、檐廊如图 4-17 所示。

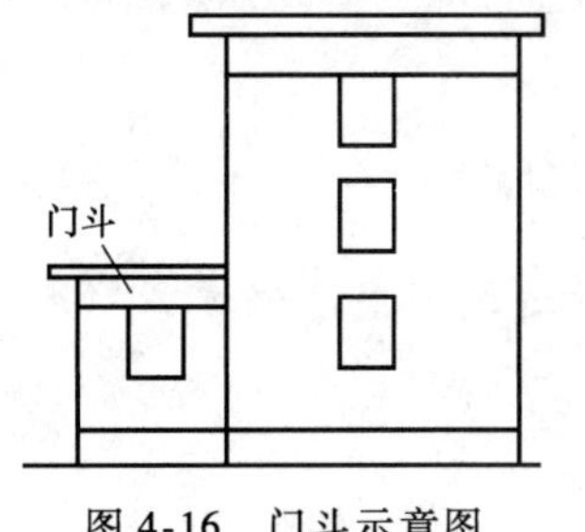

图 4-16 门斗示意图

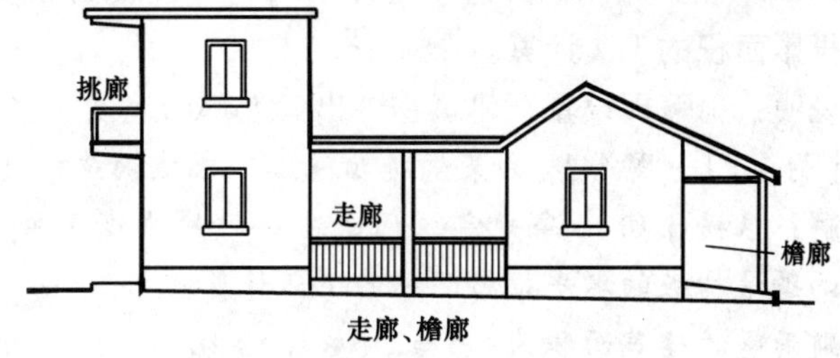

图 4-17 挑廊、走廊、檐廊示意图

3.0.12 有永久性顶盖、无围护结构的场馆看台应按其顶盖水平投影面积的 1/2 计算。

说明：这里所指“场”指看台上有永久性顶盖部分，如足球场、网球场等；“馆”指有永久性顶盖和围护结构的，如篮球馆、展览馆等。

3.0.13 建筑物顶部有围护结构的楼梯间、水箱间、电梯机房等，层高在 2.20m 及以上者应计算全面积；层高不足 2.20m 者应计算 1/2 面积。

［**例 4-8**］ 图 4-18 为某建筑示意图，求门斗和水箱间的建筑面积。

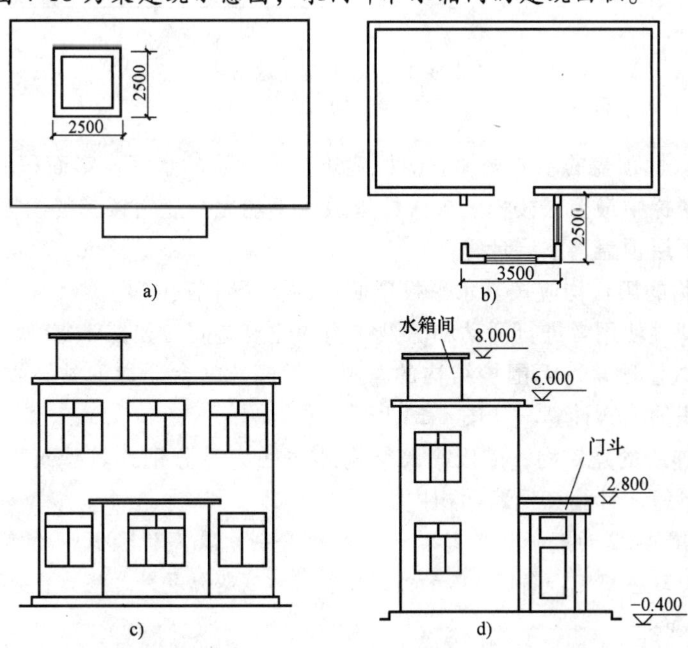

图 4-18 某建筑示意图

a）顶层平面 b）底层平面 c）正立面 d）侧立面

解：根据3.0.13条规定，建筑物顶部有围护结构的楼梯间、水箱间、电梯机房等，层高在2.20m及以上者应计算全面积；层高不足2.20m者应计算1/2面积。

门斗的建筑面积为：$S=3.5\times2.5\text{m}^2=8.75\text{m}^2$；

水箱间的建筑面积为：$S=2.5\times2.5\times0.5\text{m}^2=3.13\text{m}^2$。

3.0.14 设有围护结构不垂直于水平面而超出底板外沿的建筑物，应按其底板面的外围水平面积计算。层高在2.20m及以上者应计算全面积；层高不足2.20m者应计算1/2面积。

3.0.15 建筑物内的室内楼梯间、电梯井、观光电梯井、提物井、管道井、通风排气竖井、垃圾道、附墙烟囱应按建筑物的自然层计算。

3.0.16 雨篷结构的外边线至外墙结构外边线的宽度超过2.10m者，应按雨篷结构板的水平投影面积的1/2计算。

说明：雨篷即设置在建筑物进出口上部的遮雨、遮阳篷。

[例4-9] 图4-19为某雨篷示意图，求该雨篷的建筑面积。

解：根据3.0.16条规定，雨篷结构的外边线至外墙结构外边线的宽度超过2.10m者，应按雨篷结构板的水平投影面积的1/2计算。

则雨篷的建筑面积为：$S=2.5\times1.5\times0.5\text{m}^2=1.88\text{m}^2$。

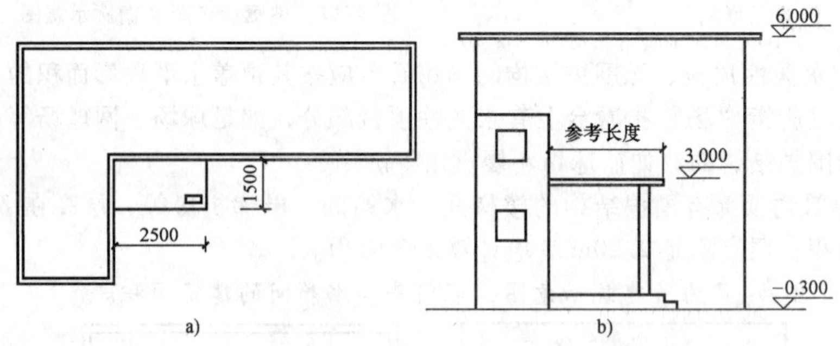

图4-19 某雨篷示意图

a）平面 b）南立面

3.0.17 有永久性顶盖的室外楼梯，应按建筑物自然层的水平投影面积的1/2计算。

说明：室外楼梯中最上层楼梯无永久性顶盖或不能完全遮盖楼梯的雨棚，上层楼梯不计算，上层可视为下层顶盖，下层计算。

3.0.18 建筑物的阳台均应按其水平投影面积的1/2计算。

说明：阳台即供使用者进行活动和晾晒衣物的建筑空间，如图4-20所示。

3.0.19 有永久性顶盖、无围护结构的车棚、货棚、站台、加油站、收费站等，应按其顶盖水平投影面积的1/2计算。如图4-21所示。

3.0.20 高低连跨的建筑物，应以高跨结构外边线为界分别计算建筑面积；其高低跨内部连通时，其变形缝应计算在低跨面积内。

[例4-10] 图4-22为高低连跨结构示意图，分别求其高跨和低跨的建筑面积。

解：根据3.0.20条规定，高低连跨的建筑物，应以高跨结构外边线为界分别计算建筑面积。

由图4-22可知：

高跨的建筑面积为：$S=(6+0.4)\times8\text{m}^2=51.2\text{m}^2$；

低跨的建筑面积为：$S=4\times2\times8\text{m}^2=64\text{m}^2$。

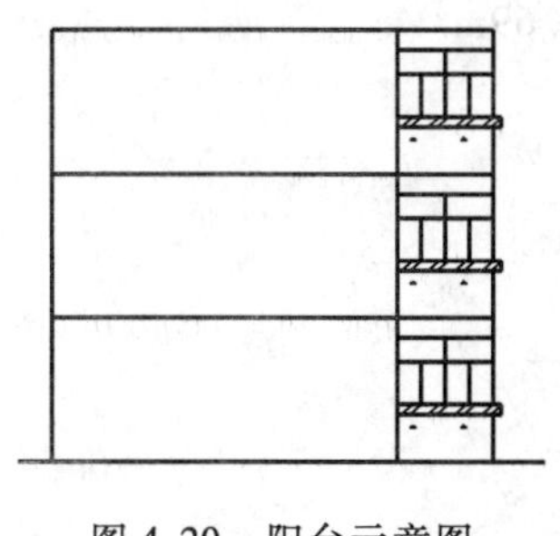

图 4-20　阳台示意图

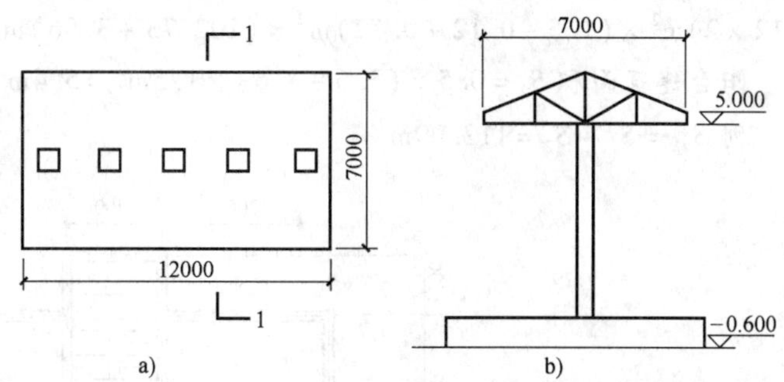

图 4-21　无围护结构的站台示意图
a）平面图　b）剖面图

3.0.21 以幕墙作为围护结构的建筑物，应按幕墙外边线计算建筑面积。

说明：此处所说幕墙为围护性幕墙，即直接作为外墙起围护作用的幕墙。除此以外还有装饰性幕墙，即设置在建筑物墙体外起装饰作用的幕墙，此类幕墙不计算建筑面积。

3.0.22 建筑物外墙外侧有保温隔热层的，应按保温隔热层外边线计算建筑面积。

3.0.23 建筑物内的变形缝，应按其自然层合并在建筑物面积内计算。

3.0.24 下列项目不应计算面积：

1. 建筑物通道（骑楼、过街楼的底层）。
2. 建筑物内的设备管道夹层。
3. 建筑物内分隔的单层房间，舞台及后台悬挂幕布、布景的天桥、挑台等。
4. 屋顶水箱、花架、凉棚、露台、露天游泳池。
5. 建筑物内的操作平台、上料平台、安装箱和罐体的平台。
6. 勒脚、附墙柱、垛、台阶、墙面抹灰、装饰面、镶贴块料面层、装饰性幕墙、空调机外机搁板（箱）、飘窗、构件、配件、宽度在 2.10m 及以内的雨篷以及与建筑物内不相连通的装饰性阳台、挑廊。
7. 无永久性顶盖的架空走廊、室外楼梯和用于检修、消防等的室外钢楼梯、爬梯。
8. 自动扶梯、自动人行道．
9. 独立烟囱、烟道、地沟、油（水）罐、气柜、水塔、贮油（水）池、贮仓、栈桥、地下人防通道、地铁隧道。

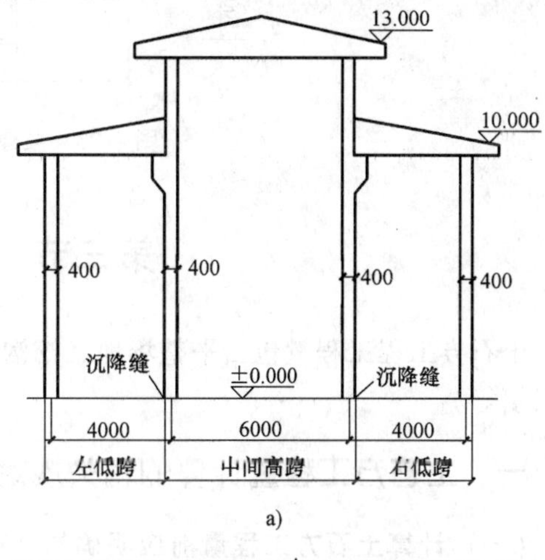

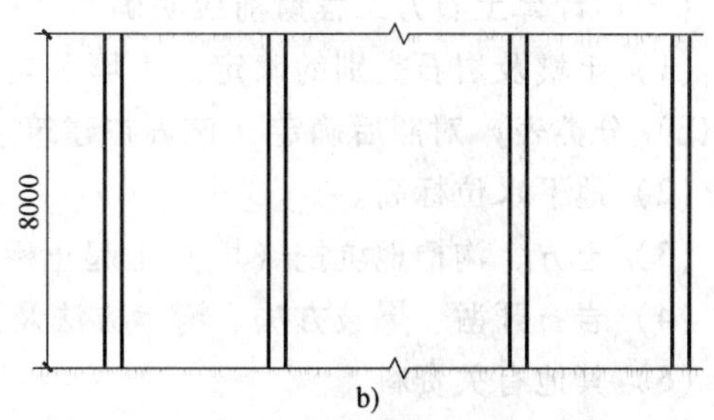

图 4-22　高低连跨单层建筑物示意图
a）剖面　b）平面

［例 4-11］　图 4-23 为某建筑标准层平面图，已知墙厚 240mm，层高 3.0m，求该建筑物标准层建筑面积。

解： 房屋建筑面积 $S_1 = (3+3.6+3.6+0.12\times2)\text{m}^2\times(4.8+4.8+0.12\times2)\text{m}^2+(2.4+$

$0.12\times2)\mathrm{m}^2\times(1.5-0.12+0.12)\mathrm{m}^2=(102.73+3.96)\mathrm{m}^2=106.69\mathrm{m}^2$

阳台建筑面积 $S_2=0.5\times(3.6+3.6)\times1.5\mathrm{m}^2=5.4\mathrm{m}^2$

则 $S_{标}=S_1+S_2=112.09\mathrm{m}^2$

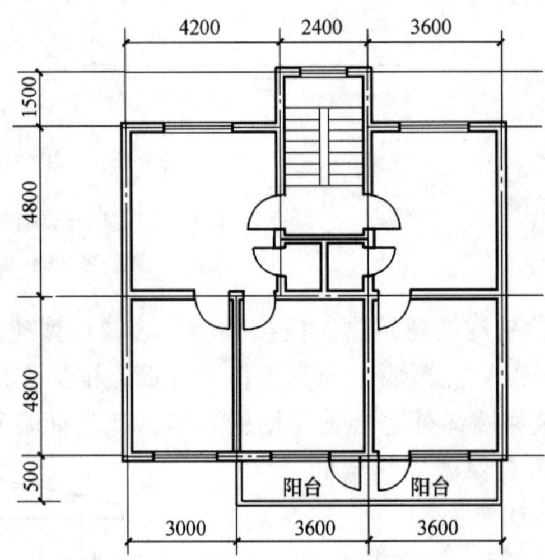

图 4-23　某建筑物标准层示意图

第三节　土石方工程

土石方工程工程量包括平整场地、挖沟槽、地坑、土方、石方工程、运输土石方、土石方回填等。

一、土石方工程量计算的有关规定

（一）计算土石方工程量前应明确的资料

(1) 土壤及岩石类别的确定。土壤及岩石的分类，依据工程勘察资料与《土壤及岩石（普氏）分类表》对照后确定（该表在建筑工程预算定额中）。

(2) 地下水位标高。

(3) 土方、沟槽地坑挖（填）土起止标高、施工方法及运距。

(4) 岩石开凿、爆破方法、清运方法及运距。

(5) 其他有关资料。

（二）土石方体积折算系数

土方体积均以挖掘前的天然密实体积计算，天然密实体积与其他土方体积的换算按表 4-1 数值换算。

二、土方工程工程量的计算及例题解析

（一）平整场地

人工平整场地，是指厚度在 ±30cm 以内的挖、填、运、找平，±30cm 以外的竖向布置挖土或山坡切土（图 4-24），应按挖土方工程另行计算。

表 4-1　土石方体积折算系数表

天然密实度体积	虚方体积	夯实后体积	松填体积
1.00	1.30	0.87	1.08
0.77	1.00	0.67	0.83
1.15	1.49	1.00	1.24
0.93	1.20	0.81	1.00

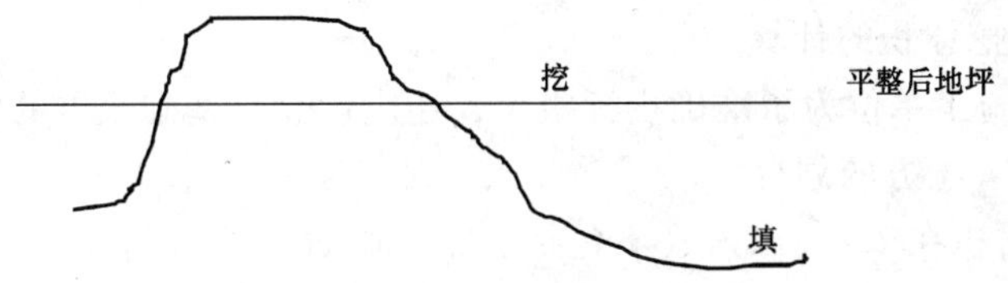

图 4-24　平整场地示意图

平整场地工程量按设计图示尺寸以建筑物首层面积计算。

［例 4-12］　某建筑物首层建筑物底层平面图如图 4-25 所示，计算平整场地工程量。

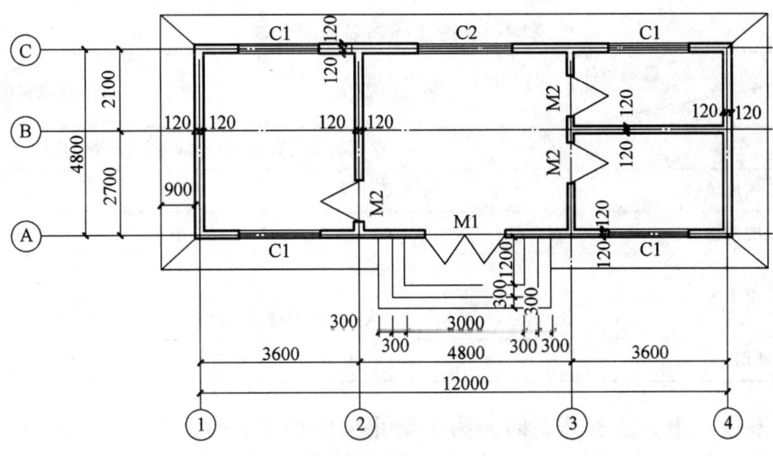

图 4-25　某建筑物首层平面图

解： 平整场地工程量按建筑物首层建筑面积计算，则平整场地工程量为：$12.24 \times 5.04\text{m}^2 = 61.69\text{m}^2$

（二）挖基础土方

1. 挖基础土方工程量的计算

土石方体积应按挖掘前的天然密实体积计算。

$$V = 垫层底面积 \times 挖土深度 \tag{4-1}$$

挖土深度：垫层底标高至交付施工场地标高（自然地坪标高）。

［例 4-13］　图 4-26 所示尺寸为某基础工程的三七灰土垫层底部尺寸，自然地坪标高 −0.450m，求人工挖土的土方工程量。

解：

$$V = 垫层底面积 \times 挖土深度$$

$$V = 30 \times 50 \times (2.5 - 0.45)\text{m}^3 + 100 \times 3 \times (5 - 0.45)\text{m}^3 + 5 \times 4 \times (7 - 0.45)\text{m}^3 = 4571.00\text{m}^3$$

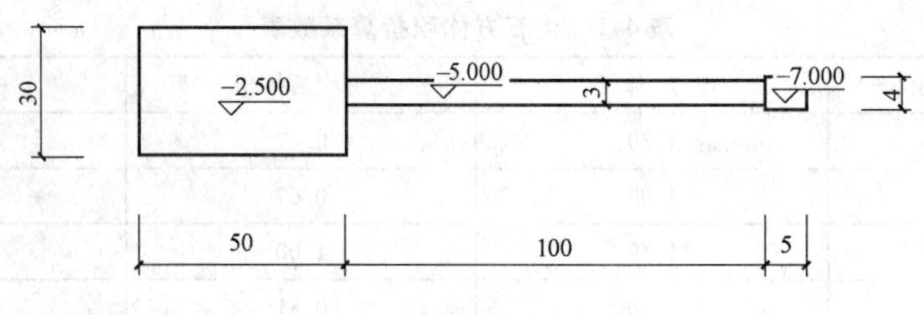

图 4-26　基础垫层平面示意图

2. 挖基础土方实挖体积的计算

在实际工程中，施工单位为了准确投标报价，还应计算挖基础土方的实际开挖体积。

(1) 沟槽、地坑、土方的划分

1) 凡图示基底面积在 $20m^2$ 以内（不包括加宽工作面）的为基坑。

2) 凡图示基底宽在 3m 以内（不包括加宽工作面），且基地长大于基地宽 3 倍以上的，为沟槽。

凡图示基底宽在 3m 以上，基底面积在 $20m^2$ 以上（不包括加宽工作面）的为土方。

其划分见表 4-2。

表 4-2　挖土项目名称划分表

项目 \ 区别条件	坑底面积/m^2	槽底宽度/m
场地平整	建筑物场地在 ±30cm 以内的挖、填、找平	
人工挖地坑	小于等于 20	—
人工挖沟槽	—	小于等于 3 且沟槽长大于宽 3 倍以上
人工挖土方	大于 20	大于 3
	人工场地平整厚度在 30cm 以上的挖土	
山坡切土	山区或丘陵地建设中一边挖土者	

(2) 放坡系数。土方工程施工时，为了防止土壁坍塌，保证施工安全，要求土壁稳定。因此，当土方开挖深度超过一定限度时，上口开挖宽度必须增大，将土壁做成具有一定坡度的边坡。放坡起点，是指某类别土壤边壁直立不加支撑开挖的最大深度。

根据土质情况，施工中当开挖深度超过一定限度时，均应将其边壁做成具有一定坡度的边坡。土方边坡的坡度，为高度 H 与边坡宽度 B 之比表示，而放坡系数 $k=B/H$。

土方的边坡的大小与土质、开挖深度、开挖方法、边坡留置时间的长短、排水情况、附近堆土等有关。计算挖沟槽、地坑、土方实际开挖工程量时，放坡系数按表 4-3 规定取值。

表 4-3　放坡系数表

土壤类别	放坡起点深度/m	人工挖土	机械挖土	
			坑内作业	坑上作业
一般土	1.35	1:0.43	1:0.29	1:0.71
砂砾坚土	2.00	1:0.25	1:0.10	1:0.33

[例 4-14]　已知开挖深度 $H=2.0m$，槽底宽度 $A=1.80m$，基础土质为一般土，采用人工开挖。试确定其开挖断面积。

解：开挖断面积 = $(A + kH) \times H = (1.8 + 0.43 \times 2) \times 2\text{m}^2 = 5.32\text{m}^2$。

在同一坑、槽或沟内如遇不同类别土壤时，其放坡起点深度和坡度系数可按各类土壤占全部深度的百分比加权计算。

[例 4-15] 已知某基坑开挖深度 10m，其中表层土为二类土，厚 2m，中层土为三类土厚 5m，下层土为四类土，厚 3m，采用正铲挖土机在坑内开挖，确定其放坡系数。

解：放坡系数 $k = 0.29 \times 7/10 + 0.10 \times 3/10 = 0.23$

3. 工作面

根据基础施工的需要，挖土时按基础垫层的双向尺寸向周边放出一定范围的操作面积，作为工人施工时的操作空间，这个单边放出宽度就称为工作面。基础施工工作面按表 4-4 的规定计算。

表 4-4 基础施工所需工作面宽度

基础材料	每边工作面宽度/mm
砖基础	200
浆砌毛石、条石基础	150
混凝土基础垫层支模板	300
混凝土基础支模板	300
基础垂直面做防水层	800(防水层面)

4. 实挖体积的计算

(1) 挖沟槽工程量的计算

1) 无工作面不放坡沟槽工程量计算公式如下

$$V = aHL \tag{4-2}$$

式中 a——基础垫层宽度；

H——地槽深度；

L——地槽长度，外墙按沟槽中心线，内墙按沟槽净长线进行计算。

2) 有工作面不放坡工程量计算公式如下

$$V = (a + 2c)HL \tag{4-3}$$

式中 c——工作面宽度。

3) 有工作面有放坡工程量计算公式如下

$$V = (a + 2c + kH)HL \tag{4-4}$$

式中 k——放坡系数。

(2) 挖地坑（土方）工程量的计算

1) 无工作面不放坡沟槽工程量计算公式如下

$$V = aBH \tag{4-5}$$

式中 a——基础垫层宽度；

B——基础垫层长度；

H——地槽深度。

2) 有工作面不放坡工程量计算公式如下

$$V = (a + 2c) \times (b + 2c)H \tag{4-6}$$

式中　c——工作面宽度。

3）有工作面有放坡工程量计算公式如下

$$V=(a+2c+kH)\times(b+2c+kH)H+\frac{1}{3}K^2H^3 \tag{4-7}$$

式中　k——放坡系数。

[例 4-16]　图 4-26 所示尺寸为某基础工程的三七灰土垫层底部尺寸，自然地坪标高 -0.450m，土壤为砂砾坚土（不考虑相交重叠部分的体积），求人工挖土的实挖体积。

解：

$V_1=(A+kH)(B+kH)H+k^2H^3/3$

$=[30+0.25\times(2.5-0.45)]\times[50+0.25\times(2.5-0.45)]\times2.5+0.25^2\times2.5^3/3\text{m}^3$

$=3853.48\text{m}^3$

$V_2=(B+kH)H\times\sum L$

$=[3+0.25\times(5-0.45)]\times(5-0.45)\times100\text{m}^3$

$=1882.56\text{m}^3$

$V_3=(A+kH)(B+kH)H+k^2H^3/3$

$=[4+0.25\times(7-0.45)]\times[5+0.25\times(7-0.45)]\times7+0.25^2\times7^3/3\text{m}^3$

$=269.08\text{m}^3$

$V=V_1+V_2+V_3=6005.12\text{m}^3$

[例 4-17]　基础平面图、剖面图如图 4-27、图 4-28 所示，土为一般土，C20 钢筋混凝土条形基础，C10 混凝土垫层 100 厚，求挖基础土方的工程量并计算其实挖体积。

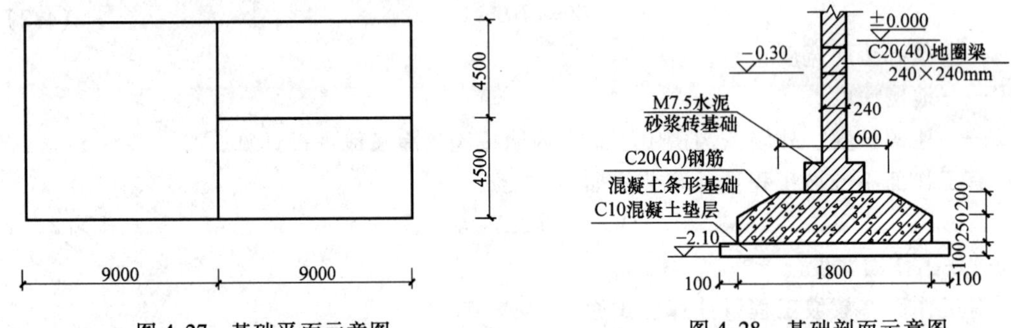

图 4-27　基础平面示意图　　　　图 4-28　基础剖面示意图

解：（1）工程量：V = 垫层底面积 × 挖土深度 $=2\times(2.1-0.3)\times\sum L$

式中 $\sum L=\sum L_{外中}+\sum L_{内净}$

$\sum L_{外中}=(18+9)\times2\text{m}=54\text{m}$

$\sum L_{内净}=(9-2)\times2\text{m}=14\text{m}$

则 $V=2\times(2.1-0.3)\times(54+14)\text{m}^3=244.80\text{m}^3$

（2）实挖体积计算

$H=1.8\text{m}>1.3\text{m}$，需放坡；

工作面尺寸：300mm；

则 $V=(a+2C+kH)HL$

$= (2 + 2 \times 0.3 + 0.43 \times 1.8) \times 1.8 \times L$

式中 $L = L_{外中} + L_{内净}$

$L_{外中} = (18 + 9) \times 2\text{m} = 54\text{m}$

$L_{内净} = (9 - 2.6) \times 2\text{m} = 12.8\text{m}$

则 $V = (2 + 2 \times 0.3 + 0.43 \times 1.8) \times 1.8 \times (54 + 12.8)\text{m}^3 = 405.69\text{m}^3$

（三）管沟沟槽土方

管沟土（石）方工程量应按设计图示尺寸以长度计算。

有管沟设计时，平均深度以沟垫层底表面标高至交付施工场地标高计算；无管沟设计时，直埋管深度应按管底外表面标高至交付施工场地标高的平均高度计算。

沟底宽度，当设计有规定，按设计规定尺寸计算，当设计无规定时，按表4-5规定的宽度计算。

表4-5　管道地槽沟底规定宽度表　（单位：m）

管　　径 /mm	铸铁管、钢管、 石棉水泥管	混凝土、钢筋混凝土、 预应力钢筋混凝土管	陶　土　管
50 ~ 70	0.60	0.80	0.70
100 ~ 200	0.70	0.90	0.80
250 ~ 350	0.80	1.00	0.90
400 ~ 450	1.00	1.30	1.00
500 ~ 600	1.30	1.50	1.40
700 ~ 800	1.50	1.80	—
900 ~ 1000	1.80	2.00	—
1100 ~ 1200	2.00	2.30	—
1300 ~ 1400	2.20	2.60	—

（四）回填土

回填土根据施工方法和质量要求不同分为松填、夯填，其工作内容包括：在现场内取土、回填、铺平和夯实等（图4-29）。工程量按设计图示尺寸以体积计算。

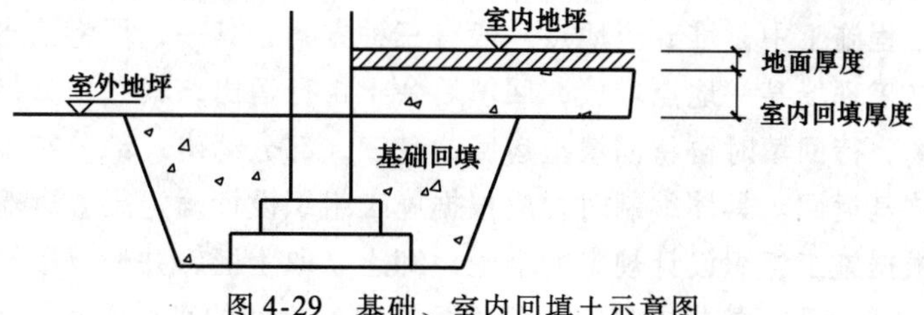

图4-29　基础、室内回填土示意图

1. 场地回填

工程量：

$$V = 场地面积 \times 平均回填厚度 \tag{4-8}$$

2. 室内回填

室内回填即房芯回填，其工程量按下式计算

$$V = 主墙间净面积 \times 回填厚度 \tag{4-9}$$

其中：

回填厚度 = 设计室内地坪标高 - 设计室外地坪标高 - 地面面层厚度 - 地面垫层厚度 (4-10)

3. 基础回填

基础回填指设计室外地坪以下的回填，其工程按下式计算

V = 挖方体积 - 设计室外地坪以下埋设的基础体积(包括基础垫层及其他构筑物) (4-11)

在实际工程中，若有砖基础时，应注意砖基础与砖墙的分界线一般在设计室内地坪，而回填土的分界线在设计室外地坪，所以要注意两个分界线之间相差的工程量。可以利用以下公式进行计算

回填土体积 = 挖方体积 - 基础垫层体积 - 砖基础体积 + 高出设计室外地坪砖基础体积 (4-12)

4. 管道沟槽回填

其工程量按下式计算

V = 挖方体积 - 管道所占体积 (4-13)

但管径在 500mm 以下的不扣除管道所占体积；管径超过 500mm 以上时，按表 4-6 扣除管道所占体积。

表 4-6 管道扣除土方体积表 (单位：m^3)

管道名称	管道直径/mm					
	501 ~ 600	601 ~ 800	801 ~ 1000	1001 ~ 1200	1201 ~ 1400	1401 ~ 1600
钢管	0.21	0.44	0.71			
铸铁管	0.24	0.49	0.77			
混凝土管	0.33	0.60	0.92	1.15	1.35	1.55

(五) 土方运输

土方运输工程量计算公式为：

运土体积 = 总挖方量 - 总回填土量 (4-14)

计算结果为正时需余土外运；负值时为取土体积。

在实际土方工程施工中，堆弃土地点一般有三种方案：其一，可将挖出的土直接堆放在槽坑边，或运至施工现场某一地点堆放，回填后余土再行运出；其二，如果场地狭小，亦可全部运出施工现场，待回填时再将回填土运回；其三，部分运出，部分在施工现场某一地点存放，待回填时将其运回。具体编制时，应根据施工组织设计确定土方运输的方案。

土方运距应根据施工组织设计规定的堆土、卸土、取土区，并按以下规定计算。

(1) 推土机推土运距，按挖方区重心至回填区重心之间的直线距离计算。

(2) 自卸汽车运土运距，按挖方区重心至填土区（会堆放地点）重心的最短距离计算。

(3) 铲运机运土运距，按挖方区重心至卸土区重心加转向距离 45m 计算。

第四节 桩基础工程

当建筑物荷载较大或者位于中、高压缩性地基上时，为了减少后沉降，确保工程安全，

可以采用桩基础；也可以对天然地基进行处理，以获得较高的承载力和降低压缩性。

一、预制钢筋混凝土桩

（一）计算预制钢筋混凝土桩前应明确的资料

预制钢筋混凝土桩基础工程是先在地面预制钢筋混凝土桩，然后通过施加外力将其打入或压入土中至设计位置。在计算工程量时，应该明确：

（1）工艺流程。

（2）桩的类型，及桩长（直径或体积）。

（3）桩体运距。

（4）是否要接桩，接桩方法。

（5）列项，如打预制桩一般列项有打（压）桩、接桩、送桩等内容。

（二）预制钢筋混凝土桩工程量的计算及例题解析

1. 打桩

打预制钢筋混凝土桩工程量按图示打桩体积计算，即

$$V=\text{设计桩长(包括桩尖)}\times\text{截面面积} \tag{4-15}$$

管桩的空心部分应扣除，若管桩的空心部分按设计要求灌注混凝土或其他填充材料，应另行计算。

2. 接桩

接桩工程量按设计接头数量以“个”为单位计算。电焊接桩示意图如图 4-30，硫磺胶泥接桩示意图见图 4-31。

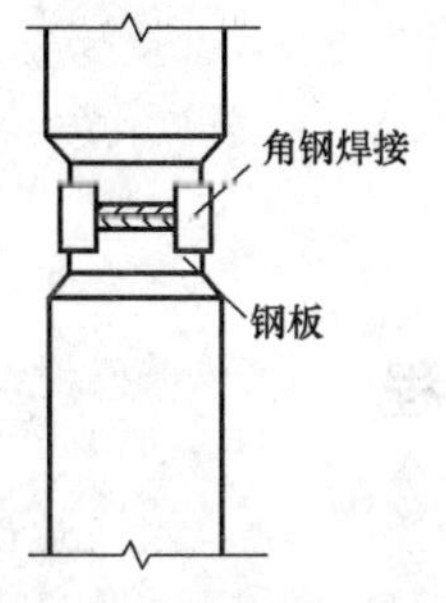

图 4-30　电焊接桩示意图

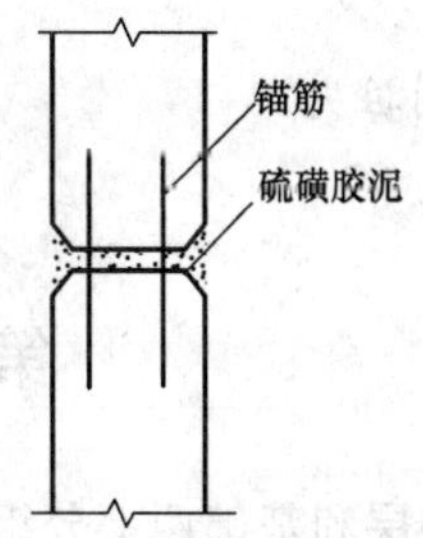

图 4-31　硫磺胶泥接桩示意图

3. 送桩

送桩工程量按图示送桩体积计算，即

$$V=\text{送桩长度}\times\text{截面面积} \tag{4-16}$$

送桩长度即打桩桩架底至桩顶面高度或从桩顶至自然地坪距离另加 0.5m 计算。

［例 4-18］　某工程有 30 根钢筋混凝土柱，根据上部荷载计算，每根柱下需要设 4 根 350mm×350mm 断面的预制钢筋混凝土方桩，桩长 30m，由 2 根长 15m 的方桩用焊接方式接桩，桩顶距自然地面为 5m，采用柴油打桩机，计算桩基础工程打桩、接桩送桩的工程量。

解：打桩工程量：$V=0.35\times0.35\times30\times120\text{m}^3=441\text{m}^3$

接桩工程量：$N=120\times1$ 个 $=120$ 个

送桩工程量：$V=0.35\times0.35\times(5+0.5)\times120\text{m}^3=80.85\text{m}^3$

二、灌注桩工程量计算及例题解析

（一）打孔灌注桩

混凝土桩、砂桩、碎石桩等灌注桩工程量按设计规定的桩长（包括桩尖，不扣除桩尖虚体积）另加 0.25m 翻浆高度，乘以桩截面面积计算。

打孔灌注桩埋入的预制混凝土桩尖，按钢筋混凝土相应项目列项计算，单位为 m^3。

（二）钻孔灌注桩

钻孔灌注桩，按设计规定的桩长（包括桩尖，不扣除桩尖虚体积）另加 0.8m 翻浆高度，乘以桩截面面积计算。

（三）灌注桩钢筋

混凝土灌注桩的钢筋笼，依据规定按钢筋混凝土相应项目列项计算工程量，单位为 t。

（四）泥浆运输

灌注桩的泥浆运输工程量按钻孔体积计算，单位为 m^3。

［例 4-19］ 某工程桩基础为柴油打桩机打沉管灌注 C20（20）混凝土桩，设计桩长 12m，桩直径为 500mm，每根桩钢筋笼设计净用钢量为 110kg，预制桩尖单个体积 0.05m^3，共有 320 根桩，计算该现场灌注桩、钢筋笼、桩尖的工程量。

解：（1）沉管灌注桩

$$V=S\text{桩}\times\text{桩长}\times320=3.14\times0.25^2\times12\times320\text{m}^3=753.60\text{m}^3$$

（2）钢筋笼

工程量： $320\times0.11\text{t}=35.20\text{t}$

（3）预制桩尖

工程量： $0.05\times320\text{m}^3=16\text{m}^3$

第五节　基础与垫层工程

基础由垫层和基础两部分组成。

基础是建筑物地面以下的承重构件，它的作用是承受上部结构传下来的荷载，并把这些荷载连同自重一起传给地基。地基是承受基础所传荷载的土层。地基不是建筑物的组成部分。基础的类型较多，按基础的受力特点分为刚性基础和柔性基础；按基础的材料，可分为砖基础、毛石混凝土基础、混凝土基础、钢筋混凝土基础等；按基础的构造形式，可分为带型基础、独立基础、满堂基础、箱形基础和桩基础等。

基础垫层设置在基础与地基之间，它的主要作用是使基础与地基有良好的接触面，把基础承受的上部荷载均匀地传给地基。

一、基础垫层

基础垫层分为砂垫层、毛石垫层、碎石垫层、灰土垫层、素土垫层、碎砖三合土垫层、混凝土垫层等。

（一）基础垫层与基础的划分

1. 毛石基础垫层与毛石基础的划分

毛石基础垫层与毛石基础的划分以设计说明为准。当设计未注明时，按下面的标准判定。

（1）毛石基础垫层。基础施工图中设计的直接与土体接触的单层砌筑毛石，称为毛石基础垫层。毛石基础垫层根据施工方法不同，分为干铺毛石基础垫层和灌浆毛石基础垫层。其中干铺毛石基础垫层的施工方法是将毛石铺好后用中（粗）砂灌缝；灌浆毛石基础垫层的施工方法是将一层毛石铺好后，用设计规定的砌筑砂浆沿毛石块间的孔隙灌实。

（2）毛石基础。基础施工图中以砂浆等级标注的浆砌毛石，其宽度分层缩小者，称为毛石基础。

毛石基础的施工方法，是用砌筑砂浆将毛石按设计要求分层砌筑，或砌筑到一定高度后，缩小宽度再向上砌筑。

2. 混凝土基础垫层与混凝土基础的划分

混凝土基础与垫层的划分，应以图样说明为准。如图样不明确时，按设计混凝土直接与土体接触的单层长方形断面为垫层，其余为无筋混凝土基础。

（二）基础垫层工程量计算及例题解析

基础垫层工程量，按设计图示尺寸以体积计算。

带形基础垫层工程量根据上述计算规则的计算原则按下式计算

$$\text{工程量} = \text{垫层长度} \times \text{垫层断面面积} \tag{4-17}$$

其中：垫层长度，外墙按外墙中心线（注意偏轴线时，应把轴线移至中心线位置）长度；内墙按内墙基础垫层的净长线。凸出部分的体积并入工程量内计算。

在实际工程中，由于土质等因素基础需局部加深时，基础下垫层的底标高不在同一标高处，必然出现垫层搭接，应将由于搭接增加的工程量并入垫层工程量内计算。

［例 4-20］ 某基础平面图如图 4-27、图 4-28 所示，土为一般土，C20 钢筋混凝土条形基础，C10 混凝土垫层 100 厚，求基础垫层的工程量。

解： $V = \text{垫层长度} \times \text{垫层断面面积} = \text{垫层长度} \times 2 \times 0.1$

式中垫层长度 $= \sum L_{外中} + \sum L_{内净}$

$\sum L_{外中} = (18 + 9) \times 2\text{m} = 54\text{m}$

$\sum L_{内净} = (9 - 2) \times 2\text{m} = 14\text{m}$

则 $V = (54 + 14) \times 2 \times 0.1\text{m}^3 = 13.60\text{m}^3$

二、砖基础

砖基础，是由基础墙和大放脚组成。其剖面一般做成阶梯形，这个阶梯形通常被称为大放脚。砖基础具有造价低、施工简便的特点，一般用在荷载不大，基础宽度小、土质较好、地下水位较低的情况。

（一）砖基础与墙身（柱身）界线划分

（1）砖基础与墙（柱）身使用同一种材料时，以设计室内地坪为界（有地下室者，以地下室室内设计地坪为界），以下为基础，以上为墙（柱）身。

（2）砖基础与墙（柱）身使用不同材料时，位于设计室内地坪（或地下室室内地坪）±300mm 以内时以不同材料为界，超过 ±300mm，应以设计室内地坪为界（或地下室室内地坪），以下为基础，以上为墙（柱）身。

（二）大放脚的形式及分类

1. 墙体厚度尺寸的取定

标准砖的尺寸为 240mm×115mm×53mm，由标准砖砌筑的墙体厚度，按表 4-7 取定。

表 4-7　标准砖砌体计算厚度表

砖数(厚度)	1/4	1/2	3/4	1	1.5	2	2.5	3
计算厚度/mm	53	115	180	240	365	490	615	740

当使用非标准砖时，由非标准砖砌筑的墙体厚度，应按砖实际规格和设计厚度取定。

2. 大放脚的形式及分类

大放脚，是指从基础墙断面两边阶梯形的放出部分。根据每步放脚的高度是否相等，分为等高式和不等高式两种。

等高放脚每步放脚层数相等，高度为 126mm（两皮砖，两灰缝），每步放脚宽度相等，高度为 62.5mm（一砖长加一灰缝的 1/4），如图 4-32 所示。

不等高放脚，每步放脚高度不等，为 63mm 与 126mm 互相交替间隔放脚；每步放脚宽度相等，高度为 62.5mm，如图 4-33 所示。

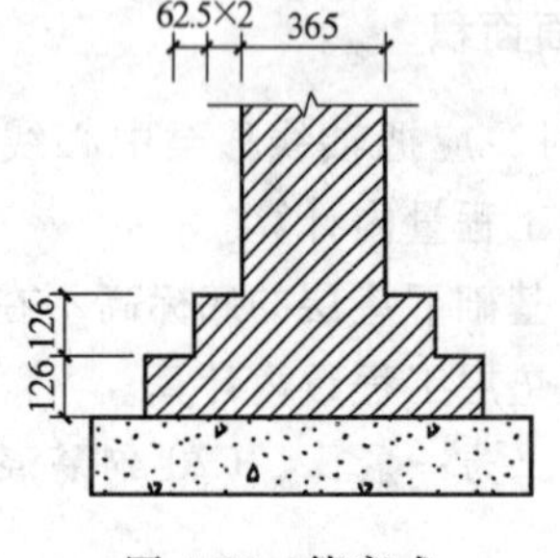

图 4-32　等高式

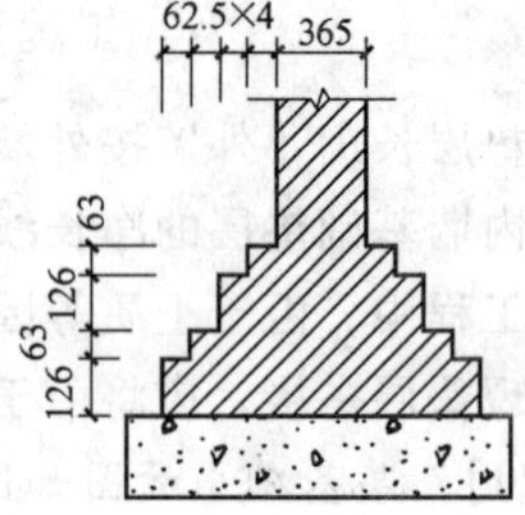

图 4-33　不等高式

3. 大放脚折加高度和折算断面积

标准砖的大放脚折加高度及折算断面积可查表 4-8、表 4-9。

表 4-8　等高式标准砖墙基大放脚折算为墙高和断面积表

大放脚层数	折加高度/m						折算断面积/m²
	1/2 砖 (0.115)	1 砖 (0.240)	1.5 砖 (0.365)	2 砖 (0.490)	2.5 砖 (0.615)	3 砖 (0.740)	
一	0.137	0.066	0.043	0.032	0.026	0.021	0.01575
二	0.411	0.197	0.129	0.096	0.077	0.064	0.04725
三	0.822	0.394	0.259	0.193	0.154	0.128	0.09450
四	1.369	0.656	0.432	0.321	0.256	0.213	0.15750
五	2.054	0.984	0.647	0.432	0.384	0.319	0.23630
六	2.876	1.378	0.906	0.675	0.538	0.447	0.33080

表 4-9 不等高式标准砖墙基大放脚折算为墙高和断面积表

大放脚层数	折加高度/m						折算断面积/m²
	1/2 砖 (0.115)	1 砖 (0.240)	1.5 砖 (0.365)	2 砖 (0.490)	2.5 砖 (0.615)	3 砖 (0.740)	
一(一低)	0.069	0.033	0.022	0.016	0.013	0.011	0.00788
二(一高一低)	0.342	0.164	0.108	0.080	0.064	0.053	0.03938
三(二高一低)	0.685	0.328	0.216	0.161	0.128	0.106	0.07875
四(二高二低)	1.096	0.525	0.345	0.257	0.205	0.170	0.12600
五(三高二低)	1.643	0.788	0.518	0.386	0.307	0.255	0.18900
六(三高三低)	2.260	1.083	0.712	0.530	0.423	0.351	0.25990

[例 4-21] 标准砖四层不等高放脚，如图所示 4-34a 所示，求大放脚折算断面面积及折加高度。

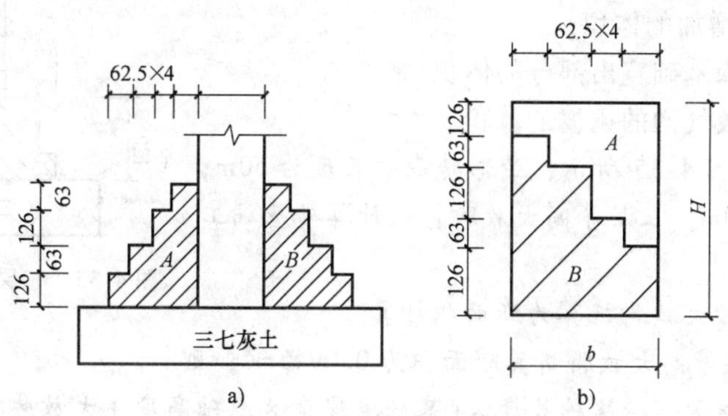

图 4-34 标准砖四层不等高放脚

解 四层不等高放脚断面 A、B 两部分叠加为矩形，如图 4-34b。大放脚每步放脚高度为一皮砖时，其高度为 63mm，每步放脚高度两皮砖时，其高度为 126mm，每步放脚的宽度均为 62.5mm。则叠加矩形的高、宽分别为：

$$b = 0.0625 \times 4\text{m} = 0.25\text{m}$$

$$H = 0.126 \times 3\text{m} + 0.063 \times 2\text{m} = 0.504\text{m}$$

$$\text{大放脚折算断面积} = A + B = b \times H = 0.25 \times 0.504\text{m}^2 = 0.126\text{m}^2$$

$$\text{大放脚的折加高度} = \text{大放脚折算断面积}/\text{基础墙厚度} = 0.126/0.240\text{m} = 0.525\text{m}$$

计算结果与不等高式砖墙基大放脚折加高度表 4-9 中的断面积 0.1260m² 和折加高度 0.525m 相同，表 4-8、表 4-9 中的折算面积及折加高度就是按这种方法算出来的，因此在计算标准砖基础工程量时不必另行计算，可直接查用表 4-8、表 4-9。

（三）砖基础工程量的计算

砖基础工程量，按设计图示尺寸以体积计算。包括附墙垛基础宽出部分体积，扣除地梁（圈梁）、构造柱所占体积，不扣除基础大放脚 T 形接头处的重叠部分及嵌入基础内的钢筋、铁件、管道、基础砂浆防潮层和单个面积 0.3m² 以内的孔洞所占体积，靠墙暖气沟的挑檐不增加。

$$\text{砖基础工程量} = \text{砖基础长度} \times \text{基础断面面积} + \text{应并入体积} - \text{应扣除体积} \quad (4\text{-}18)$$

1. 砖基础长度

外墙砖基础按外墙中心线长度计算，内墙砖基础按内墙净长线长度计算。遇有偏轴线时，应将轴线移为中心线计算。

2. 砖基础断面面积

砖基础断面面积 = 基础墙厚度 ×（基础高度 + 大放脚折加高度） (4-19)

或砖基础断面面积 = 基础墙厚度 × 基础高度 + 大放脚折算断面积 (4-20)

上述公式中，基础墙厚度为标准砖时，按表查用。为非标准砖时，按设计厚度；基础高度为大放脚底面至基础顶面（即分界面）的高度。

3. 应扣除和不扣除的体积

应扣除：单个面积在 0.3m^2 以上孔洞所占体积，砖基础中嵌入的钢筋混凝土柱（包括独立柱、框架柱、构造柱及柱基等）、梁（包括基础梁、圈梁、过梁、挑梁等）。

不扣除：基础大放脚 T 形接头的重叠部分及嵌入基础内的钢筋、铁件、管道、基础砂浆防潮层和单个面积在 0.3m^2 以内的孔洞所占体积。

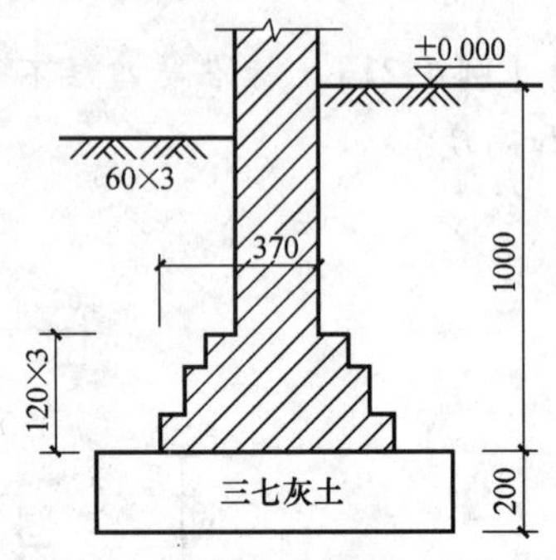

图 4-35 三层等高大放脚砖基础

4. 应并入和不增加的体积

应并入：附墙垛基础宽出部分的体积。

不增加：靠墙暖气沟的挑檐的体积。

[**例 4-22**] 如图 4-35 所示，带形砖基础长度为 50m，墙厚 1.5 砖，高 1.0m，三层等高大放脚，试计算砖基础工程量。

解 方法一：按大放脚折算为断面积计算

查表 4-8，三层等高大放脚折算断面积为 0.0945m^2，则

砖墙基础工程量 = 砖基础长度 ×（基础墙厚度 × 基础高度 + 大放脚折算断面积）

$$= 50 \times (0.365 \times 1.0 + 0.0945)\,m^3 = 22.98m^3$$

方法二：按大放脚折算为折加高度计算

查表 4-8，三层等高大放脚墙厚 1.5 砖时的折加高度为 0.256m，则

砖墙基础工程量 = 砖基础长度 × 基础墙厚度 ×（基础高度 + 大放脚折加高度）

$$= 50 \times 0.365 \times (1.0 + 0.259)\,m^3 = 22.98m^3$$

（四）砖柱基础

1. 砖柱基础大放脚

砖柱基础大放脚是指沿砖柱四边阶梯形的放出部分。同砖墙基础大放脚相同，也分为等高式和不等高式两种，其每步放脚的高度及宽度也与砖墙基大放脚相同。整个砖柱基大放脚的折算体积可直接按表 4-10、表 4-11 查用（表中数值，不包括中间的柱体积）。

2. 砖柱基础工程量的计算

砖柱基础工程量，按体积以“m^3”计算。

（1）矩形砖柱柱基工程量

$$V = A \times B \times H + V_{放} \tag{4-21}$$

式中 A、B——矩形砖柱截面的长宽尺寸；

H——矩形砖柱砖基础高度。自矩形砖柱砖基础大放脚底面至砖基础顶面（即分界面）的高度；

$V_{放}$——矩形砖柱柱基大放脚折算体积。

表 4-10 等高式标准砖柱基大放脚折算体积表

矩形砖柱两边之和(砖数)	大放脚层数(等高)				
	二	三	四	五	六
3	0.0443	0.0965	0.1740	0.2807	0.4206
3.5	0.0502	0.1084	0.1937	0.3103	0.4619
4	0.0562	0.1203	0.2134	0.3398	0.5033
4.5	0.0621	0.1320	0.2331	0.3693	0.5446
5	0.0681	0.1438	0.2528	0.3989	0.5860
5.5	0.0739	0.1556	0.2725	0.4284	0.6273
6	0.0798	0.1674	0.2922	0.4579	0.6687
6.5	0.0856	0.1792	0.3119	0.4875	0.7150
7	0.0916	0.1911	0.3315	0.5170	0.7513
7.5	0.0975	0.2029	0.3512	0.5465	0.7927
8	0.1034	0.2147	0.3709	0.5761	0.8340

表 4-11 不等高式标准砖柱基大放脚折算体积表

矩形砖柱两边之和(砖数)	大放脚层数(等高)				
	二	三	四	五	六
3	0.0376	0.0811	0.1412	0.2266	0.3345
3.5	0.0446	0.0909	0.1569	0.2502	0.3669
4	0.0475	0.1008	0.1727	0.2738	0.3994
4.5	0.0524	0.1107	0.1885	0.2975	0.4319
5	0.0573	0.1205	0.2042	0.3210	0.4644
5.5	0.0622	0.1303	0.2199	0.3450	0.4968
6	0.0671	0.1402	0.2357	0.3683	0.5293
6.5	0.0721	0.1500	0.0515	0.3919	0.5619
7	0.0770	0.1599	0.2672	0.4123	0.5943
7.5	0.0820	0.1697	0.2829	0.4392	0.6267
8	0.0868	0.1795	0.2987	0.4628	0.6592

（2）圆形砖柱柱基工程量

$$V = 1/4\pi(D^2 \times H_1 + D^2 \times H_2) + V_{放} \quad (4\text{-}22)$$

式中 D——圆形砖柱直径；

H_1——圆形砖柱砖基础大放脚上面至基础顶面（即分界面）的高度；

H_2——大放脚的总高度，按各阶高度的标准值计算；

$V_{放}$——矩形砖柱柱基大放脚折算体积。

三、现浇混凝土基础

混凝土及钢筋混凝土基础具有承载力大、整体性好、坚固、耐久、不怕水等优点。

常见的混凝土基础有：独立基础、杯形基础、带形基础、满堂基础、箱形基础、桩基础、设备基础等。在混凝土基础中配置钢筋时，便成为钢筋混凝土基础。

现浇混凝土基础工程量，按设计图示尺寸以体积计算。不扣除构件内钢筋、预埋铁件和伸入承台的桩头所占体积。

（一）独立基础

独立基础是指现浇钢筋混凝土柱下的单独基础，其施工特点是柱子与基础整浇为一体。独立基础是柱子基础的主要形式，按其形式可分为阶梯形和四棱锥台形，如图4-36所示。

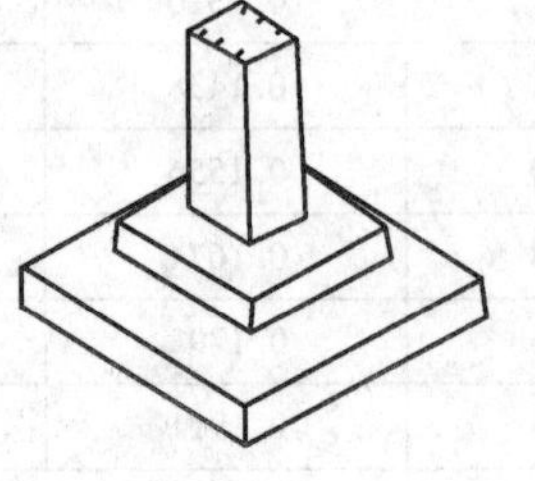
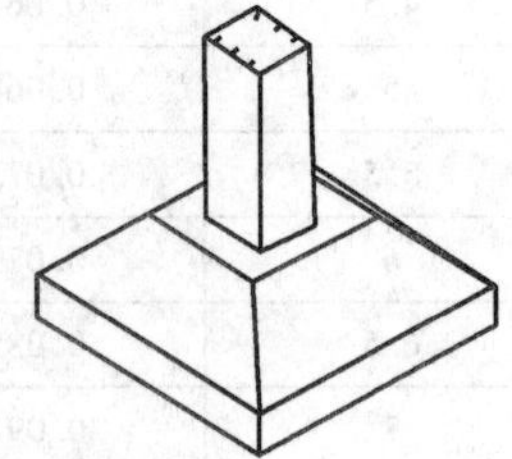

图 4-36　独立基础

1. 独立基础与柱子的划分

独立基础与柱子以柱基上表面为分界线，以上为柱子，以下为独立基础，如图4-37所示。

2. 独立基础与带形基础的划分

当一个基础上只承受一根柱子的荷载时，按独立基础计算。

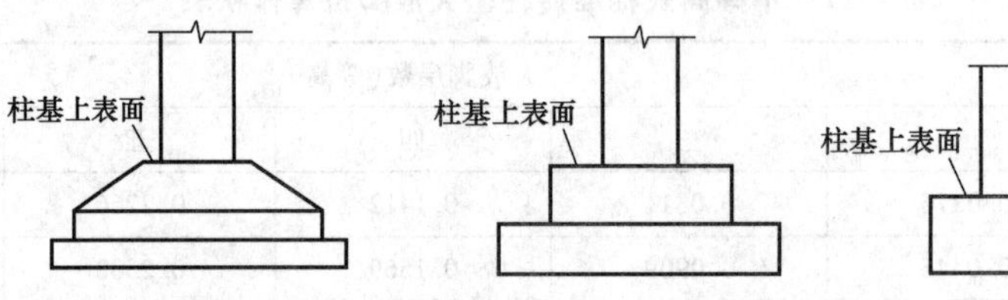

图 4-37　基础与柱子划分示意图

相邻两个独立柱之间的带形基础，如宽度小于独立柱基的宽度时，柱基可执行独立基础子目；如柱基与带基等宽，则全部执行独立基础子目；否则，执行带形基础子目。三根及以上柱与基础连成一整体时，应按带形基础计算。

3. 独立基础工程量计算

阶梯形独立基础的体积计算比较容易，只需按图示尺寸分别计算出每阶的立方体体积；四棱锥台形独立基础（如图4-38所示），其体积为四棱锥台体积加底座体积。计算公式为

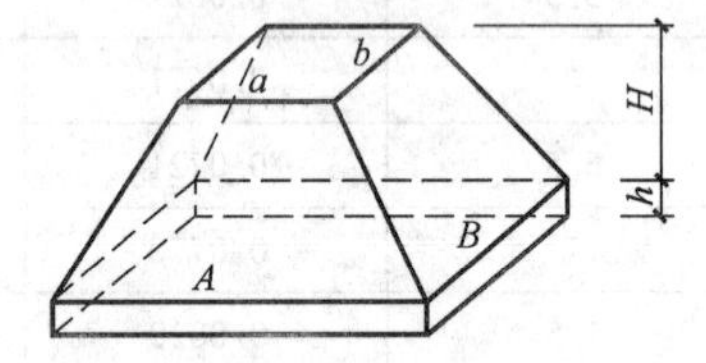

图 4-38　四棱锥台立体图

$$V = A \times B \times h + [A \times B + (A + a)(B + b) + a \times b] \times \frac{H}{6} \tag{4-23}$$

式中　A、B——四棱锥台底边的长、宽；

a、b——四棱锥台上边的长、宽；

H——四棱锥台的高度；

h——四棱锥台底座的厚度。

（二）杯形基础

杯形基础是指预制钢筋混凝土柱下的现浇单独基础。其施工特点是，现浇单独基础时，将基础的顶部做成杯口，待其达到规定强度后，再将预制钢筋混凝土柱插入杯口内，最后灌注细石混凝土，使柱与基础连成整体。杯形基础按其形式可分为阶梯形和锥形，一般以锥形

居多，其中锥形又可分为一般锥形和高脖锥形，如图4-39所示。杯形基础工程量计算包括：

（1）阶梯形杯形基础工程量

工程量 = 外形体积 − 杯芯体积　（4-24）

外形体积可分阶按图示尺寸计算，计算时不考虑杯芯。杯芯体积按四棱锥台计算公式计算。

（2）锥形杯形基础工程量

工程量 = 底座体积 + 四棱台体积 + 脖口体积 − 杯芯体积　（4-25）

四棱台体积的计算同独立基础，四棱台、脖口体积计算时不考虑杯芯。

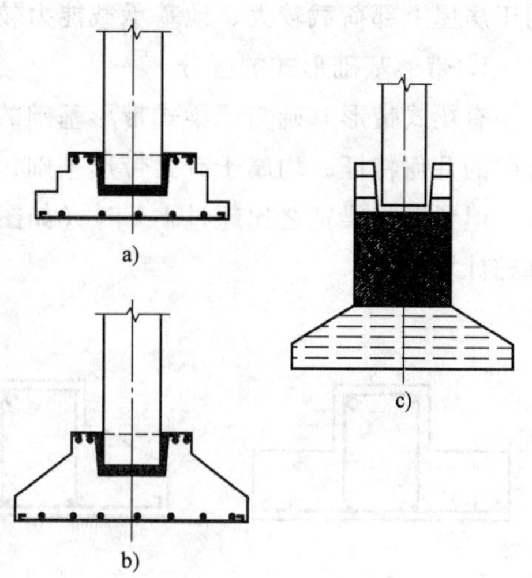

图4-39　杯形基础

a）阶梯形　b）锥形　c）高脖锥形

［例4-23］　某车间杯形基础共10个（如图4-40所示），混凝土强度等级C20（40）（水泥强度等级为32.5MPa），求杯形基础的工程量。

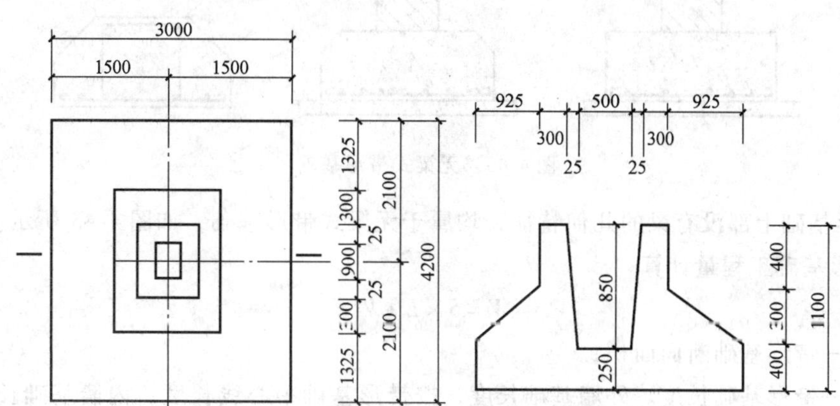

图4-40　某工程杯形基础示意图

解　杯形基础由脖口部分（V_1），四棱台部分（V_2），基底部分（V_3），扣除杯芯（V_4）组成，即 $V = V_1 + V_2 + V_3 - V_4$

$$V_1 = (0.3\times2+0.025\times2+0.5)\times(0.3\times2+0.025\times2+0.9)\times0.4\text{m}^3 = 1.15\times1.55\times0.4\text{m}^3 = 0.713\text{m}^3$$

$$V_2 = 0.3\times[3.0\times4.2+(3.0+1.15)\times(4.2+1.55)+1.15\times1.55]/6\text{m}^3 = 1.912\text{m}^3$$

$$V_3 = 3.0\times4.2\times0.4\text{m}^3 = 5.040\text{m}^3$$

$$V_4 = 0.85\times[0.5\times0.9+(0.5+0.025\times2+0.5/6)\times(0.9+0.025\times2+0.9)+(0.5+0.025\times2)\times(0.9+0.025\times2)]\text{m}^3 = 0.85\times(0.5\times0.9+1.05\times1.85+0.55\times0.95)/6\text{m}^3 = 0.413\text{m}^3$$

$$V = (V_1+V_2+V_3-V_4)\times10 = (0.713+1.912+5.04-0.413)\times10\text{m}^3 = 72.52\text{m}^3$$

（三）带形基础

带形基础又称条形基础，其外形呈长条状，断面形式一般有梯形、阶梯形和矩形等，常用于房屋上部荷载较大、地基承载能力较差的混合结构房屋墙下基础。

1. 带形基础形式的区分

有梁式带形基础与无梁式带形基础的区分，主要根据几何形状来区分，凡带形基础上部有梁的几何特征，均属于有梁带形基础，如图 4-41 所示。

但梁高与梁宽之比超过 4:1 时（如图 4-42 所示），上部梁按墙计算，下部按无梁式带形基础计算。

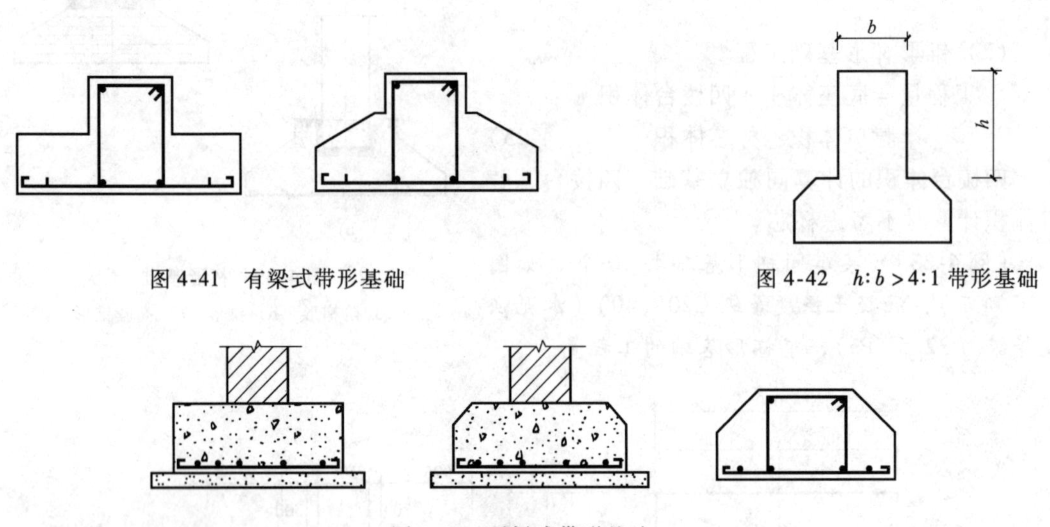

图 4-41　有梁式带形基础　　　图 4-42　$h:b>4:1$ 带形基础

图 4-43　无梁式带形基础

凡带形基础上部没有梁的几何特征，均属于无梁式带形基础，如图 4-43 所示。

2. 带形基础工程量计算

$$V = S \times L + V_T \tag{4-26}$$

式中　S——带形基础断面面积；

L——带形基础长度。外墙基础长度，按带形基础中心线长度；内墙基础长度，按带形基础净长线长度（即长度算至丁字相交基础的侧面，如图 4-44 所示）；

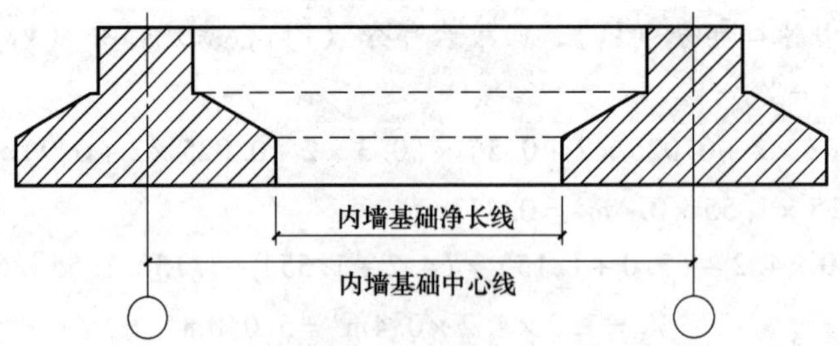

图 4-44　内墙带形基础净长线示意图

梯形断面带形基础每个 T 形接头（如图 4-45 所示）的体积可按下式计算

$$V_T = bHL_T + (2b + B)h_1 L_T/6 \tag{4-27}$$

（四）满堂基础

当建筑物上部荷载较大，地基承载能力又比较弱时，采用条形基础不能适应地基变形的需要时，常将墙或柱下基础连成一片，这种基础称为满堂基础（又称筏片基础）。满堂基础分有梁式满堂基础和无梁式满堂基础两种。

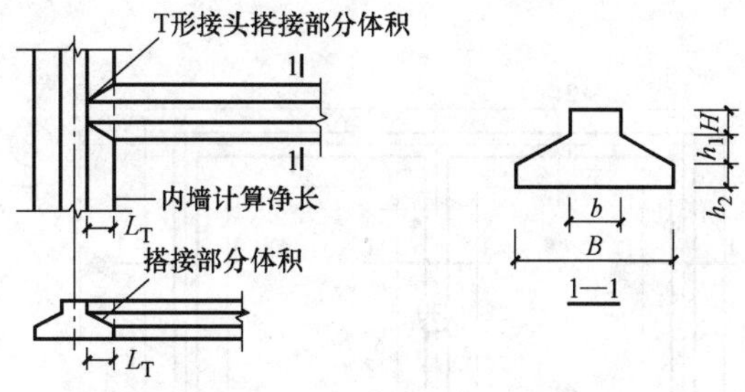

图 4-45　T 形接头示意图

1. 有梁式满堂基础与无梁式满堂基础的区分

(1) 有梁式满堂基础是指带有突出板面的梁的满堂基础，如图 4-46 所示。若带有镶入板内的暗梁，应按无梁式满堂基础计算。

(2) 无梁式满堂基础是指无突出板面的梁（包括有镶入板内的暗梁）的满堂基础，如图 4-47 所示。

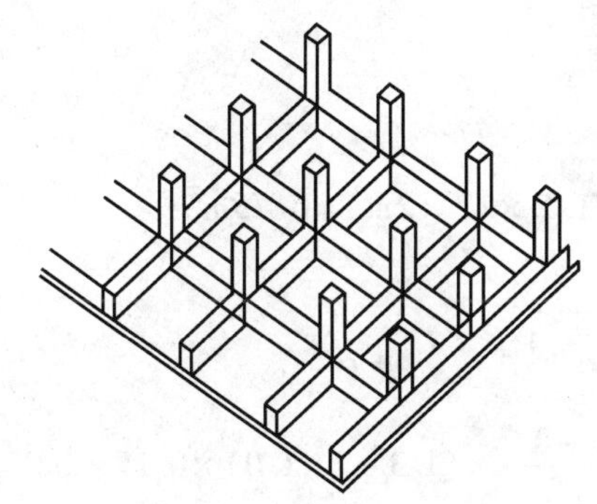
图 4-46　有梁式满堂基础

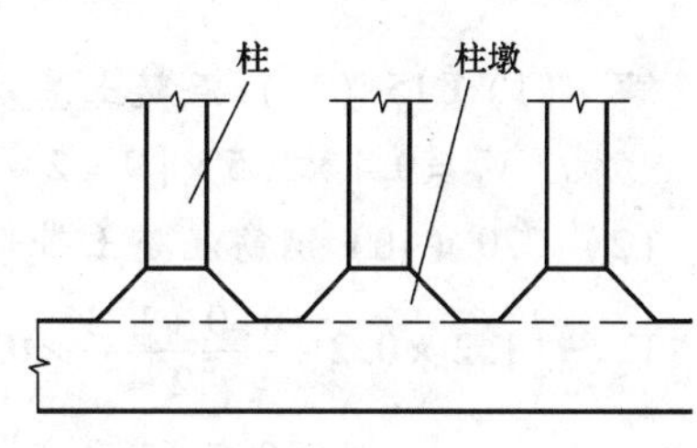

图 4-47　无梁式满堂基础

2. 工程量计算

(1) 有梁式满堂基础工程量，按图示梁板体积之和以“m^3”计算。

有梁式满堂基础与柱子的划分：以梁的上表面为界，梁的体积并入有梁式满堂基础计算。

(2) 无梁式满堂基础工程量，按图示尺寸以“m^3”计算。边肋体积并入基础工程量内计算。

无梁式满堂基础与柱子的划分：以板的上表面为界，柱墩体积并入柱内计算。

（五）桩承台

桩承台是在已打完的桩顶上，将桩顶部的混凝土剔凿掉，露出钢筋，浇灌混凝土，使之与桩顶连成一体的钢筋混凝土基础。综合基价中根据桩承台结构形式分为独立桩承台和带形桩承台两种。

桩承台工程量按图示桩承台尺寸以“m^3”计算。

（六）设备基础

为安装锅炉、机械或设备等所做的基础称为设备基础。

设备基础工程量按图示尺寸以“m^3”计算，不扣除螺栓套孔洞所占的体积。

[例 4-24]　某住宅工程基础平面如图 4-48 所示，室外地坪标高为 -0.3m，混凝土基础垫层采用 C15（40）支模浇筑，钢筋混凝土基础采用 C20（40）混凝土，砖基础采用 M7.5 水泥砂浆砌筑，计算混凝土基础垫层、钢筋混凝土基础、砖基础的工程量。

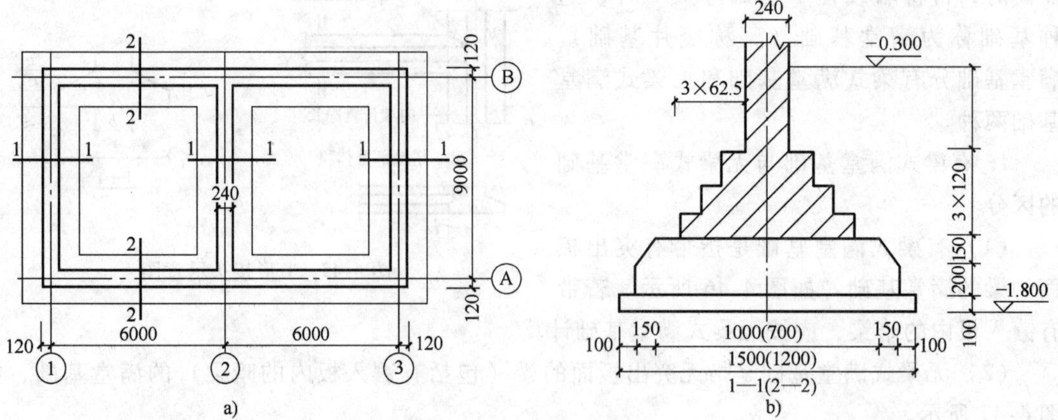

图 4-48 基础平面图及详图

a）基础平面图 b）基础详图

解 （1）C15（40）混凝土基础垫层

$$V_1 = 0.1\times1.5\times[9\times2+(9-1.2)]\text{m}^3+0.1\times1.2\times12\times2\text{m}^3=6.75\text{m}^3$$

（2）C20（40）钢筋混凝土带形基础

$$V_2=\left(1.2\times0.2+\frac{1.0+1.3}{2}\times0.15\right)\times(9\times2+9-1)\ \text{m}^3+$$

$$\left(1.0\times0.2+\frac{0.7+1.0}{2}\times0.15\right)\times12\times2\text{m}^3+\frac{1}{6}\times\frac{1-0.7}{2}\times(1.3+2\times1.0)\times0.15\times2\text{m}^3$$

$$=(11.245+7.86+0.0248)\text{m}^3$$

$$=19.13\text{m}^3$$

（3）M7.5 水泥砂浆砖基础

$$V_3=[0.24\times(1.8-0.1-0.2-0.15)+0.0945]\times[(9+12)\times2+(9-0.24)]\text{m}^3$$

$$=0.4185\times50.76\text{m}^3$$

$$=21.243\text{m}^3$$

第六节 砌筑工程

建筑物的墙体既起围护、分隔作用，又起承重构件作用。按墙体所处平面位置的不同，可分为外墙和内墙；按受力情况的不同，可分为承重墙和非承重墙；按装修做法不同，可分为清水墙和混水墙；按组砌方法不同，可分为实心砖墙、空斗墙、空花墙、填充墙等。砖柱按材料分为标准砖柱和灰砂砖柱；按形状不同分为砖方柱、砖圆柱。

一、实心砖墙工程量计算

（一）实心砖墙工程量计算

$$V=L\times H\times\delta-V_{扣}+V_{增} \tag{4-28}$$

式中 V——实心砖墙工程量；

L——墙长；

H——墙高；

δ——墙厚；

$V_{扣}$——应扣除部分体积；

$V_{增}$——应增加部分体积。

（二）墙长度的计算

墙长度的计算：外墙按中心线长度计算，内墙按净长线计算。

（1）外墙长度按中心线计算时，图中外角的阴影部分未计算，而内角的阴影部分计算了两次。由于是中心线，这部分是相等的，用内角来弥补外角，正好余缺平衡。若为偏轴线时，显然余缺是不平衡的，所以在计算时应将定位轴线移至中心线（如图4-49所示）。

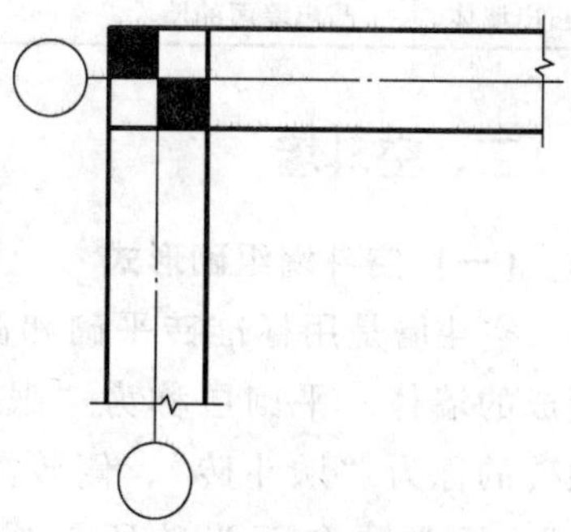

图 4-49　外墙长度计算示意图

（2）内墙与外墙 T 字相交时（如图 4-50a 所示），计算内墙长度要算至外墙的里边线，这就避免了阴影部分重复计算。内墙与内墙 L 形相交时，两面内墙的长度均算至中心线（如图 4-50b 所示），内墙与内墙十字相交时，按较厚墙体的内墙长度计算，较薄墙体的内墙长度算至较厚墙体的外边线处，如图 4-50c 所示。

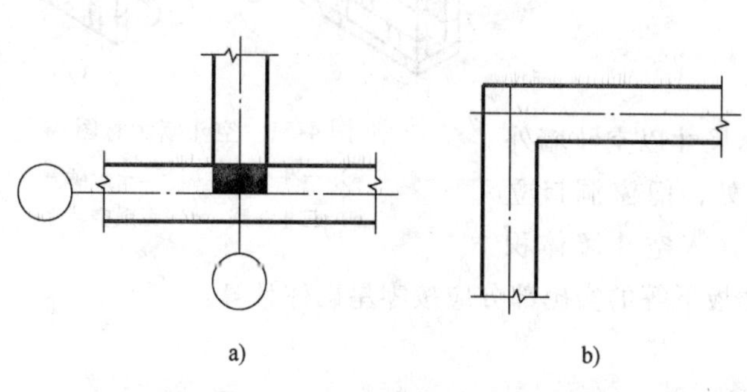

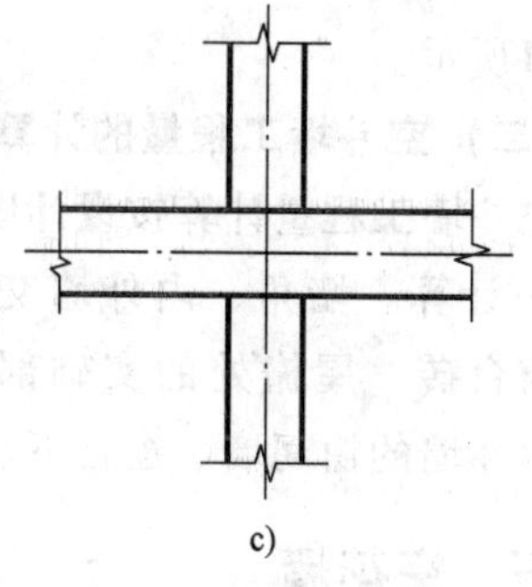

a)　b)　c)

图 4-50　内墙长度计算示意图

（三）墙高度的计算

（1）外墙。斜（坡）屋面无檐口顶棚者算至屋面板底；有屋架且室内外均有顶棚者算至屋架下弦底另加 200mm；有屋架无顶棚者算至屋架下弦底另加 300mm，出檐宽度超过600mm 时按实砌高度计算；平屋面算至钢筋混凝土板底。

（2）内墙。位于屋架下弦者，其高度算至屋架底；无屋架者算至顶棚底另加 100mm；有钢筋混凝土楼板隔层者算至楼板顶；有框架梁时算至梁底。

（3）女儿墙。从屋面板上表面算至女儿墙顶面（如有混凝土压顶时算至压顶下表面）的高度。

（4）内、外山墙。按其平均高度计算。

（四）墙厚度的计算

实心砖的规格是按标准砖编制的，其规格为 240mm×115mm×53mm。

应扣除、应增加部分的体积见表 4-12 和表 4-13。

表 4-12　计算墙体工程量应扣除和不扣除的内容

部位	应　扣　除	不　扣　除
孔洞	门窗洞口、过人洞、空圈、0.3m² 以上的孔洞	0.3m² 以下的孔洞
嵌入墙体	嵌入墙身的钢筋混凝土柱、梁、圈梁、挑梁、过梁及凹进墙内的壁龛、管槽、暖气槽、消火栓所占体积	梁头、板头、檩头、垫木、木楞头、沿椽木、木砖、门窗走头、墙身内的加固钢筋、木筋、铁件、钢管

表 4-13　计算墙体工程量应增加和不增加的内容

部位	应　增　加	不　增　加
凸出墙体	凸出墙面的墙垛	凸出墙面的腰线、挑檐、压顶、窗台线、虎头砖、门窗套的体积

二、空斗墙

（一）空斗墙组砌形式

空斗墙是用标准砖平砌和侧砌结合方法砌筑而成的墙体。平砌层称为“眠砖”，侧砌层墙面顺砖的称为“顺斗砖”，侧砖露头的称为“丁头砖”。顺头砖和丁头砖所形成的孔洞称为“空斗”。空斗墙依其立面砌筑形式不同，分为一眠一斗、一眠二斗、一眠三斗、无眠空斗墙等，如图4-51所示。

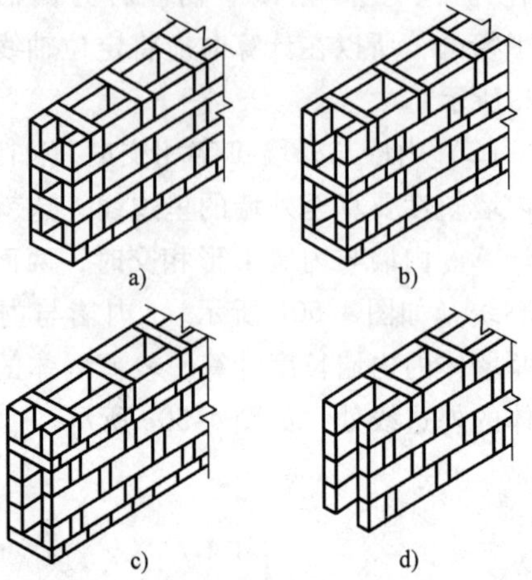

图 4-51　空斗墙示意图

a）一斗一眠　b）二斗一眠

c）三斗一眠　d）无眠空斗

（二）空斗墙工程量的计算

空斗墙工程量计算按设计图示尺寸以空斗墙外形体积计算。墙角、内外墙交接处，门窗洞口立边，窗台砖、屋檐处的实砌部分并入空斗墙体积内。空斗墙的窗间墙、窗台下、楼板下等的实砌部分应按零星砌体计算。

三、空花墙

空花墙是指用砖按一定艺术形式组砌而成的带镂空的墙体，一般多用于砖砌围墙和女儿墙，如图 4-52 所示。

空花墙工程量计算按设计图示尺寸以空花部分外形体积计算，不扣除空洞部分体积。

四、一砖半填充墙

一砖半填充墙，是指在空斗墙砌筑过程中，同时在空斗内填注保温填充材料的一砖半厚空斗墙。

填充墙工程量按设计图示尺寸以填充墙外形体积计算，其中实砌部分已包括，不另计算。

五、实心砖柱

实心砖柱工程量计算按设计图示尺寸以体积计算。扣除混凝土及钢筋混凝土梁垫、梁头、板头所占体积。

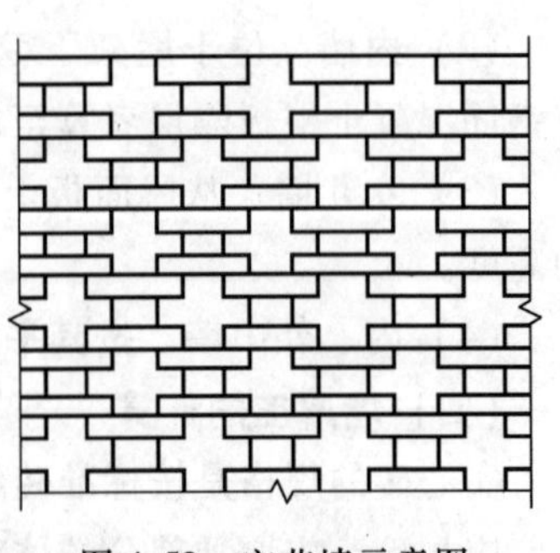

图 4-52　空花墙示意图

六、钢筋砖过梁

钢筋砖过梁又称平砌式砖过梁。用标准砖平砌，在其底部配置钢筋，钢筋两端伸入墙内不小于240mm。在过梁作用范围内（不少于6皮砖或1/4过梁跨度范围内），一般用M5.0砂浆砌筑。

钢筋砖过梁工程量按图示尺寸以“m^3”计算。如设计无规定时，砖过梁长度按门窗洞口宽度两端共加500mm，高度按440mm计算。即

$$V = 墙厚 \times (门窗洞口宽 + 0.5) \times 0.44 \tag{4-29}$$

七、砖平拱

砖平拱又称砖平碹或平拱式砖过梁。用标准砖侧砌而成，其高度有240mm、300mm、370mm三种，厚度等于墙厚，如图4-53所示。

图4-53 砖平拱示意图

砖平拱工程量按图示尺寸以“m^3”计算。如设计无规定时，砖平拱长度按门窗洞口宽度两端共加100mm，高度按240mm（当洞口宽度大于1500mm时，高度按365mm），即

$$V = 墙厚 \times (门窗洞口宽 + 0.1) \times 0.24 \quad (门窗洞口宽小于或等于1.5m) \tag{4-30}$$

$$V = 墙厚 \times (门窗洞口宽 + 0.1) \times 0.365 \quad (门窗洞口宽大于1.5m) \tag{4-31}$$

八、其他砖砌体

（一）砖砌台阶

砖砌台阶工程量，按其水平投影面积以“m^2”计算。

（二）零星砌砖

砖砌体中零星砌体包括厕所蹲台、小便槽、水槽腿、煤箱、垃圾箱、梯带、花台、花池、地垄墙及支撑地楞的砖墩、暗沟、房上烟囱等实砌砌体。

毛石墙的门窗口立边、窗台虎头砖等实砌体属于零星砌砖；空斗墙中窗间墙、窗台下、楼板下、梁头下等实砌砖部分亦属于零星砌砖。

零星砌砖工程量按设计图示尺寸以体积“m^3”计算。扣除混凝土及钢筋混凝土梁垫、梁头、板头所占体积。

（三）砖墙面勾缝

砖墙面勾缝是为了使清水墙面灰缝紧密、防止雨水浸入墙内，同时也使墙面整齐美观。砖墙面勾缝按材料不同分为原浆勾缝和加浆勾缝两种。原浆勾缝即在施工过程中，用砌筑砂浆勾缝；加浆勾缝即在墙体施工完成后用抹灰砂浆勾缝。

砖墙面勾缝工程量应按加浆勾缝和原浆勾缝分别列项计算。其工程量均按墙面垂直投影面积以“m^2”计算，应扣除墙裙和墙面抹灰面积，不扣除门窗套和腰线等零星抹灰及门窗洞口所占的面积；但垛和门窗洞口侧面的勾缝面积亦不增加。独立柱、房上烟囱勾缝，按图示外形尺寸以“m^2”计算。

九、砌块砌体

（一）空心砖墙

空心砖是指以粘土、页岩、煤矸石为主要原料，经焙烧而成的孔洞率不小于35%、孔的尺寸大而数量少的砖。主要用于非承重墙。

空心砖外形为直角六面体。在与砂浆的结合面上设有增加结合力的凹线槽。其孔洞垂直于小面或条面。空心砖的长度有290mm、240mm；宽度有190mm、180mm、140mm；厚度有115mm、90mm；壁厚大于10mm，肋厚大于7mm。空心砖墙的厚度多为空心砖的厚度。施工时，空心砖采用全顺侧砌，孔洞呈水平方向，与墙长同向。

空心砖墙工程量按图示尺寸以m^3计算，不扣除其孔洞部分的体积。

（二）多孔砖墙

多孔砖是指以粘土、页岩、煤矸石为主要原料，经焙烧而成的孔洞率不小于15%、孔为圆孔或非圆孔、孔的尺寸大小而数量多的砖。主要用于非承重墙。

多孔砖有P型多孔砖和M型多孔砖两种。其中P型多孔砖的外形尺寸为240mm×115mm×90mm，M型多孔砖外形尺寸为190mm×190mm×90mm。

多孔砖墙工程量按图示尺寸以“m^3”计算，不扣除其孔洞部分的体积。

（三）砌块墙

砌块是指普通混凝土小型空心砌块、加气混凝土砌块、硅酸盐砌块等。

通常把高度为180~350mm的称为小型砌块，360~900mm的称为中型砌块。小型空心砌块是指由混凝土或轻骨料混凝土制成，主规格尺寸为390mm×190mm×190mm，空心率在25%~50%的空心砌块。

小型空心砌块、加气混凝土砌块、硅酸盐砌块等砌块墙的工程量，均按设计图示尺寸以m^3计算，应扣除门窗洞口、钢筋混凝土过梁、圈梁等所占的体积。

（四）多孔砖柱、砌块柱

多孔砖方柱工程量按设计图示尺寸以体积计算。扣除混凝土及钢筋混凝土梁垫、梁头、板头所占体积。

第七节　混凝土与钢筋混凝土工程

混凝土及钢筋混凝土在建筑工程中应用广泛。混凝土及钢筋混凝土构件按其施工方法可分为一般混凝土及钢筋混凝土构件、预应力钢筋混凝土构件。

钢筋混凝土工程是由模板工程、钢筋工程和混凝土工程等三部分组成。其施工顺序：首先进行模板制作安装；其次是钢筋加工成形，安装绑扎；最后是混凝土拌制、浇灌、振捣、养护、拆模。这些工程都必须根据设计图样、施工说明和国家统一规定的施工验收规范、操作规程、质量评定标准的要求进行施工，并且随时做好工序交接和隐蔽工程检查验收工作。

一、现浇混凝土柱

现浇混凝土柱工程量，按设计图示尺寸以体积“m^3”计算，即按设计柱断面积乘以柱高计算。依附柱的牛腿的和升板的柱帽的体积并入柱身体积计算，不扣除构件内钢筋、预埋铁件所占体积。

$$柱工程量=设计柱断面积\times柱高 \quad (4\text{-}32)$$

（一）柱高的确定

（1）有梁板的柱高，应自柱基（或楼板）上表面算至上一层楼板上表面（图4-54a）。

（2）无梁板的柱高，应自柱基（或楼板）上表面算至柱帽下表面（图4-54b）。

（3）框架柱的柱高，应自柱基上表面算至柱顶（图4-54c）。

（4）构造柱的柱高，应自柱基（或地圈梁）上表面算至柱顶面；如需分层计算时，首层构造柱高应自柱基（或地圈梁）上表面算至上一层圈梁上表面，其他各层为各楼层上下两道圈梁上表面之间的距离（图4-54d）。若构造柱上、下与主、次梁连接，则以上下主次梁间净高计算柱高。

（二）断面面积的确定

矩形柱、圆形柱均以设计图示断面尺寸计算断面面积。

构造柱按设计图示尺寸（包括与砖墙咬接部分在内）计算断面面积。

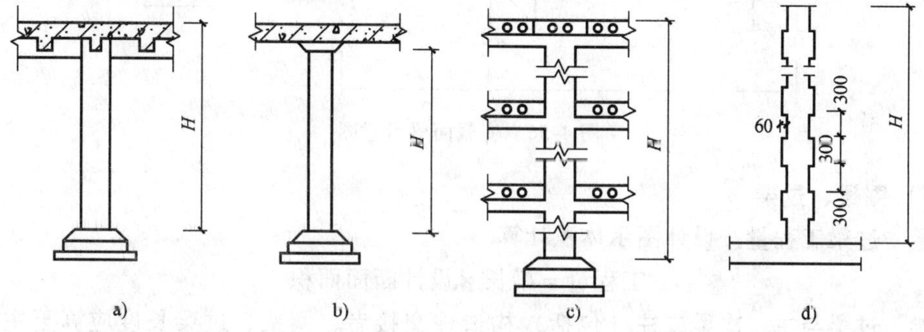

图4-54 柱高的确定

a）有梁板 b）无梁板 c）框架柱 d）构造柱

［例4-25］ 试计算图4-55所示混凝土构造柱体积V。已知柱高2.8m，断面尺寸为240mm×360mm，与砖墙咬接为60mm。

解 设嵌入一砖墙内的构造柱体积为V_1，嵌入一砖半墙内的构造柱体积为V_2，则

$$V=V_1+V_2$$

$$V_1=(0.12+0.06/2)\times0.24\times2.8\text{m}^3=0.101\text{m}^3$$

$$V_2=[0.24+(2\times0.06)/2]\times0.24\times2.8\text{m}^3=0.202\text{m}^3$$

$$V=(0.101+0.202)\text{m}^3=0.303\text{m}^3$$

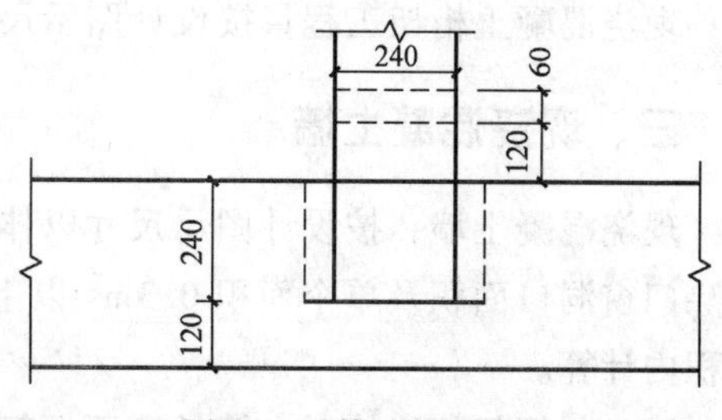

图4-55 构造柱示意图

二、现浇混凝土梁

现浇混凝土梁按设计图示尺寸以体积“m^3”计算。不扣除构件内钢筋、预埋铁件所占体积。伸入墙内的梁头、梁垫并入梁体积内。

(一) 单梁、连续梁

$$工程量=梁长\times梁设计断面面积 \tag{4-33}$$

梁长的计算规定：梁与柱连接时，梁长算至柱侧面；主梁与次梁连接时，次梁长算至主梁的侧面；圈梁与过梁连接时，过梁应并入圈梁计算。

(二) T形、十字形、工字形异形梁

$$工程量=梁长\times设计断面面积 \tag{4-34}$$

梁长的计算规定同单梁、连续梁。

(三) 异形梁

在实际工程中，如图4-56所示的异形梁应分两部分进行计算，左边按一般的矩形梁计算，右边变截面部分按异形梁计算。

$$变截面梁工程量=\frac{1}{2}\times L_2\times(h_1+h_2)\times b \tag{4-35}$$

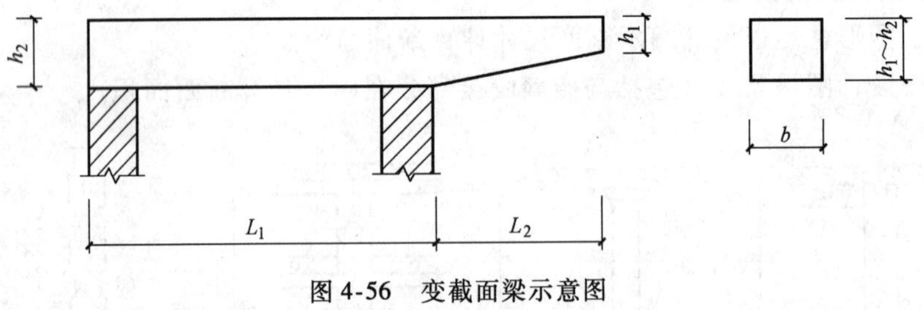

图4-56 变截面梁示意图

(四) 圈梁、过梁

圈梁、过梁工程量按设计图示体积计算。

$$工程量=梁长\times设计断面面积 \tag{4-36}$$

圈梁、过梁与主、次梁或柱（包括）构造柱交接者，圈梁、过梁长度应算至主、次梁或柱的侧面。圈梁与现浇板整浇时，板算至圈梁侧面，圈梁部分单独列项。

(五) 迭合梁

迭合梁工程量按设计图示的二次浇筑部分的体积计算。

(六) 现浇混凝土桁架

现浇混凝土桁架工程量按设计图示尺寸的体积计算。

三、现浇混凝土墙

现浇混凝土墙，按设计图示尺寸以体积计算。不扣除构件内钢筋、预埋铁件所占体积。扣除门窗洞口面积及单个面积0.3m^2以上的孔洞所占的体积。墙垛及凸出墙面部分并入墙体积内计算。

墙身与框架柱连接时，墙长算至框架柱的侧面。

四、现浇混凝土板

现浇板按设计图示尺寸以体积计算。不扣除构件内钢筋、预埋铁件及单个面积 0.3m^2 以内的孔洞所占体积。各类板伸入墙内的板头并入板体积内计算。各种板具体规定如下：

（1）有梁板（包括主、次梁与板）按梁、板体积之和计算。

（2）无梁板按板和柱帽体积之和计算，周边带围梁者，并入无梁板工程量内计算。

（3）平板工程量按板的体积计算。

（4）筒壳、双曲薄壳工程量按设计图示尺寸计算。薄壳板的肋、基梁并入薄壳体积内计算。

（5）现浇挑檐、天沟板、雨篷、阳台板（包括遮阳板、空调机板）按设计图示尺寸以墙外部分体积计算，包括伸出墙外的牛腿和反挑檐的体积。

（6）预制板间补现浇板缝工程量按设计板缝宽度乘以板厚计算。

（7）栏板按设计图示尺寸以体积计算，包括伸入墙内部分。楼梯栏板的长度按设计图示长度。

[例 4-26] 某住宅楼底层 C30（40）现浇碎石混凝土框架结构平面如图 4-57 所示。柱高 4.2m（板底标高 3.48m，梁底标高 3.0m），断面尺寸为 400mm × 400mm，梁断面尺寸为 300mm × 600mm，现浇板厚 120mm；试计算该框架结构的工程量。

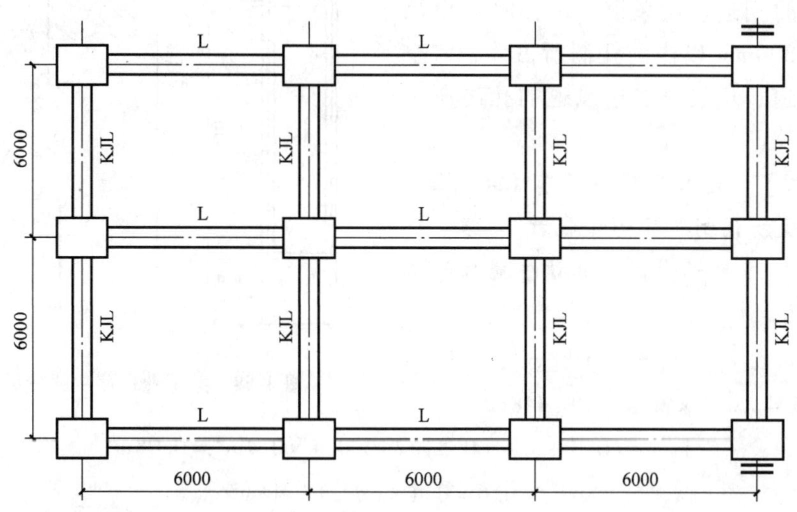

图 4-57　某框架结构平面示意图

解　（1）C30（40）现浇碎石混凝土框架柱

$$\text{工程量 } V_1 = 0.4 \times 0.4 \times 4.2 \times 21\text{m}^3 = 14.112\text{m}^3$$

（2）C30（40）现浇碎石混凝土有梁板

$$\text{工程量 } V_2 = \text{板体积} + \text{梁体积} - \text{柱头体积}$$

$$\text{板体积} = 36.3 \times 12.3 \times 0.12\text{m}^3 = 53.579\text{m}^3$$

$$\text{梁体积} = 0.3 \times (0.6 - 0.12) \times (6 - 0.4) \times 32\text{m}^3 = 25.805\text{m}^3$$

$$\text{柱头体积} = 0.4 \times 0.4 \times 0.12 \times 5\text{m}^3 + 0.4 \times 0.35 \times 0.12 \times 12\text{m}^3 + 0.35 \times 0.35 \times 0.12 \times 4\text{m}^3 = 0.356\text{m}^3$$

$$\text{工程量 } V_2 = (53.579 + 25.805 - 0.356)\text{m}^3 = 79.028\text{m}^3$$

五、现浇混凝土其他构件工程量的计算

现浇混凝土其他构件的工程量计算规则如下：

（1）门框、压顶按设计图示尺寸以体积计算。

（2）栏杆、扶手按设计图示尺寸以净长度计算，伸入墙内的长度不计算。

（3）池槽（系指洗手池、污水池、盥洗槽等）按设计图示尺寸以体积计算。

（4）暖气、电缆沟按设计图示尺寸以体积计算。

（5）地沟按设计图示尺寸以体积计算。

（6）台阶按设计图示尺寸以水平投影面积计算，如台阶与平台连接时，其分界线应以最上层踏步外沿加 30cm 计算。

（7）零星构件按设计图示尺寸以实际体积计算。

六、预制混凝土构件

预制混凝土构件均按设计图示尺寸以体积计算。不扣除构件内钢筋、预埋铁件所占体积。

预制板的烟道、通风道，不扣除单个尺寸 300mm × 300mm 以内的孔洞所占体积。空心板扣除烟道、垃圾道、通风道的孔洞所占体积。

[例 4-27] 某工业厂房设有 C30（20）钢筋混凝土现场预制工字形牛腿柱 20 根，柱子尺寸如图 4-58 所示，试计算该牛腿柱的工程量。

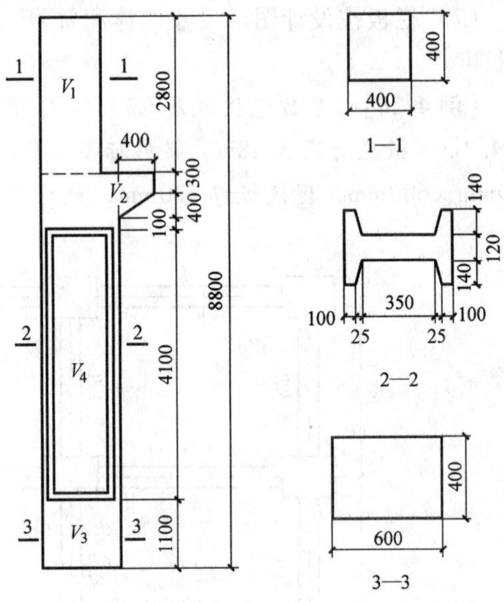

图 4-58 某工业厂房牛腿柱示意图

解 工程量 $V=(V_1+V_2+V_3-V_4)\times 20$

$$V_1=0.4\times0.4\times2.8\text{m}^3=0.448\text{m}^3$$

$$V_2=[(0.3+0.4+0.3)/2]\times0.4\times0.4\text{m}^3=0.08\text{m}^3$$

$$V_3=0.6\times0.4\times6\text{m}^3=1.44\text{m}^3$$

$$V_4=(0.14/6)[0.35\times4.05+(0.35+0.4)\times(4.05+4.1)+0.4\times4.1]\times2\text{m}^3=0.43\text{m}^3$$

$$\text{工程量 }V=(0.448+0.08+1.44-0.43)\times20\text{m}^3=30.76\text{m}^3$$

七、钢筋工程

（一）钢筋的表示方法

钢筋混凝土及预应力混凝土结构中，常用的钢筋有：

（1）HPB235 级钢筋（符号为Φ，直径为 8～20mm）：是指现行国家标准《钢筋混凝土用热轧光圆钢筋》（GB 13013）中的 Q235 钢筋。

（2）HRB335 级钢筋（符号为Φ，直径为 6～50mm）：是指现行国家标准《钢筋混凝土用热轧带肋钢筋》（GB 1499）中的 20MnSi 钢筋。

(3) HRB400 级钢筋（符号为Φ，直径为 6 ~ 50mm）：是指现行国家标准《钢筋混凝土用热轧带肋钢筋》（GB 1499）中的 20MnSiV、20MnSiNB. 20MnTi 钢筋。

(4) RRB400 级钢筋（符号为Φ^R，直径 8 ~ 40mm）：是指现行国家标准《钢筋混凝土用余热处理钢筋》（GB 13014）中的 K20MnSi 钢筋。

（二）混凝土保护层

为了防止钢筋锈蚀，钢筋混凝土应有一定厚度的保护层。混凝土保护层是指从钢筋外边缘至构件外表面之间的距离。最小保护层应符合设计图样的要求。

表 4-14　纵向受力钢筋的混凝土最小保护层厚度　（单位：mm）

环境类别		板、墙、壳			梁			柱		
		≤C20	C25 ~ C45	≥C50	≤C20	C25 ~ C45	≥C50	≤C20	C25 ~ C45	≥C50
一		20	15	15	30	25	25	30	30	30
二	a	—	20	20	—	30	30	—	30	30
	b	—	25	20	—	35	30	—	35	30
三		—	30	25	—	40	35	—	40	35

现行国家标准《混凝土结构设计规范》（GB 50010—2002）规定：纵向受力的普通钢筋及预应力钢筋，其混凝土保护层厚度，不应小于受力钢筋直径，并应符合表 4-14 的规定。环境类别划分见表 4-15。

表 4-15　混凝土结构的环境类别

环境类别		条　件
一		室内正常环境
二	a	室内潮湿环境；非严寒和非寒冷地区的露天环境、与无侵蚀性的水或土壤直接接触的环境
	b	严寒和寒冷地区的露天环境、与无侵蚀性的水或土壤直接接触的环境
三		使用除冰盐的环境；严寒和寒冷地区冬季水位变动的环境；滨海室外环境

（三）钢筋的锚固

钢筋的锚固长度是指在结构设计计算中自钢筋不需要点至钢筋截断位置的长度，用 L_a（L_{ae}）表示。

根据现行《混凝土结构设计规范》（GB 50010—2002）的规定，当计算中充分利用纵向受拉钢筋长度时，其锚固长度不应小于表 4-16 规定的数值。

表 4-16　普通纵向受拉钢筋的最小锚固长度 L_a

钢筋类型	混凝土强度等级					
	C15	C20	C25	C30	C35	≥C40
HPB235 级钢筋	36.9d	30.5d	26.5d	23.5d	21.4d	19.6d
HRB335 级钢筋	46.2d	38.2d	33.1d	29.4d	26.8d	24.6d
HRB400 级钢筋	55.4d	45.8d	39.7d	35.2d	32.1d	29.5d

注：d 为钢筋直径。

（四）钢筋的搭接接头

国家现行标准《混凝土结构工程施工质量验收规范》（GB 20204—2202）规定：

（1）钢筋的接头宜设置在受力较小处，同一纵向受力钢筋不宜设置两个或两个以上接头。

（2）同一连接区段内，纵向受力钢筋搭接接头面积百分率应符合设计要求；当设计无具体要求时，应符合下列规定：

1）梁类、板类及墙类构件不宜大于25%。

2）柱类构件不宜大于50%。

3）当工程中确有必要增大接头面积百分率时，对梁类构件，不应大于50%；对其他构件，可根据实际情况放宽。

（3）当纵向受拉钢筋的绑扎搭接头面积百分率不大于25%时，其最小搭接长度应符合表4-17的规定。

表4-17　纵向受拉钢筋的最小搭接长度

钢筋类型		混凝土强度等级			
		C15	C20～C25	C30～C35	≥C40
光圆钢筋	HPB235	$45d$	$35d$	$30d$	$25d$
带肋钢筋	HRB335	$55d$	$45d$	$35d$	$30d$
	HRB400		$55d$	$40d$	$35d$

注：d为钢筋直径。

两根直径不同的钢筋的搭接长度，以较细钢筋直径计算。

（4）当纵向受拉钢筋搭接接头面积百分率大于25%，但不大于50%时，其最小搭接长度应按表数值乘以系数1.2取用；当接头面积百分率大于50%时，应按表中的数值乘以系数1.35取用。

混凝土保护层厚度、钢筋的锚固长度、钢筋的搭接长度按设计规定计取，当设计规定不明确时按规范规定。

（五）受力钢筋的弯钩

1. 直钢筋端部弯钩增加量：

（1）直钢筋端部180°弯钩增加量$6.25d$。

（2）直钢筋端部90°弯钩增加量为$L+3.5d$，（L为弯折平直段长度）。

2. 箍筋端部弯钩增加量：

（1）箍筋端部180°弯钩（S形单支箍用）增加量$8.25d$。

（2）箍筋端部135°弯钩增加量$12.89d$。

（3）箍筋端部90°弯钩增加量$6.21d$。

钢筋端部弯钩增加量可查表4-18。

（六）弯起钢筋增加长度

弯起钢筋主要在梁和板中，其弯起角α由设计确定。当设计无明确规定时，弯起角按以下规定计算：板按30°；梁高800mm以内者，按45°，梁高大于800mm时，按60°。

表 4-18 钢筋的每个弯钩增加量 （单位：mm）

钢筋直径 d \ 弯钩	受力钢筋端部弯钩		箍筋端部弯钩		
	180°弯钩 $L=3d, D=2.5d$ $\Delta L_1=6.25d$	135°弯钩 $L=5d, D=4d$ $\Delta L_2=7.89d$	90°弯钩 $L=5d, D=5d$ $\Delta L_5=6.21d$	135°弯钩 $L=10d, D=4d$ $\Delta L_6=12.89d$	180°弯钩 $L=5d, D=2.5d$ $\Delta L_7=8.25d$
6	50	50	50	77	50
6.5	50	51	50	84	54
8	50	63	50	103	66
10	63	79	62	129	83
12	75	95	75	155	99
14	88	110	89	180	116
16	100	126	99	206	132
18	113	142	—	—	—
20	125	158	—	—	—
22	138	174	—	—	—
25	156	197	—	—	—
28	175	221	—	—	—
32	200	252	—	—	—

计算弯起钢筋设计长度时，需计算出弯起段长度与其水平投影长度的差额（即弯起增加量）ΔL。

当 $\alpha=30°$时，$\Delta L=0.268h$；

当 $\alpha=45°$时，$\Delta L=0.414h$；

当 $\alpha=60°$时，$\Delta L=0.577h$。

（七）钢筋工程工程量计算

1. 一般钢筋

一般钢筋工程量按设计图示钢筋（网）长度（面积）乘以单位理论质量计算。根据设计要求和钢筋定尺长度必须计算的搭接用量应合并计算在内。在编制标底或预算时，设计未明确要求钢筋采用机械接头（含其他接头）或对焊时，钢筋的搭接长度可按以下规定计算：

（1）柱子主筋和剪力墙竖向钢筋按建筑物层数计算搭接长度。

（2）梁板非盘圆钢筋按每 8m 计算一次搭接长度。

2. 预应力钢筋（钢丝束、钢绞线）

预应力钢筋（钢丝束、钢绞线）工程量，按设计图示钢筋（丝束、绞线）长度乘以单位理论质量计算。应注意：

（1）低合金钢筋两端均采用螺杆锚具时，钢筋长度按孔道长度减 0.35m 计算，螺杆另行计算。

（2）低合金钢筋一端采用镦头插片、另一端采用螺杆锚具时，钢筋长度按孔道长度计算，螺杆另行计算。

（3）低合金钢筋一端采用镦头插片、另一端采用帮条锚具时，钢筋增加 0.15m 计算；两端均采用帮条锚具时，钢筋长度按孔道长度增加 0.3m 计算。

（4）低合金钢筋采用后张混凝土自锚时，钢筋长度按孔道长度增加 0.35m 计算。

（5）低合金钢筋（钢绞线）采用 JM、XM、QM 型锚具，孔道长度在 20m 以内时，钢筋长度增加1m计算；孔道长度20m以外时，钢筋（钢绞线）长度按、孔道长度增加1.8m计算。

(6) 碳素钢丝采用锥形锚具，孔道长度在20m以内时，钢丝束长度按孔道长度增加1m计算；孔道长在20m以上时，钢丝束长度按孔道长度增加1.8m计算。

(7) 碳素钢丝束采用镦头锚具时，钢丝束长度按孔道长度增力0.35m计算。

3. 钢筋接头

钢筋电渣压力焊接接头、锥螺纹接头、电弧焊焊接接头等均按设计要求需配置的数量计算。计算方法如下：

(1) 设计要求柱子主筋、剪力墙竖向钢筋采用机械接头时，可按建筑物层数计算接头数量。

(2) 设计要求梁、板水平钢筋采用机械接头的，非盘圆钢筋按每8m计算1个接头，凡计算钢筋接头的，均不再计算钢筋搭接长度。

(3) 焊接封闭箍筋按设计要求需要配置的数量计算。

4. 钢筋工程量计算

钢筋工程量计算公式

$$钢筋工程量=\sum 单根钢筋长度\times根数(或箍数)\times每米理论质量 \tag{4-37}$$

(1) 单根直钢筋长度计算公式

$$钢筋长度=构件长度-2\times端部保护层厚度+2\times端部弯钩增加长度 \tag{4-38}$$

其中，端部混凝土保护层厚度按设计规定，当设计无规定时可参考表4-14。

端部弯钩增加长度，根据设计规定的弯钩形式，按表4-18取定。

当端部设计带有弯折时，按设计要求另外增加弯折长度。

当钢筋中部设计有接头时，还应另外增加搭接长度。

当直钢筋不是沿构件通长布置时，其钢筋长度应按设计图示长度另增加弯钩、搭接等长度计算。

(2) 单根弯起钢筋长度计算公式

$$钢筋长度=构件长度-2\times端部保护层厚度+2\times弯起增加长度 \tag{4-39}$$

弯起钢筋增加长度的计算同直钢筋，当设计带有弯钩时，还应另外增加其增加长度。

(3) 箍筋长度计算公式

1) 方形或矩形箍筋

$$每箍长度=构件周长-8\times混凝土保护层厚度+2\times弯钩增加长度 \tag{4-40}$$

计算时，主筋混凝土保护层厚度减箍筋直径。但当其小于15mm时，按15mm计取。

弯钩增加长度根据设计规定的弯钩形式按表取定。但设计要求平直段长度、弯弧内径不同时，应另行计算。

当设计为封闭焊接箍筋时，公式中“2×弯钩增加长度”应该为设计搭接焊的搭接长度。

2) S形单肢箍筋

$$每箍长度=构件厚度-2\times混凝土保护层厚度+2\times弯钩增加长度+d \tag{4-41}$$

构件厚度为S形单肢箍布箍方向的厚度，d为箍筋直径。

(4) 钢筋图示根数及长度的确定。钢筋根数及长度，应按设计图样规定。当设计图样无明确规定时，可参考以下条款确定。

1）混凝土条形基础底板在T形交接处（图4-59a）及十字形交接处（图4-59b），底板横向受力钢筋仅沿一个主要受力方向通长布置，另一个方向的横向受力钢筋可布置到主要受力方向底板宽度1/4处，在拐角处底板受力钢筋沿两个方向布置，如图4-59c）所示。

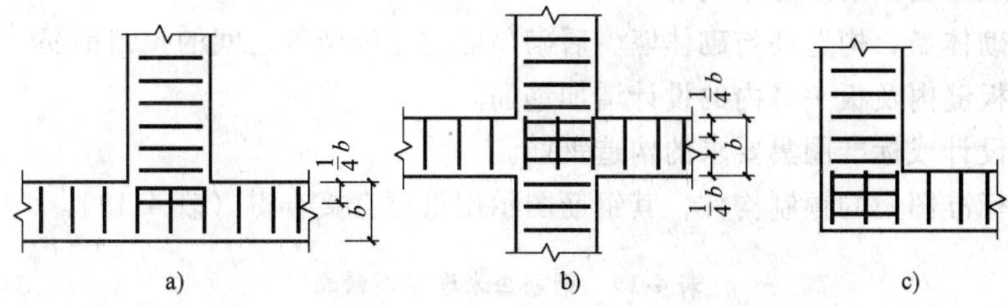

图4-59　钢筋混凝土条形基础受力钢筋平面布置图

2）剪力墙水平分布钢筋应伸至墙端，并向内水平弯折10d后截断（d为水平分布钢筋直径），如图4-60a所示。当端部有翼墙或转角墙时，内墙面两侧的水平分布钢筋和外墙内侧的水平分布钢筋应伸至翼墙或转角墙外边，并分别向两侧水平弯折15d后截断，如图4-60b、c所示。

在转角墙处，外墙外侧的水平分布钢筋应在墙端外角处弯入翼墙，并与翼墙外侧水平分布筋搭接$1.2L_a$，如图4-60d所示。

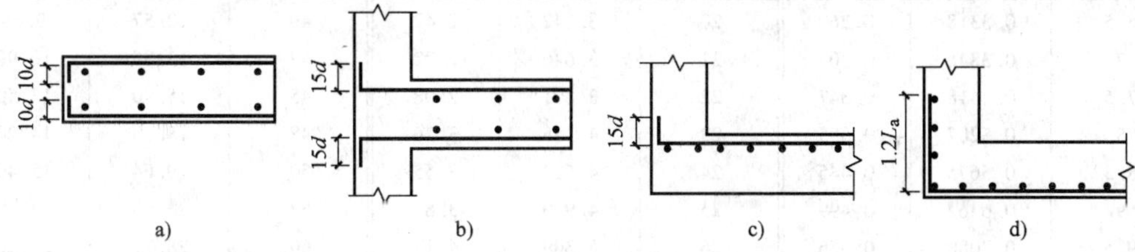

图4-60　钢筋混凝土墙平面分布筋构造

3）柱箍筋通高布置。梁箍筋自距梁边50mm处开始布置，如图4-61a所示，次梁自距主梁边50mm处开始布置，如图4-61b所示。

4）有梁板中平行于梁的板筋自距梁边50mm开始布置，如图4-62所示。

5）梁上布构造负筋的分布钢筋，自距梁边一个分布钢筋间距开始布置，如图4-63所示。

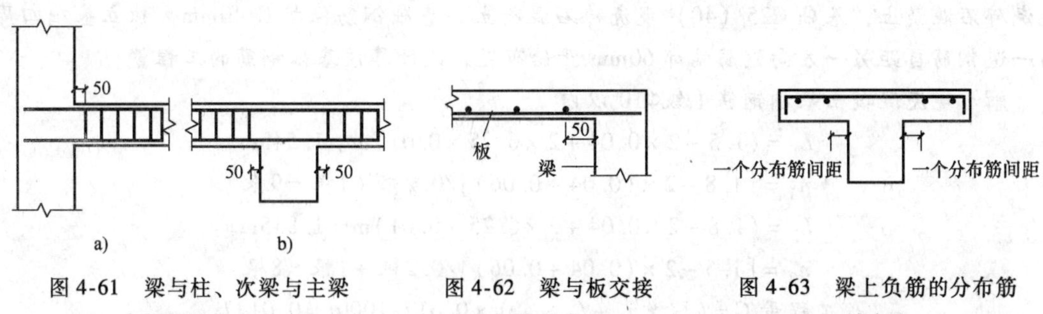

图4-61　梁与柱、次梁与主梁交接箍筋始布点

图4-62　梁与板交接板筋始布点

图4-63　梁上负筋的分布筋始布点

（5）钢筋图示用量计算时应注意的问题。钢筋图示用量计算时，应根据设计图样进行。有些构造钢筋在设计图样中省略未画出或只做文字说明，而这些钢筋是在施工时必不可少的，在编制预算时应注意。

1）板双层配置钢筋时，架立筋（又称铁马）。

2）板周边上层负筋的分布钢筋。

3）柱与砌体墙、构造柱与砌体墙、后砌隔墙与先砌墙等之间的拉结钢筋。

4）预制板缝内及板头缝内的设计增加钢筋。

5）其他设计或标准图集要求的构造钢筋。

6）采用标准图集的预制构件，其钢筋图示用量可直接查得（表 4-19）。

表 4-19　钢筋每米理论质量表

规格		理论质量/(kg/m)	规格		理论质量/(kg/m)	规格		理论质量/(kg/m)
直径/mm	截面面积/cm²		直径/mm	截面面积/cm²		直径/mm	截面面积/cm²	
3	0.0707	0.056	14	1.539	1.21	28	6.158	4.83
4	0.1257	0.099	15	1.767	1.39	30	7.069	5.55
4.5	0.1590	0.125	16	2.011	1.58	32	8.042	6.31
5	0.1963	0.154	17	2.270	1.78	34	9.079	7.13
5.5	0.2375	0.186	18	2.545	2.00	36	10.18	7.99
6	0.2827	0.222	19	2.853	2.23	38	11.34	8.90
6.5	0.3318	0.260	20	3.142	2.47	40	12.57	9.86
7	0.3848	0.302	21	3.646	2.72	42	13.85	10.90
7.5	0.4418	0.347	22	3.801	2.98	45	15.90	12.50
8	0.5207	0.395	23	4.155	3.26	48	18.10	14.20
8.5	0.5675	0.445	24	4.524	3.55	50	19.64	15.40
9	0.6362	0.499	25	4.909	3.85	53	22.06	17.30
9.5	0.7080	0.556	26	5.309	4.17	60	28.27	22.20
10	0.7854	0.617						
10.5	0.8659	0.680						
11	0.9503	0.746						
11.5	1.039	0.815						
12	1.131	0.888						
13	1.327	1.040						

[例 4-28]　如图 4-64 所示，现浇混凝土基础，已知混凝土强度等级：垫层 C10（40）现浇碎石混凝土，基础 C25（40）现浇碎石混凝土。基础钢筋保护层 40mm，独立基础四周第一道钢筋自距另一方向钢筋端部 60mm 开始布置，试计算该基础钢筋的工程量。

解　现浇混凝土基础钢筋Ⅰ级Φ10 以内

$$L_1 = (1.5 - 2 \times 0.04 + 2 \times 6.25 \times 0.01)\text{m} = 1.545\text{m}$$

$$n_1 = [1.8 - 2 \times (0.04 + 0.06)]/0.2\text{根} + 1\text{根} = 9\text{根}$$

$$L_2 = (1.8 - 2 \times 0.04 + 2 \times 6.25 \times 0.01)\text{m} = 1.845\text{m}$$

$$n_2 = [1.5 - 2 \times (0.04 + 0.06)]/0.2\text{根} + 1\text{根} = 8\text{根}$$

$$\text{工程量 } G = (L_1 \times n_1 + L_2 \times n_2) \times 0.617/1000\text{t} = 0.0177\text{t}$$

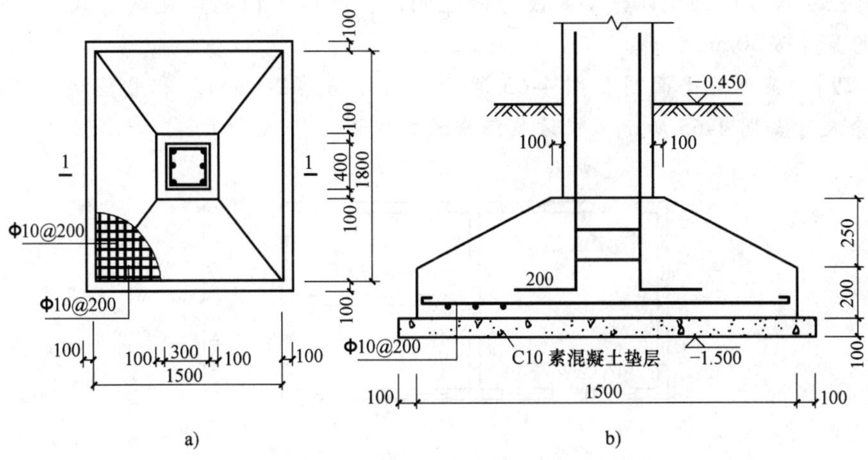

图 4-64　某独立基础示意图

a）ZJ 配筋平面　b）1—1 剖面图

第八节　门 窗 工 程

一、门窗工程工程量计算规则

（1）各类门、窗工程量除特别规定者外，均按设计图示尺寸以门、窗洞口面积计算。

（2）纱门、纱扇、纱亮的工程量分别按其安装对应的开启门扇、窗扇、亮扇面积计算。

（3）铝合金、塑钢纱窗制作安装按其设计图示尺寸以扇面积计算。

（4）金属卷帘门安装按设计图示尺寸以面积计算。电动装置安装以“套”计算，小门安装以“个”计算。

二、与门窗有关的装修

（一）门窗套、门窗木贴脸

门窗套是指门框和窗框沿边所包的木质套（或其他材料），起着装饰和保护的作用。门窗木贴脸是指装设在门窗洞口内侧四周墙壁上，并与门窗筒子板连接配套的装饰线条板。门窗贴脸、门窗筒子板工程量均按设计图示门窗洞口尺寸以长度计算。

（二）硬木筒子板、饰面夹板筒子板

凡设置在门窗洞口侧壁和顶面上的木板称为筒子板，其工程量均按设计图示尺寸以展开面积计算。

（三）窗帘盒、窗帘轨

窗帘盒、窗帘轨设置在窗樘内侧顶部，用于吊挂窗帘。其工程量均按设计图示尺寸以长度计算。如设计未注明时，可按窗洞口宽度两边共加 300mm。

（四）窗台板

窗台板设置在窗樘内侧的平墙上。按照使用要求，其厚度多为 3～4cm，突出墙面不大于 5cm。

按设计图示尺寸以面积计算。如设计未注明，长度可按窗洞口宽两边共加100mm，挑出墙面外的宽度按50mm计算。

［**例4-29**］ 某建筑平面图如图4-65所示，已知墙厚240mm，采用塑钢门窗，窗户高1.5m，其余尺寸如图4-65所示，求该层门窗的工程量。

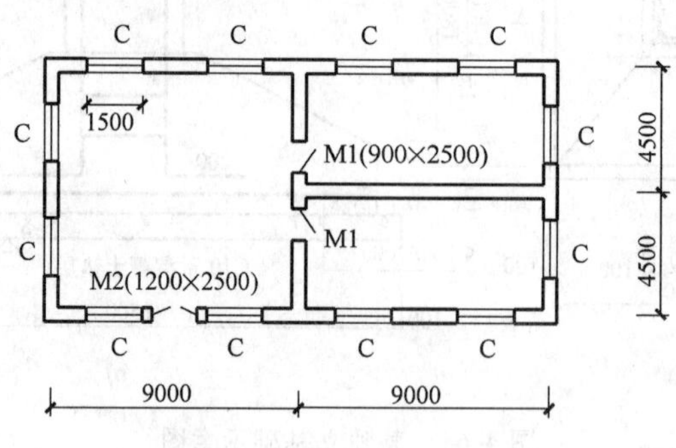

图4-65 某建筑平面示意图

解 各类门、窗工程量除特别规定者外，均按设计图示尺寸以门、窗洞口面积计算。则其工程量为：

$$门工程量:(0.9\times2.5\times2+1.2\times2.5)m^2=7.5m^2$$

$$窗工程量:1.5\times1.5\times12m^2=27m^2$$

第九节 楼地面工程

一、楼地面工程的相关知识

楼地面工程是地面和楼面的总称，指使用各种面层材料对楼地面进行装饰的工程。

一般来说地面主要由垫层、找平层、面层组成，楼面主要由结构层、找平层、保温隔热层和面层组成。面层可分为整体面层、块料面层两类。

基层：指基层、夯实土基。

垫层：指承受地面荷载并均匀传递给基层的构造层，如灰土垫层、混凝土垫层等。

填充层：指在建筑楼地面上起隔声、保温、找坡或敷设暗管、暗线等作用的构造层。如炉渣、水泥膨胀珍珠岩等填充层。

隔离层：指起防水、防潮作用的构造层，如油毡卷材、防水涂料等隔离层。

找平层：指在垫层、楼板上或填充层上起找平、找坡或加强作用的构造层。如水泥砂浆、细石混凝土等找平层。

结合层：指在面层与下层相结合的中间层。如水泥砂浆、冷底子油等结合层。

面层：指直接承受各种荷载作用的表面层。如水泥砂浆、细石混凝土整体面层或大理石、花岗岩等块料面层。

除此以外，楼地面工程还有以下各种辅助材料或工序。

楼地面点缀：是一种简单的楼地面块料拼铺方式，即在块料四角相交处各切去一个角另镶一小块深颜色块料，起到点缀作用。

胶粘剂楼地面块料面层：指楼地面块料面层采用干粉型胶粘剂或万能胶粘贴的形式。

零星项目：指小面积少量分散的楼地面装饰、台阶的牵边、小便池、蹲台、池槽以及面积在 $1m^2$ 以内且零星项目的工程。

压线条：指地毯、橡胶板、橡胶卷材铺设的压线条，如铝合金、不锈钢等线条。

嵌条材料：指用于水磨石的分隔、做图案等的嵌条，如玻璃嵌条、铝合金嵌条等。

防护材料：是耐酸、耐碱、耐老化、防火、防油渗等材料。

防滑条：指用于楼梯、台阶的栏杆柱、栏杆、栏板与扶手相连接的固定件，靠墙扶手与墙相连接的固定件。

二、楼地面层工程量计算

（一）整体和块料面层

楼地面整体和块料面层按设计图示尺寸以面积计算。扣除凸出地面构筑物、设备基础、室内铁道、地沟等所占面积，不扣除间壁墙和 $0.3m^2$ 以内的柱、垛、附墙烟囱及孔洞所占面积。门洞、空圈、暖气包槽、壁龛的开口部分不增加面积。

（二）橡塑面层

橡塑面层和其他材料面层按设计图示尺寸以面积计算，门洞、空圈、暖气包槽、壁龛的开口部分并入相应的工程量内。

[例 4-30] 某建筑平面图如图 4-65 所示，已知墙厚 240mm，室内铺设 500mm×500mm 大理石地面，求大理石地面的工程量。

解 楼地面装饰面积按设计图示尺寸以面积计算，不扣除 $0.3m^2$ 以内的孔洞所占面积，门洞、空圈、暖气包槽、壁龛的开口部分不增加面积。则其工程量为：

$$[(9-0.24)\times(4.5+4.5-0.24)+(9-0.24)\times(4.5-0.24)\times 2+1.2\times0.24+0.9\times0.24\times2]m^2=152.093m^2$$

（三）踢脚线

踢脚线按设计图示长度乘以高度以面积计算。

[例 4-31] 某建筑平面图如图 4-65 所示，已知墙厚 240mm，墙面铺设中国黑花岗岩踢脚线，踢脚线做法为水泥砂浆粘贴中国黑花岗岩板，门套贴至花岗岩踢脚板上沿，踢脚线高为 150mm，求踢脚线的工程量。

解 踢脚线按实贴长度乘高以“m^2”计算，成品踢脚线按实贴延长米计算，楼梯踢脚线按相应定额乘以 1.15 系数。

踢脚线长度：$[(9-0.24)+(4.5+4.5-0.24)]\times2m+[(9-0.24)+(4.5-0.24)]\times2\times2m=87.12m$

则踢脚线工程量：$87.12\times0.15m=13.068m^2$

（四）其他楼地面层工程量的计算

楼梯装饰按设计图示尺寸以楼梯（包括踏步、休息平台及 500mm 以内的楼梯井）水平投影面积计算。楼梯与楼地面相连时，算至梯口梁内侧边沿；无梯口梁者，算至最上一层踏步边沿加 300mm。

台阶装饰按设计图示尺寸以台阶（包括上层踏步边沿加 300mm）水平投影面积计算。

散水、防滑坡道按图示尺寸以水平投影面积计算（不包括翼墙、花池等）。

扶手、栏杆、栏板装饰工程量按设计图样尺寸以扶手中心线长度（包括弯头长度）

计算。

零星项目装饰工程量按设计图示尺寸以面积计算。

地面垫层工程量按设计图示尺寸以体积计算。扣除凸出地面构筑物、设备基础、室内铁道、地沟等所占体积，不扣除间壁墙和0.3m^2以内的柱、垛、附墙烟囱及孔洞所占体积。

[例4-32] 图4-66为某建筑物内一楼梯，同走廊连接，采用直线双跑形式，墙厚240mm，楼梯满铺中国红大理石，试计算该层楼梯间装饰的工程量。

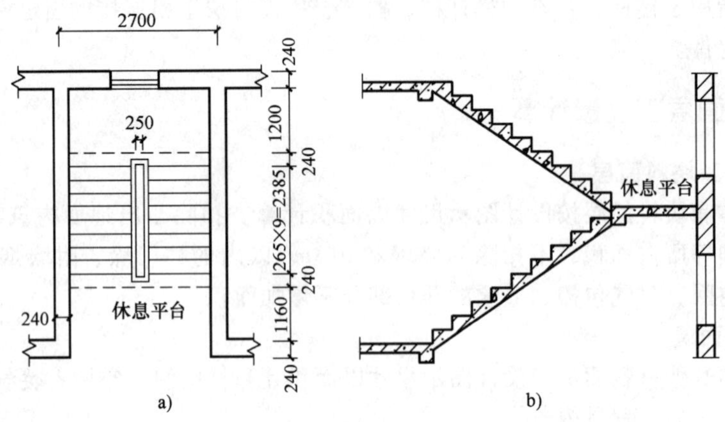

图4-66 某建筑楼梯间示意图
a）平面图 b）剖面图

解 楼梯面积（包括踏步、休息平台，以及小于500mm宽的楼梯井）按水平投影面积计算，其工程量为 $(2.7-0.24)\times(1.16+0.24+2.385+0.24)m^2=9.901m^2$

[例4-33] 图4-67为某建筑楼梯间入口，计算水泥砂浆铺贴500mm×500mm花岗岩地面及花岗岩台阶的其工程量。

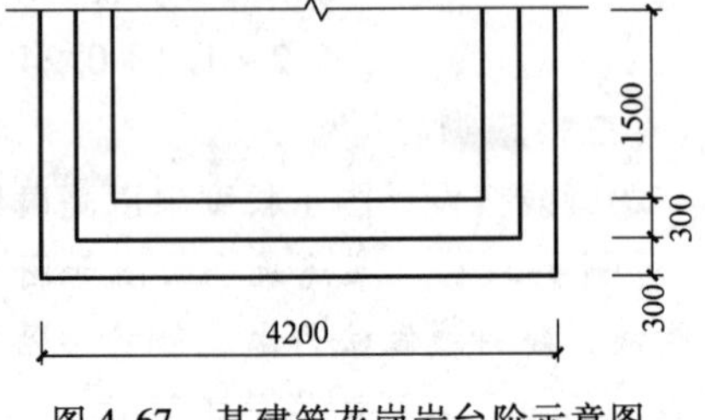

图4-67 某建筑花岗岩台阶示意图

解 台阶面层（包括踏步及最上一层踏步边沿加300mm）按水平投影面积计算。

则水泥砂浆铺贴500mm×500mm花岗岩地面工程量为

$(4.2-0.3\times6)\times(1.5-0.3)m^2=2.880m^2$

水泥砂浆铺贴500mm×500mm花岗岩台阶工程量为

$$[4.2\times(1.5+0.3\times2)-2.880]m^2=5.940m^2$$

[例4-34] 图4-66为某建筑物内一楼梯，同走廊连接，采用直线双跑形式，踏步镶嵌1.5m长、4mm×10mm铜嵌条，试计算该层铜嵌条的工程量。

解 嵌条工程量按其长度计算。则其工程量为：$1.5\times9\times2m=27.00m$

第十节 屋面工程

一、屋面工程的相关知识

屋面覆盖在房屋的最外层，直接与外界接触，其作用是抗雨、雪、风、雹等的侵袭，必须具有保温、隔热、防水等性能。

（一）屋面的分类

屋面一般按其坡度的不同分为坡屋面和平屋面两大类；根据屋面不同防水材料、排水坡度可分为瓦屋面、波形瓦屋面、混凝土构件防水屋面、金属铁皮屋面、油毡和现浇防水平屋面；根据使用功能可分上人和不上人屋面。

（二）屋面坡度的表示方法

屋面坡度（即屋面的倾斜程度）有三种表示方法，如图 4-68 所示。

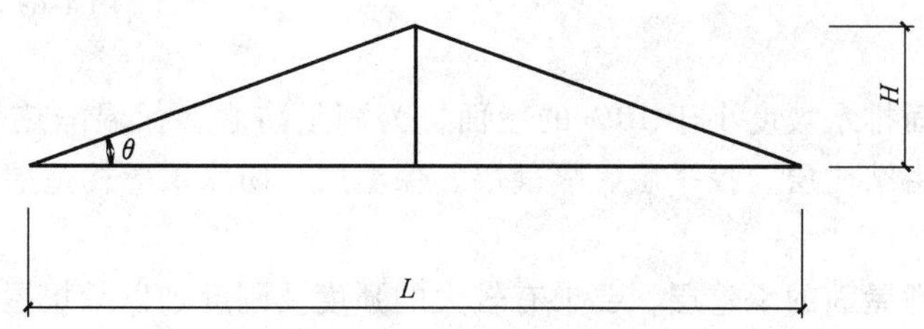

图 4-68　屋面坡度的表示方法

（1）用屋面的高度与屋顶的跨度之比（简称高跨比），即 H/L；

（2）用屋面的高度与屋顶的半跨度之比（简称坡度），即 $i=2H/L$；

（3）用屋面的斜面与水平角的夹角 θ 表示。

（4）屋面的坡度系数。由于屋面具有一定的坡度，因此屋面的实际面积与水平投影面积不相等，为了便于计算，常利用屋面坡度系数计算。屋面坡度系数见表 4-20。

表 4-20　屋面坡度系数

坡度			延迟系数 C	隅延迟系数 D	坡度			延迟系数 C	隅延迟系数 D
坡度 H/L	高跨比 $H/2L$	角度 θ			坡度 H/L	高跨比 $H/2L$	角度 θ		
1.000	1/2	45°	1.4142	1.7321	0.400	1/5	21°48′	1.0770	1.4697
0.750		36°52′	1.2500	1.6008	0.350		19°17′	1.0594	1.4569
0.700		35°	1.2207	1.5779	0.300		16°42′	1.0440	1.4457
0.667	1/3	33°41′	1.2015	1.5620	0.250	1/8	14°02′	1.0308	1.4362
0.650		33°01′	1.1926	1.5564	0.200	1/10	11°19′	1.0198	1.4283
0.600		30°58′	1.6620	1.5362	0.150		8°32′	1.0112	1.4221
0.577		30°	1.1547	1.5270	0.125	1/16	7°08′	1.0078	1.4191
0.550		28°49′	1.1431	1.5170	0.100	1/20	5°42′	1.0050	1.4177
0.500	1/4	26°34′	1.1180	1.5000	0.083	1/24	4°45′	1.0035	1.4166
0.450		24°14′	1.0966	1.4839	0.067	1/30	3°49′	1.0022	1.4157

注：1. 两坡排水屋面面积为屋面水平投影面积乘以延迟系数 C。

2. 四坡排水屋面斜脊长度 $=AD$（当 $S=A$ 时）。

3. 沿山墙泛水长度 $=AC$。

二、坡屋面工程量计算

如图 4-69 所示，坡屋面工程量按实际面积计算，斜脊按长度计算。

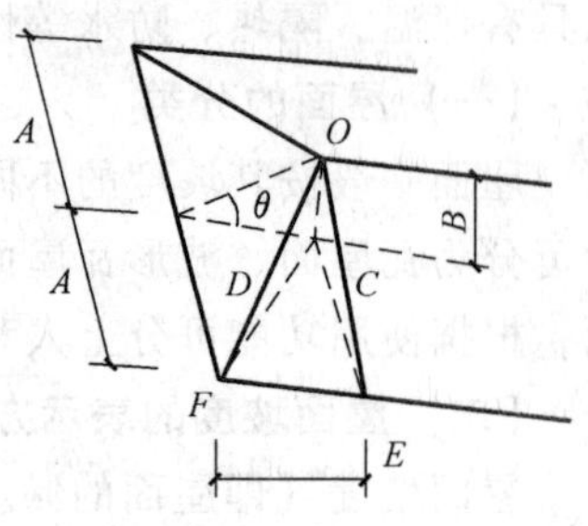

图 4-69　坡屋面示意图

$$屋面实际面积 = 屋面水平投影面积 \times C \qquad (4\text{-}42)$$

$$一个斜脊长度 = AD \qquad (4\text{-}43)$$

式中　C——屋面坡度延迟系数；

D——屋面坡度隅延迟系数。

在计算屋面实际面积时，不论单坡、双坡、三坡、四坡或多坡，均可利用公式计算。在各坡的坡度相同时，可以利用整个屋面的水平投影面积乘以其坡度延迟系数计算。

三、平屋面

平屋面是指屋面排水坡度小于10%的屋面，为满足防水、保温隔热等使用要求及施工要求，平屋面一般由结构层、找平层、隔气层、保温层、防水层等构造层次组成。

（一）结构层

屋面结构层，即屋面的承重层，要求有较大的强度及刚度，以承担屋面各层次的重量及屋面受到的各种荷载。平屋面的结构层多采用钢筋混凝土梁板结构，以预制钢筋混凝土多孔板、平板或现浇混凝土板支撑于屋面梁上或承重墙体上。在编制预算时，应按混凝土及钢筋混凝土构件计算。

（二）找平层

在卷材防水屋面中，找平层通常铺设在结构层或保温层之上，采用1∶2.5～1∶3水泥砂浆找平，厚度为15～20mm。

屋面找平层的工程量按图示面积以“m^2”计算。

（三）保温层

屋面保温、隔热层是为了满足对屋面保温隔热性能的要求，而在屋面铺设的一定厚度的轻质、多孔、热导率小的材料。

工程中常用的保温、隔热层有三类：一是以炉渣、膨胀蛭石、珍珠岩等松散材料为集料，以水泥、石灰为胶结材料，按一定的比例及水灰比搅拌配制而成，铺设于屋面；二是以膨胀蛭石、珍珠岩等松散材料干铺于屋面；三是采用块状的保温材料，如加气混凝土块、泡沫混凝土块、沥青珍珠岩块、水泥蛭石块等砌铺于屋面。

保温、隔热层有时兼起找坡作用。

保温层工程量的计算按设计图示尺寸以体积或面积计算，即

$$保温层的工程量 = 保温层面积 \times 平均厚度 \qquad (4\text{-}44)$$

或

$$保温层的工程量 = 保温层面积 \qquad (4\text{-}45)$$

平均厚度的含义：

（1）保温层厚度各处相等时

$$平均厚度 = 设计厚度(铺设厚度) \qquad (4\text{-}46)$$

（2）保温层兼做找坡时，最薄处厚度为零时（如图4-70所示），按下式计算。

双坡屋面：
$$平均厚度 = 屋面坡度 \times L/4 \qquad (4\text{-}47)$$

单坡屋面：
$$平均厚度 = 屋面坡度 \times L/2 \qquad (4\text{-}48)$$

（3）保温层兼起找坡，最薄处厚度为 h 时（如图4-71所示），按下式计算。

双坡屋面：
$$平均厚度 = 屋面坡度 \times L/4 + h \qquad (4\text{-}49)$$

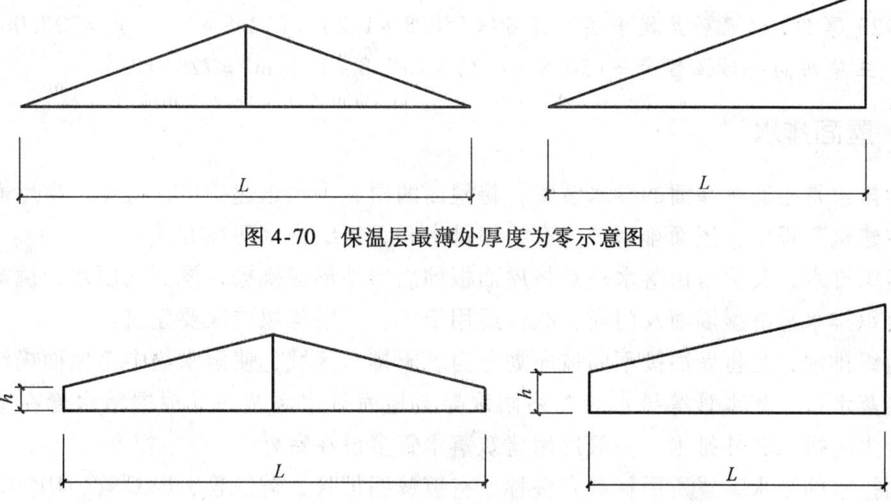

图 4-70 保温层最薄处厚度为零示意图

图 4-71 保温层最薄处厚度为 h 示意图

单坡屋面：　　　　　　平均厚度 = 屋面坡度 × $L/2 + h$　　　　　　(4-50)

（四）防水层

平屋顶坡度较小，排水缓慢，要加强面层的防水构造处理。平屋顶一般选用防水性能好和单块面积较大的屋面防水材料，并采取有效的接缝处理措施来增强屋面的抗渗能力。

防水屋面工程量按图示尺寸的面积以 m^2 计算（平屋面按水平投影面积计算；坡屋面按水平投影面积乘以坡度系数计算），但不扣除房上烟囱、风帽底座、风道、斜沟等所占面积；屋面的女儿墙、伸缩缝和天窗等处弯起部分的面积应按图示尺寸并入屋面工程量计算，如图样无规定时，伸缩缝、女儿墙可按 250mm，天窗部分可按 500mm 计算。

（1）有挑檐无女儿墙时

防水层工程量 = 屋面层建筑面积 +（外墙外边线长 + 檐宽 ×4）× 檐宽 + 弯起面积　　(4-51)

（2）有女儿墙、无挑檐时

防水层工程量 = 屋面层建筑面积 − 外墙中心线长 × 女儿墙厚 + 弯起面积　　(4-52)

（3）有女儿墙、有桃檐时

防水层工程量 = 屋面层建筑面积 +（外墙外边线长 + 檐宽 ×4）× 檐宽 − 外墙中心线 × 女儿墙厚度 + 弯起面积　　(4-53)

［例 4-35］ 试计算图 4-72 所示屋面工程的防水层、找平层、保温层。屋面做法：最薄处 70mm 厚、1∶8 水泥炉渣找坡 2%，100mm 厚加气混凝土块保温，20mm 厚 1∶3 水泥砂浆找平层，三毡四油一砂防水层。

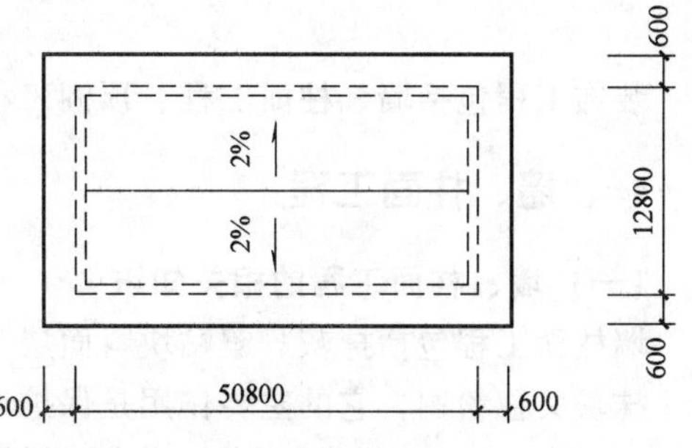

图 4-72 某屋面工程平面示意图

解　（1）1∶8 水泥炉渣工程量 = 50.8 × 12.8 × (12.8 × 2% ÷ 4 + 0.07) = 87.13m^3

（2）加气混凝土块保温层工程量 = 50.8 ×

$12.8\times0.1m^3=65.02m^3$

(3) 20 厚 1:3 水泥砂浆找平层工程量 $=(50.8+1.2)\times(12.8+1.2)m^2=728.00m^2$

(4) 三毡四油一砂工程量 $=(50.8+1.2)\times(12.8+1.2)m^2=728.00m^2$

四、屋面排水

屋面排水是指通过屋面的导水装置，将屋面的雨、雪水迅速排出，避免产生屋面积水的措施。在建筑工程中，屋面排水分为有组织排水和无组织排水两种方式。

无组织排水，又称自由落水，是将屋面板伸出墙外形成挑檐，屋面的雨水经挑檐自由下落。无组织排水易淋湿墙面及门窗，故仅适用于二、三层房屋或次要建筑。

有组织排水，是将屋面按不同坡向划分为若干排水区域，使雨水集中至屋面檐沟或天沟内，再经落水口、落水管等导水装置将雨水导至地面排水系统。又根据落水管在室内、室外，划分为内排水和外排水，一般民用建筑落水管多设在室外。

屋面排水的导水装置所用材料有多种，有镀锌钢板管、铸铁管、PVC 管、UPVC 管等。

(一) 镀锌钢板管

镀锌钢板管，是采用 24#镀锌铁皮制成（厚度为 0.7mm），包括水落管、天沟泛水、水斗、成品水落管安装、成品水斗安装的定额子目。其内容包括：制作安装水落管、檐沟、泛水、水斗、成品水落管安装、成品水斗安装的全部程序。

镀锌钢板管工程量按设计图示尺寸以长度计算。如设计未标注尺寸，以檐口至设计室外散水上表面垂直距离计算。天沟泛水按图示尺寸以面积计算；水斗按个数计算。

(二) 铸铁管

铸铁排水制品包括铸铁水落管、落水口、水斗。

铸铁水落管区分不同直径按图示尺寸以延长米计算，铸铁水斗、弯头以个计算。

(三) 硬聚氯乙烯 PVC 管、U PVC 管

聚氯乙烯 PVC、U PVC 排水制品包括：水落管、落水口、水斗、弯头、出水口。聚氯乙烯 PVC、U PVC 水落管工程量，按设计图示尺寸以延长米计算。聚氯乙烯 PVC、U PVC 水斗工程量，按设计图示数量以“个”计算。聚氯乙烯 PVC、UPVC 落水口工程量，按设计图示数量以“个”计算。弯头工程量，按设计图示数量以“个”计算。

(四) 阳台雨篷出水口

阳台雨篷出水口工程量，按设计图示数量以“个”计算。

第十一节　装 饰 工 程

装饰工程包括墙、柱面工程、顶棚工程、涂装、涂料、裱糊及其他工程。

一、墙、柱面工程

(一) 墙、柱面工程的相关知识

墙柱面工程包括抹灰、镶贴块料面层、墙柱面装饰及幕墙工程。

抹灰又称粉刷，它的主要作用是保护墙面、装饰美观、提高房屋的使用效能。内墙抹灰可改善室内清洁卫生条件和增加光亮，增加美观。用于浴室、厕所、厨房的抹灰，主要是保

护墙身不受水和潮气的影响。对于一些有特殊要求的房屋，还能改善它的热工、声学、光学等物理性能。外墙抹灰可提高墙身防潮、防风化、防腐蚀的能力，增强墙身的耐久性，也是装饰美化建筑物的重要措施之一。

抹灰分为一般抹灰、装饰抹灰。一般抹灰包括石灰砂浆、混合砂浆、水泥砂浆及其他砂浆等；装饰抹灰包括水刷石、干粘石、斩假石、拉条灰、甩毛灰等。

为避免抹灰层出现裂缝，保证抹灰层牢固和表面平整，抹灰应分层进行。抹灰层一般可分为底层、中层和面层抹灰。普通抹灰由一遍底层、一遍面层或不分层一遍成活；中级抹灰由一遍底层、一遍中层、一遍面层或一遍底层、一遍面层两遍成活；高级抹灰由一遍底层、两遍或两遍以上中层、一遍面层成活。

底层抹灰主要起与基层的粘结作用，并起初步找平的作用；中层抹灰主要起找平作用，可分层或一次抹成；面层抹灰起装饰作用。一般抹灰按质量要求不同，分为普通抹灰、中级抹灰、高级抹灰三级。不同等级标准的建筑对抹灰质量的要求也不同，采用哪种级别标准的抹灰应遵从设计要求。

饰面板（砖）工程又称镶贴工程，多用于标准要求较高的装饰工程。饰面板（砖）工程指把天然或人造的装饰块料镶贴在建筑物室内外墙、柱表面的一种装饰方法。镶贴块料面层包括大理石、花岗岩、麻石块、陶瓷锦砖、瓷板、面砖等。施工时一般采用挂贴、粘贴、干挂等施工方法。

挂贴方式是对大规格的石材（大理石、花岗岩等）使用的先挂后灌浆的方式固定于墙、柱面。

粘贴方式是对小规格块料（一般边长小于400mm）的施工。

干挂方式分直接干挂法和间接干挂法。直接干挂法是通过不锈钢膨胀螺栓、不锈钢挂件、不锈钢连接件、不锈钢钢针等，将外墙饰面板连接在外墙墙面；间接干挂法是在墙、柱、梁上固定龙骨，再通过各种挂件固定外墙饰面板。

龙骨有木龙骨、轻钢龙骨、铝合金龙骨、型钢龙骨、石膏龙骨等。木龙骨以方木为支撑骨架，由上槛、下槛、主柱、斜撑组成，轻钢龙骨采用镀锌钢板、带钢或薄壁冷轧退火卷带为原料，经冷弯或冲压而成的轻隔墙骨架支撑材料。

间壁墙是指不承受外部荷载、只用于分隔室内房间的墙。其中，不到顶的间壁墙称为隔断。护壁是指在原墙面基层上铺钉木龙骨、木基层（有的不带木基层），然后铺钉或粘贴饰面材料的墙面装饰。

幕墙工程，是指先在建筑物外面安装立柱和横梁，然后再安装玻璃或金属板的结构外墙面。包括玻璃幕墙、铝板幕墙。

（二）墙柱面抹灰工程工程量计算

1. 墙面抹灰按设计图示尺寸以面积计算。扣除墙裙、门窗洞口及单个0.3m^2以上的孔洞所占面积，不扣除踢脚线、挂镜线和墙与构件交接处的面积，门窗洞口和孔洞的侧壁及顶面不增加面积。附墙柱、梁、垛、烟囱侧壁并入相应的墙面面积内。具体计算方法为：

（1）外墙抹灰面积按外墙垂直投影面积计算。

（2）外墙裙抹灰面积按其长度乘以高度计算。

（3）内墙抹灰面积按主墙间的净长乘以高度计算：无墙裙的，高度按室内楼地面至顶棚底面计算；有墙裙的，高度按墙裙顶至顶棚底面计算。

（4）内墙裙抹灰面按内墙净长乘以高度计算。

2. 柱面抹灰按设计图示柱断面周长乘以高度以面积计算。

[例 4-36] 某建筑平面图如图 4-73 所示，已知墙厚 240mm，外墙为混凝土墙面，设计为水刷白石子（12mm 厚水泥砂浆 1:3，10mm 厚水泥白石子浆 1:1.5），外墙装饰抹灰高度为 4.9m，窗洞口尺寸为 1.5m×1.5m，求外墙面装饰抹灰的工程量。

解 外墙面装饰抹灰面积按垂直投影面积计算，扣除门窗洞口和 $0.3m^2$ 以上的孔洞所占的面积，门窗洞口及空洞侧壁面积亦不增加。附墙柱侧面抹灰并入外墙抹灰面积工程量内。则其工程量为

$$[(18+0.24)+(9+0.24)]\times 2\times 4.9m^2-1.5\times 1.5\times 12m^2-1.2\times 2.5m^2=239.304m^2$$

[例 4-37] 某建筑物室外有 2 个直径 1.0m 的钢筋混凝土圆柱，如图 4-74 所示，高度为 3.6m，设计为斩假石柱面，试计算其工程量。

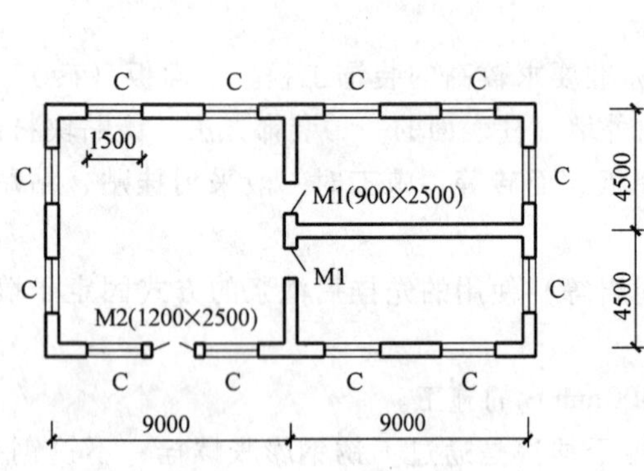

图 4-73 某建筑平面示意图

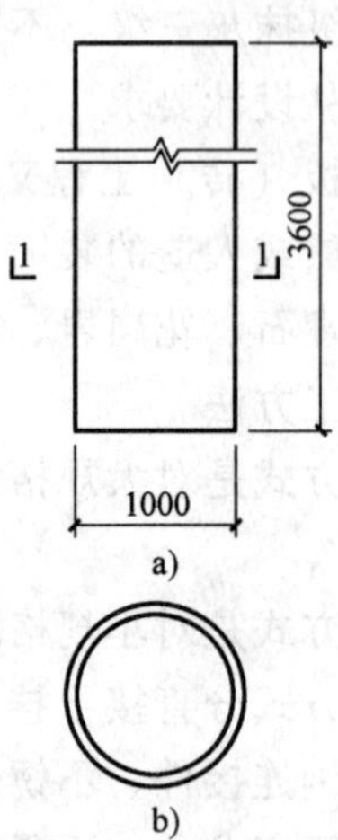

图 4-74 某圆柱立面及剖面示意图
a）圆柱立面图 b）1—1 剖面图

解 柱抹灰按设计断面周长乘高计算。则其工程量为：

$$3.14\times 1\times 3.6\times 2m^2=22.608m^2$$

（三）墙柱面镶贴块料工程量计算

墙柱面镶贴块料工程量按饰面设计图示尺寸以面积计算。

[例 4-38] 图 4-75 为一卫生间示意图，已知室内净高为 2.7m，门洞尺寸为 900mm×2100mm，窗洞尺寸为 1200mm×1500mm，蹲便区沿隔断内起地台，高度为 200mm，墙面为水泥砂浆结合层粘贴瓷砖 300mm×200mm，灰缝 5mm 内，求内墙面砖工程量。

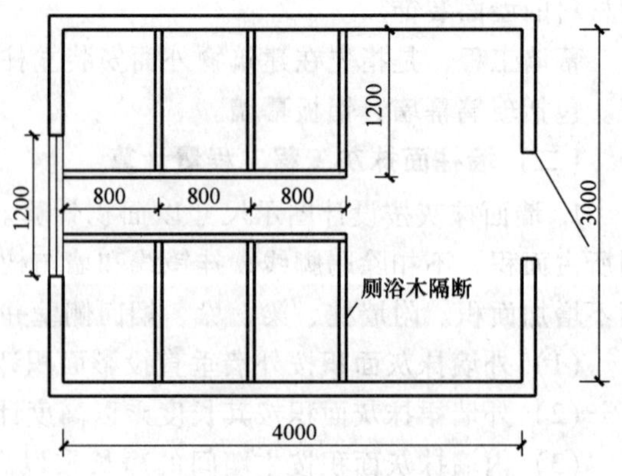

图 4-75 某卫生间平面示意图

解 墙面贴块料面层按实贴面积计算。则其工程量为：

$$[(4+3)\times 2\times 2.7-1.5\times 1.2-0.9\times 2.1-0.2\times(1.2+3\times 0.8)]\text{m}^2=33.390\text{m}^2$$

（四）其他装饰装修工程量计算

（1）干挂石材钢骨架按设计图示尺寸以质量计算。

（2）墙饰面按设计图示墙净长乘以净高以面积计算，扣除门窗洞口及单个 0.30m^2 以上的孔洞所占面积。

（3）柱（梁）饰面按设计图示外围尺寸以面积计算，柱帽、柱墩并入相应柱饰面工程量内。

（4）隔断按设计图示尺寸以面积计算。扣除单个 0.3m^2 以上的孔洞所占面积；浴厕门的材质与隔断相同时，门的面积并入隔断面积内。

（5）浴厕隔断，高度自下横枋底算至上横枋顶面。浴厕门扇和隔断面积合并计算，安装的工料包括在厕所隔断子目内，不另计算。

（6）带骨架幕墙按设计图示框外围尺寸以面积计算，与幕墙同种材质的窗所占面积不扣除。

（7）全玻璃幕墙按设计图示尺寸以面积计算，带肋全玻璃幕墙按设计图示尺寸以展开面积计算。

二、顶棚工程

顶棚工程包括顶棚抹灰、顶棚吊顶、顶棚其他装饰等内容。

（一）天棚抹灰工程量计算

顶棚抹灰按设计图示尺寸以水平投影面积计算。不扣除间壁墙、垛、柱、附墙烟囱、检查口和管道所占的面积，带梁顶棚、梁两侧抹灰面积并入顶棚面积内。

檐口顶棚抹灰按设计图示尺寸以面积计算，并入相应的顶棚抹灰工程量内。

阳台底面抹灰按设计图示尺寸以水平投影面积计算，并入相应顶棚抹灰面积内。阳台如带悬臂梁者，其工程量乘以系数 1.3。

雨篷、挑檐、飘窗、空调板、遮阳板的单面抹灰设计图示尺寸以水平投影面积计算。雨篷顶面带反沿或反梁者，其工程量按其水平投影面积乘以系数 1.2。

（二）顶棚吊顶工程量计算

顶棚吊顶骨架按设计图示尺寸以水平投影面积计算。不扣除间壁墙、检查口、附墙烟囱、柱、垛和管道所占面积。顶棚中的折线、迭落等圆弧形、高低吊灯槽等面积也不展开计算。

顶棚面层按设计图示尺寸以面积计算。不扣除间壁墙、检查口、附墙烟囱、附墙垛和管道所占面积，应扣除单个 0.3m^2 以上的孔洞、独立柱及与顶棚相连的窗帘盒所占的面积。顶棚中的迭落侧面、曲面造型、高低灯槽、假梁装饰及其他艺术形式的顶棚面层均按展开面积计算，合并在顶棚面层工程量内。

（三）顶棚其他装饰工程量计算

顶棚其他装饰包括灯带、送风口、回风口、顶棚检查孔及走道板铺设等内容。

灯孔、灯槽、送风口和回风口工程量按设计图示数量计算。

顶棚检查口工程量按设计图示数量计算。

顶棚走道板工程量按设计图示长度计算。

三、涂装、涂料、裱糊及其他工程

涂装、涂料、裱糊及其他工程包括门油漆、窗油漆、木扶手及其他板条线条涂装、木材面涂装、金属面油漆、抹灰面涂装、喷刷涂料、花饰、线条刷涂料、裱糊等内容。

（一）木材面涂装工程量计算

（1）各种木门窗涂装均按设计图示尺寸以单面洞口面积计算。

（2）双层和其他木门窗的涂装执行相应的单层木门窗涂装子目，并分别乘以表4-21、表4-22中的系数。

表4-21　木门涂装综合单价计算系数

项目名称	调整系数	工程量计算方法
单层木门	1.00	按设计图示尺寸以单面洞口面积计算
双层(一板一纱)木门	1.36	
双层木门	2.00	
全玻门	0.83	
半百叶门	1.30	
厂库大门	1.10	
无框装饰门、成品门窗	1.10	按设计图示尺寸以门扇面积计算

表4-22　木窗涂装综合单价计算系数表

项目名称	调整系数	工程量计算方法
单层玻璃窗	1.00	按设计图示尺寸以单面洞口面积计算
双层(一板一纱)窗	1.36	
双层窗	2.00	
三层(二玻一纱)窗	2.60	
单层组合窗	0.83	
双层组合窗	1.13	
木百叶窗	1.10	

（3）各种木扶手涂装按设计图示尺寸以长度计算。

（4）带托板的木扶手及其他板条线条的涂装执行木扶手（不带托板）油漆子目，并分别乘以表4-23中的系数。

（5）木板、胶合板顶棚和其他木材面涂装按设计图示尺寸以面积计算。

（6）木板、胶合板顶棚和其他木材面涂装执行其他木材涂装子目，并分别乘以表4-24中的系数。

（7）木地板及踢脚线油漆按设计图示尺寸以面积计算。空洞、空圈、暖气包槽、壁龛的开口部分并入相应的工程量内。

（8）木楼梯涂装（不含底面）按设计图示尺寸以水平投影面积计算，执行木地板涂装子目并乘以系数2.3。

表 4-23 木扶手及其他板条线条涂装综合单价计算系数

项 目 名 称	调整系数	工程量计算方法
木扶手(不带托板)	1.00	按设计图示尺寸长度计算
木扶手(带托板)	2.60	
窗帘盒	2.04	
封檐板、顺水板	1.74	
挂衣板	0.52	
装饰线条(宽度60mm)	0.50	
装饰线条(宽度60~100mm)	0.65	

表 4-24 其他木材面涂装综合单价计算系数

项 目 名 称	调整系数	工程量计算方法
木板、纤维板、胶合板顶棚、檐口	1.00	按设计图示尺寸以面积计算
板条顶棚、檐口	1.20	
木方格吊顶棚	1.30	按设计图示尺寸以面积计算
带木线的板饰面(墙裙、柱面)	1.07	
窗台板、门窗套(筒子板)	1.10	
屋面板	1.11	按设计图示尺寸以斜面积计算
暖气罩	1.28	按设计图示尺寸以单面外围面积计算
木间壁、木隔断	1.90	
玻璃间壁露明墙筋	1.65	
木栅栏、木栏杆(带扶手)	1.82	
木屋架	1.79	按设计图示跨度(长)×中高×1/2 计算
衣柜、壁柜	1.05	按设计图示尺寸以展开面积计算
零星木装修	1.15	

(9) 木龙骨刷涂料按设计图示的由龙骨组成的木格栅外围尺寸以面积计算。

(二) 金属面涂装

(1) 各种钢门窗涂装均按设计图示的单面洞口面积计算。

(2) 各种钢门窗和金属间壁、平板屋面等涂装均执行单层钢门窗涂装子目，并分别乘以表 4-25 中的系数。

表 4-25 钢门窗、间壁及屋面涂装综合单价调整系数

项 目 名 称	调整系数	工程量计算方法
单层钢门窗	1.00	按设计图示尺寸以单面洞口面积计算
双层(一玻一纱)钢门窗	1.48	
钢百叶钢门(窗)	2.74	
半截百叶钢门	2.22	
满钢门或包铁皮门	1.63	
钢折叠门	2.30	

（续）

项 目 名 称	调整系数	工程量计算方法
射线防护门	2.96	按设计图示尺寸以框(扇)外围面积计算
厂库房平开、推拉门	1.70	
铁丝网大门	0.81	
平板屋面	0.74	按设计图示尺寸以面积计算
间壁	1.85	
排水、伸缩缝盖板	0.78	按设计图示尺寸以展开面积计算
吸气罩	1.63	按设计图示尺寸以水平投影面积计算

（3）钢屋架、天窗架、挡风架、屋架梁、支撑、檩条和其他金属构件均按设计图示尺寸以质量计算。

（4）金属构件涂装均执行其他金属面涂装子目，并分别乘以表4-26中的系数。

（5）金属面涂装沥青漆、磷化及锌黄底漆均按图示尺寸以面积计算。

（6）其他金属面涂装沥青漆、磷化及锌黄底漆执行平板面刷沥青漆、磷化及锌黄底漆子目，并分别乘以表4-27中的系数。

（7）金属结构刷防火涂料按构件的设计图示尺寸以展开面积计算。

（8）铁皮排水和金属构件面积换算可参考表4-28、表4-29计算。

表4-26　金属构件涂装综合单价调整系数

项 目 名 称	调整系数	工程量计算方法
钢屋架、天窗架、挡风架、屋架梁、支撑、檩条	1.00	按设计图示尺寸以质量计算
墙架(空腹式)	0.50	
墙架(格板式)	0.82	
钢柱、吊车梁、花式梁柱、空花构件	0.63	
操作台、走台、制动梁、钢梁车档	0.71	
钢栅栏门、栏杆、窗栅	1.71	
铸铁花饰栏杆、铸铁花片	1.90	
钢爬梯	1.18	
轻型屋架	1.42	
踏步式钢扶梯	1.05	
零星铁件	1.32	

表4-27　金属面涂装沥青漆、磷化及锌黄底漆综合单价计算系数

项目名称	调整系数	工程量计算方法
平板面	1.00	按设计图示尺寸以面积计算
排水、伸缩缝盖板	1.05	按设计图示尺寸以面积计算
暖气罩	2.20	按设计图示尺寸以面积计算
包镀锌铁皮	2.20	按设计图示尺寸以面积计算

表 4-28 镀锌钢板排水管沟、零件单位面积折算

名称	管沟及泛水								
单位	水落管 φ100	檐沟	天沟	天窗窗台泛水	天窗侧面泛水	通气管泛水	烟囱泛水	滴水檐头泛水	滴水
m^2/m	0.32	0.30	1.30	0.50	0.70	0.22	0.80	0.24	0.11
m^2/个	水斗			漏斗			下水口		
	0.40			0.16			0.45		

表 4-29 金属构件单位面积折算表

名称 / 单位	钢屋架支撑、檩条	钢梁柱	钢墙架	平台操作台	钢栅栏栏杆	钢梯	球节点网架	零星构件
m^2/m	38	38	19	27	65	45	28	50

（三）抹灰面涂装

墙、柱、顶棚抹灰面涂装工程量按设计图示尺寸以面积计算。

（四）涂料

（1）墙、柱、顶棚抹灰面涂装工程量按设计图示尺寸以面积计算。

（2）折板、肋形梁板等底面的涂装按设计图示尺寸的水平投影面积计算，执行墙、柱、顶棚抹灰面涂装及涂料子目，并分别乘以表 4-30 中的系数。

表 4-30 抹灰面涂装、涂料综合单价调整系数

项目名称	调整系数	工程量计算方法
墙、柱、顶棚平面	1.00	按设计图示尺寸以面积计算
槽形板底、混凝土折板	1.30	
有梁底板	1.10	
密肋、井字梁板底	1.50	
混凝土平板式楼梯底	1.30	按设计图示尺寸以水平投影面积计算

（五）裱糊

工程量按设计图示尺寸以面积计算。

第十二节 建筑物超高增加费及垂直运输工程费

一、建筑物超高增加费

（一）建筑物超高增加费的计取条件

如果建筑物的层数超过六层或檐高超过 20m，考虑到操作工人的工效降低、机械降效、自来水加压及附属设施和其他等有关因素的影响，可列项计取建筑物超高增加费用。

单层工业厂房檐高超过 20m 时，应列项计算建筑物超高增加费。

构筑物（如烟囱水塔）不论其高度如何，均不得列项计取建筑物超高费用。

（二）建筑物层数的确定

在判断建筑物能否计取建筑物超高增加费和确定计取建筑物超高增加费的综合单价时，都需要用到建筑物的层数这一指标。层数的计算规定如下：

（1）地下室。不计入层数。

（2）半地下室。其地上部分，从设计室外地坪算起向上超过 1m 时、可按一层计入层数内；否则不计入层数。

（3）突出屋顶的水箱间、电梯机房、楼梯间等不计入层数。

（4）同一建筑物高度不同时，按不同高度的建筑，分别确定其层数。

（5）技术层。不论技术层层高多少，均可按一层计入层数内。

（三）建筑物檐高的确定

单层建筑物和多层建筑物在判断其能否计取建筑超高增加费和确定计取建筑物超高费时，都需要用到建筑物的檐高这一指标。檐高的计算规定如下：

（1）同一建筑物的檐高不同时，应分别计算其檐高。

（2）多层建筑物的檐高，自设计室外地坪算至檐口屋面结构板面。突出屋顶的楼梯间、电梯机房、水箱间等，不计入高度之内。

（3）加层工程，仍自设计室外地坪起算。

（四）建筑物超高施工增加费

1. 多层建筑物超高增加费工程量的计算

（1）多层建筑物超高增加费工程量起算点的确定。一般应以第七层作为超高工程量起算点。若自设计室外地坪算起 20m 线低于第七层，则自 20m 线所在楼层作为超高工程量起算点。

（2）多层建筑物的建筑超高增加费工程量。均以超高工程量起算起点所在楼层及以上各自然层（包括技术层）的建筑物外围水平面积总和以“m^2”计算。

突出屋顶的楼梯间、电梯机房、水箱间、塔楼、主望台可计算超高面积；但屋顶上装饰用棚架、葡萄架、花台等特殊构筑物不得计算超高面积；加层工程的建筑超高增加费工程量，按加层超过 20m 以上的加层部分的面积以“m^2”计算；同一建筑物高度不同时，以高低相邻的竖向切面为分界线，分别计算各自的超高增加费工程量。

[例 4-39] 已知某建筑物共 18 层，其中一层层高 4.5m，二、三层层高 4.2m，4～18 层为标准层，层高 3.0m，室外地坪标高 −0.45m，又知 1～3 层每层建筑面积为 $4502m^2$，4～18 层每层建筑面积为 $3842m^2$，求该建筑物的超高增加费工程量。

解 自室外地坪算起 20m 线位于六层，故第六层开始计算超高费。

超高增加费工程量：　$S=(18-6+1)\times 3842m^2=49946m^2$

2. 单层建筑物超高增加费工程量计算

单层建筑物超高增加费工程量，按其建筑面积以“m^2”计算。

3. 单独承包装饰工程超高增加费

当单独承包装饰工程层数超过 6 层或檐高超过 20m 时，考虑到操作工人的工效降低、机械降效、自来水加压及附属设施和其他等有关因素的影响，也应计取超高增加费，其超高施工增加费以装饰工程的合计定额工日为基数计算。

二、建筑工程垂直运输费

建筑工程垂直运输费是指在合理工期内完成单位工程全部工程项目所需要的塔式起重机或卷扬机塔架的台班费用。檐高20m（六层）以上的工程，还包括外用电梯和通信用话机及通信联络配备的人工。

建筑物垂直运输工程量，区分不同建筑物的结构类型、檐口高度按建筑面积计算。

构筑物垂直运输费，包括烟囱、水塔、筒仓、水池及其他的垂直运输费计算。烟囱、水塔、筒仓垂直运输机械台班均以座计算。超过规定高度时，再按每增高1m辅助综合单价计算，其高度不足1m时亦按1m计算。

单独承包装饰工程垂直运输费以装饰工程的合计定额工日为基数计算。

本章小结

本章主要内容有：工程量的概念、工程量的计算依据及工程量的统筹计算方法、建筑面积的计算、土方工程量的计算、基础与垫层工程工程量的计算、桩基础工程工程量的计算、砌筑工程工程量的计算、混凝土及钢筋混凝土工程工程量的计算、门窗及木结构工程工程量的计算、楼地面工程工程量的计算、屋面工程工程量的计算、装饰工程工程量的计算。

本章的教学目标是：通过本章的学习，能结合实际工程进行建筑面积的计算、进行土方工程、基础与垫层工程、桩基础工程、砌筑工程等分部分项工程量的计算，为编制施工图预算书打下基础。

习　　题

1. 已知单层建筑物平面图如图4-76所示，层高4.5m，求该单层建筑物的建筑面积。

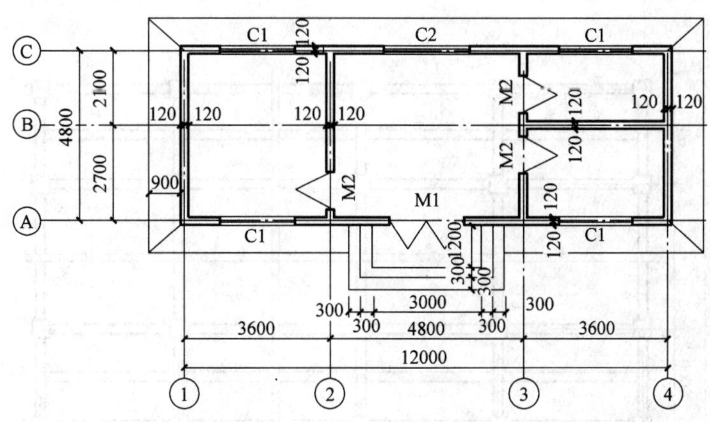

图4-76　单层建筑物平面图

2. 图4-77为某C20（40）钢筋混凝土独立基础（共50个）示意图，求人工挖土、基础垫层、独立基础、基础回填土的工程量，并计算实挖基础土方体积。

3. 某建筑基础尺寸如图4-78所示，土为一般土，余土用翻斗车运出，运距200m，地面

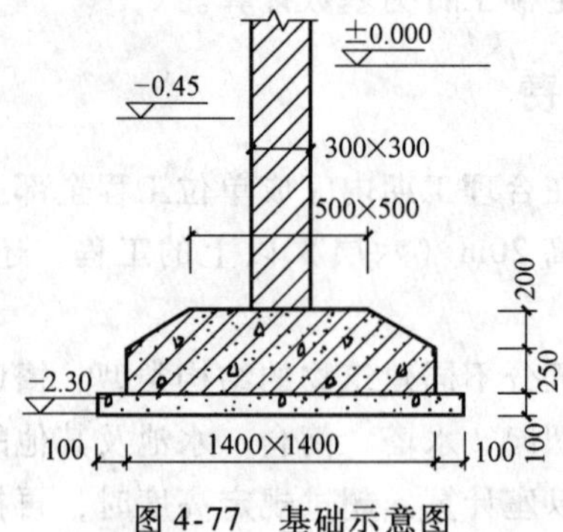

图 4-77 基础示意图

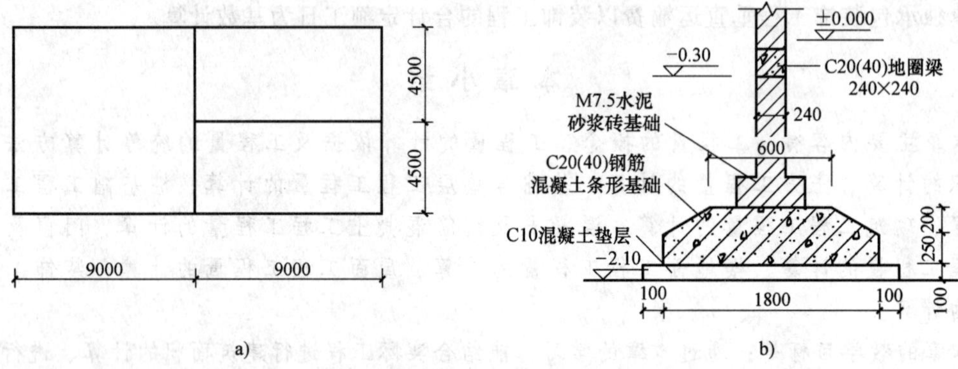

图 4-78 基础工程平面、剖面示意图

a）基础轴线图 b）基础剖面图

面层厚度 10cm，钢筋用量为 1.65t，试计算该基础工程平整场地、挖基础土方、基础垫层、条形基础、砖基础、地圈梁、钢筋工程、回填土、土方运输的工程量。

4. 某办公楼为全框架结构，如图 4-79 所示，结构尺寸：框架柱 500mm×500mm，主梁

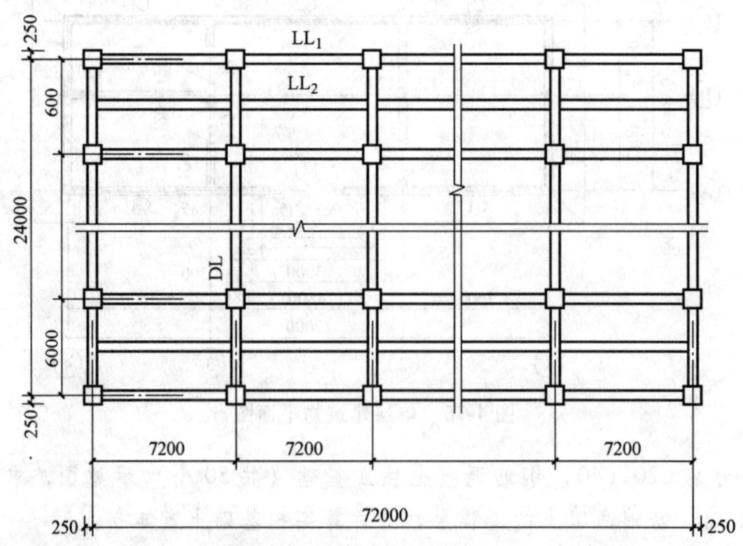

图 4-79 某框架结构示意图

（DL）400mm×700mm，连续梁（LL1、LL2）300mm×600mm，现浇楼板厚110mm。采用C30（40）现浇碎石混凝土。底层层高4.5m，柱基顶面至楼板上表面5.1m，2~6层层高均为3m，试计算该框架柱和楼板的工程量。

5. 图4-80为某单层建筑物示意图，采用M5.0混合砂浆砌筑，外墙面为清水墙，内墙为混水墙，基础为砖基础，设有地圈梁和屋面圈梁，其截面均为240mm×240mm，M1尺寸为900mm×2100mm，门上设钢砖过梁，窗的尺寸：C1为1500mm×2100mm，C2为2100mm×2100mm，C3为2400mm×2100mm，距地面均为900mm高，内外墙交接处均设有构造柱，其断面均240mm×240mm，根据图示尺寸计算砖墙、砖过梁工程量。

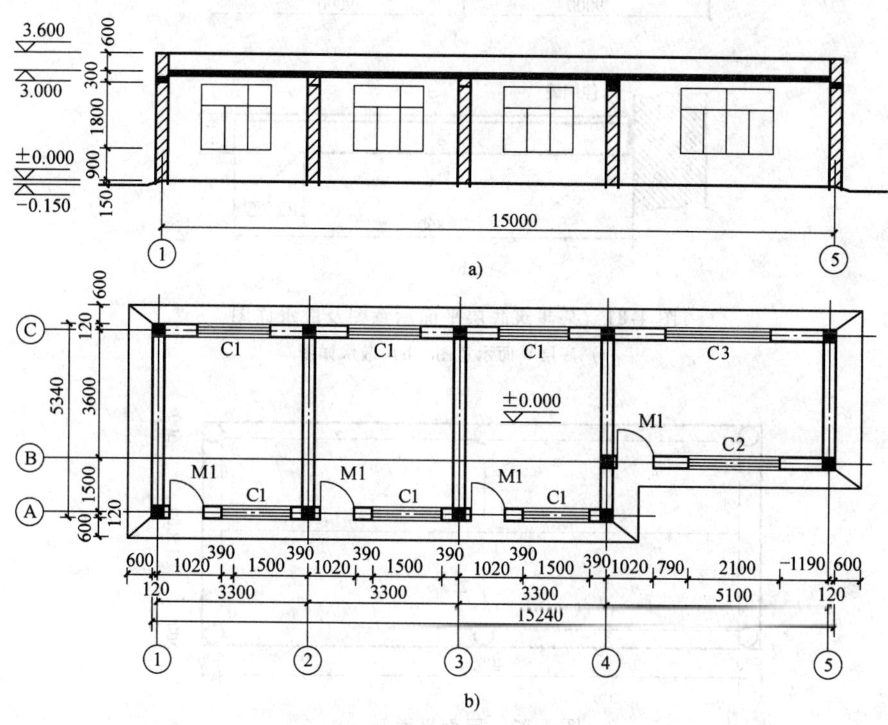

图4-80　某建筑平面、剖面示意图

a）剖面图　b）平面图

6. 图4-81为某工程底层平面图及有关部分的做法，试计算相关部分的工程量。

地面：素土夯实，80厚C10混凝土垫层，素水泥浆一道，20道1:2水泥砂浆粉地面。

散水：素土夯实，C15混凝土垫层（断面如图4-81），素水泥浆一道，20厚1:2.5水泥砂浆粉面层，沥青砂浆伸缩缝。

坡道：素土夯实，50厚1:1:4:8碎砖四合土，60厚C15混凝土垫层，素水泥浆一道，1:2水泥砂浆粉礓礤坡道。

踢脚：水泥砂浆粉踢脚线。

7. 某屋面平面图如图4-82所示，屋面做法为：SBC120卷材；15mm厚1:3水泥砂浆找平层；20mm厚1:8水泥炉渣找平；60mm厚最薄处1:8水泥珍珠岩2%找坡；冷底子油一道；20mm厚1:3水泥砂浆找平；钢筋混凝土屋面板。试计算屋面各分项工程量。

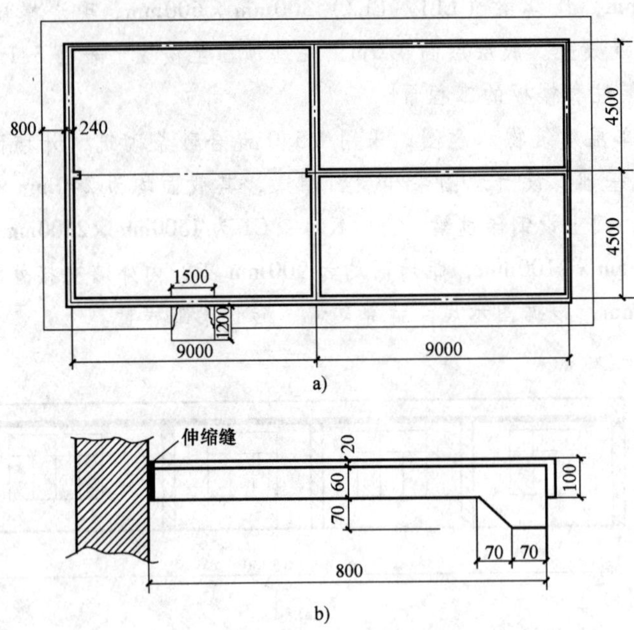

图 4-81　某建筑底层平面示意图及散水详图

a）底层平面示意图　b）散水详图

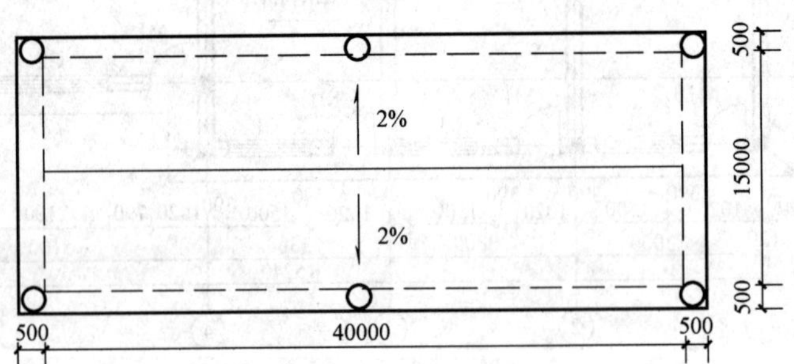

图 4-82　屋面平面示意图

第五章　工程结算与预、结算的审查

学习目标：

通过学习工程结算与预、结算的审查内容，掌握工程结算的概念、工程结算的方式、工程结算资料的收集、整理，掌握工程变更的分类、处理程序及工程变更价款的确定方法，了解工程索赔产生的原因、分类及处理原则和依据，掌握工程索赔的概念、程序，熟悉工程竣工结算的含义、作用、编制依据，了解工程竣工结算的编制内容、工程竣工结算的支付流程和争议的处理方法，了解工程预、结算审查的目的、依据、形式，熟悉工程预、结算审查的步骤、主要内容和方法。

学习重点：

工程结算的方式、工程变更处理程序，工程变更价款的确定方法，工程索赔的概念，工程索赔程序，工程竣工结算，工程预、结算审查依据、步骤、主要内容和方法。

第一节　概　　述

一、工程结算概念

工程结算即工程价款结算，是承包商在工程实施过程中，依据承包合同中关于付款条款和已经完成的工程量，并按规定的程序向建设单位收取工程价款的一项经济活动。

工程结算方式不同，其内容也不同。一般工程结算的内容主要包括：

（1）按承包合同、协议办理工程预付款。

（2）按合同、协议确定的结算方式列出月（或阶段）作业计划和工程款预支单，同时办理工程预支款。

（3）月末（或阶段完成后）报已完报表和工程价款结算账单，同时按规定抵扣工程预付备料款和预付工程款，办理工程结算。

（4）年终进行年终结算。

（5）工程竣工时，编写工程竣工书，办理工程竣工结算。

二、工程结算方式

施工企业在工程施工过程中消耗的生产资料及付给工人的报酬，必须通过备料款和工程款的形式，定期或分期向建设单位结算以得到补偿，以保证施工企业资金的正常周转，并逐步实现利润。

按现行规定，工程价款结算可以根据不同情况，采取多种方式。工程进度款主要结算方式有竣工后一次结算、分段结算和按月结算。

（一）竣工后一次结算

工程工期在 12 个月以内，或者承包合同价在 100 万元以下的，可以实行开工前预付一定的预付款，或者加上工程款每月预支，竣工后一次结算的方式。

（二）分段结算

当年开工、当年不能竣工的工程一般按照工程形象进度，划分不同阶段支付工程进度款。具体划分标准，可以由业主和承包商在施工合同中明确。如某业主与承包商在施工合同中约定如下：

（1）基础工程完成后，拨付工程款的20%。

（2）工程主体完成后，拨付工程款的30%。

（3）装修工程完成后，拨付工程款的20%。

（4）屋面工程完成后，拨付工程款的10%。

（5）工程竣工验收后，拨付工程款的15%。

（三）按月结算

即每月结算一次工程款、竣工后清算的办法。根据工程进度，以已完分部分项工程这一假定的建筑产品为对象，按月结算，即实行按月支付进度款，竣工后进行竣工结算。合同工期在两个年度以上的工程，在年终进行工程盘点，办理年度结算。我国现行的建筑安装工程价款结算中，相当一部分是实行这种按月结算方式。按月结算有以下优点：

（1）便于较准确地计算已完分部分项工程量，干多少活，给多少钱。

（2）便于建设单位对已完工程进行验收和施工企业考核月度成本情况。

（3）使施工企业工程价款收入符合其完工进度，生产耗费能得到及时合理地补偿，有利于施工企业的资金周转。

（4）有利于建设单位对建设资金实行控制，根据进度控制分期拨款。

三、工程结算资料的收集、整理

为了保证不因验收资料影响施工进度，现场资料员和施工员非常注重施工、验收资料的编制，却常常不重视结算资料的日常收集、整理工作，造成结算资料乱、缺、漏严重，无序、错误、矛盾、补签困难现象经常，严重影响了结算工作的效率和成果质量，资料员应承担起结算资料编制的责任，认真负责，善于总结，对于结算所需资料应独立于施工验收资料，单独编制，一定要系统、有条理、精心收集。

工程竣工结算应提供的资料文件如下：

（1）招标文件、投标答疑、投标文件。

（2）施工合同、有关协议（如优良奖、提前工期奖）及相关证明。

（3）甲方批准的施工组织设计（甲方批准的土方开挖方案，机械进出场次数、基础、主体脚手架搭设方案，新技术、新工艺或复杂项目的施工方案，安全防护措施，塔式起重机台数、现场围护、现场道路、临时用电平面图及材料明细）。

（4）图样会审和设计变更。

（5）有关的隐蔽工程记录，包括土方隐蔽工程记录（应有平面图、剖面图，并标明现场标高和槽底标高）、无设计变更而变更的钢筋隐蔽工程记录、楼地面、吊顶、屋面做法的隐蔽工程记录。

（6）施工过程中的有关经济签证（如零星用工的数量及单价，增加的零活，因甲方原因造成的返工损失，电气穿线管是否采用成品管接头粘接、吊顶内的电气线路敷设方式、图样会审和设计变更没提到的任何实际施工变化等）。

（7）施工用水、电的单价和数量。

（8）甲方供材明细（包括规格、数量、单价、使用部位等）。

（9）乙方购材价格签证单。

（10）主要乙方购材的规格、用量明细。

（11）外包项目的合同或协议。

（12）甲方外包项目说明（如要提取管理配合服务费应有甲已双方协议）。

（13）施工甩项说明。

（14）若图样变更太大，应结合图样会审、设计变更等内容重新绘制竣工图。

（15）工程竣工验收证明。

第二节　工程变更和工程索赔

一、工程变更

（一）工程变更的分类

由于工程建设的周期长、涉及的经济关系和法律关系复杂、受自然条件和客观因素的影响较大，导致项目的实际情况与项目招标投标时的情况相比会发生一些变化。因此，工程中往往出现设计变更和其他变更。

1. 设计变更

在施工过程中如果发生设计变更，将对施工进度产生很大的影响。因此，应尽量减少设计变更，如果必须变更设计，必须严格按照国家的规定和合同约定的程序进行。

由于发包人对原设计进行变更，以及经监理工程师同意的，承包人要求进行的设计变更，导致合同价款的增减及造成的承包人损失，由发包人承担，延误的工期相应顺延。

2. 其他变更

合同履行中发包人要求变更工程质量标准及发生其他实质性变更，由双方协商解决。

（二）工程变更的处理程序

1. 设计变更的处理程序

从合同的角度看，不论因为什么原因导致的设计变更，必须首先有一方提出，因此可以分为发包人原因对原设计进行变更和承包人原因对原设计进行变更两种情况。

（1）发包人原因对原设计进行变更

施工中发包人如果需要对原工程设计进行变更，应不迟于变更前 14 天以书面形式向承包人发出变更通知。承包人对于发包人的变更通知没有拒绝的权利，这是合同赋予发包人的一项权利。因为发包人是工程的出资人、所有人和管理者，对将来工程的运行承担主要的责任，只有赋予发包人这样的权利才能减少更大的损失。但是，变更超过原设计标准或者批准的建设规模时，须经原规划管理部门和其他有关部门审查批准，并由原设计单位提供变更的相应的图样和说明。

(2) 承包人原因对原设计进行变更

承包人应严格按照图样施工，不得随意变更设计。施工中承包人提出的合理化建议涉及对设计图样或者施工组织设计的更改及对原材料、设备的更换，须经监理工程师同意。监理工程师同意变更后，应由原设计单位提供变更的相应的图样和说明。变更超过原设计标准或者批准的建设规模时，也须经原规划管理部门和其他有关部门审查批准。承包人未经监理工程师同意擅自更改或换用时，由承包人承担由此发生的费用，赔偿发包人的有关损失，延误的工期不予顺延。

2. 其他变更的处理程序

从合同角度看，除设计变更外的能够导致合同内容变更的都属于其他变更。如双方对工程质量要求的变化（当然是涉及强制性标准变化）、双方对工期要求的变化、施工条件和环境的变化导致施工机械和材料的变化等。这些变更的程序，首先应当由一方提出，与对方协商一致签署补充协议后，方可进行变更，其处理程序与设计变更的处理程序相同。

（三）工程变更价款的确定

1. 工程变更价款的确定程序

设计变更发生后，承包人在工程设计变更确定后 14 天内提出变更工程价款的报告，经监理工程师确认后调整合同价款。工程设计变更确认后 14 天内，如承包人未提出适当的变更价格，则发包人可根据所掌握的资料决定是否调整合同价款和调整的具体金额。重大工程变更涉及工程价款变更报告和确认的时限由发承包双方协商，自变更工程价款报告送达之日起 14 天内，对方未确定也未提出协商意见时，视该变更工程价款报告已被确认。

2. 工程变更价款的确定方法

在工程变更确定后 14 天内，设计变更涉及工程价款调整的，由承包人向发包人提出，经监理工程师审核发包人同意后调整合同价款。工程变更价款的确定按照下列方法进行：

(1) 合同中已有适用于变更工程的价格，按合同已有的价格执行。

(2) 合同中只有类似于变更工程的价格，可以参照类似价格执行。

(3) 合同中没有适用或类似于变更工程的价格，由承包人提出，发包人确认后执行。

如双方不能达成一致，双方可提请工程所在地工程造价管理机构进行咨询或按合同约定的争议或纠纷解决程序办理。因此，在变更后合同价款的确定上，首先应当考虑使用合同中已有的、能够适用或者能够参照适用的，其原因在于合同中已经订立的价格（一般是通过招标投标）是较为公平合理的，双方接受的，因此应当尽量使用。确认增（减）的工程变更价款作为追加（减）合同价款与工程进度款同期支付。

二、工程索赔

（一）工程索赔的概念

工程索赔是在工程承包合同履行中，当事人一方由于另一方未履行合同所约定的义务或者出现了应当由对方承担的风险而遭受损失时，向另一方提出赔偿要求的行为。

在实际工作中，“索赔”是双向的，我国《建设工程施工合同示范文本》中的索赔就是双向的，既包括承包人向发包人的索赔，也包括发包人向承包人的索赔。但在工程实践中，发包人索赔数量较小，而且处理方便。可以通过冲账、扣拨工程款、扣保证金等实现对承包人的索赔；而承包人对发包人的索赔比较困难一些。通常情况下，索赔是指承包人（施工单位）在合同实施过程中，对非自身原因造成的工程延期、费用增加而要求发包人给予补偿损失的一种权利要求。

（二）工程索赔产生的原因

1. 当事人违约

当事人违约常常表现为没有按照合同约定履行自己的义务。发包人违约常常表现为没有为承包人提供合同约定的施工条件、未按照合同约定的期限和数额付款等。监理工程师未能按照合同约定完成工作，如未能及时发出图样、指令等，也视为发包人违约。承包人违约的情况则主要是没有按照合同约定的质量、期限完成施工，或者由于不当行为给发包人造成其他损害。

2. 不可抗力

不可抗力又可以分为自然事件和社会事件。自然事件主要是不利的自然条件和客观障碍，这是一个有经验的承包商无法预测的不利自然条件和客观障碍。如在施工过程中遇到了经现场调查无法发现、业主提供的资料中也未提到的、无法预料的情况，如地下水、地质断层等。社会事件则包括国家政策、法律、法令的变更，战争、罢工等。

3. 合同缺陷

合同缺陷表现为合同条件规定不严谨甚至矛盾、合同中的遗漏或错误。在这种情况下，监理工程师应当给予解释，如果这种解释将导致成本增加或工期延长，发包人应当给予补偿。

4. 合同变更

合同变更表现为设计变更、施工方法变更、追加或者取消某些工作、合同规定的其他变更等。

5. 监理工程师指令

监理工程师指令有时也会产生索赔，如监理工程师指令承包人加速施工、进行某项工作、更换某些材料、采取某些措施等。

6. 其他第三方原因

其他第三方原因常常表现为与工程有关的第三方的问题而引起的对工程的不利影响。

（三）工程索赔的分类

1. 按索赔的合同依据分类

按索赔的合同依据可以将索赔分为合同中明示的索赔和合同中默示的索赔。

（1）合同中明示的索赔。是指承包人所提供的索赔要求，在该工程项目的合同中有文字依据，承包人可以据此提出索赔要求，并取得经济补偿。

（2）合同中默示的索赔。是指承包人的该项索赔要求，虽然在工程项目的合同条款中没有专门的文字叙述，但可以根据该合同的某些条款的含义，推论出承包人有索赔权。这种索赔要求，同样有法律效力，有权得到相应的经济补偿。这种有经济补偿含义的条款，在合同管理工作中被称为“默示索赔”或称为“隐含条款”，默示索赔是一个广泛的合同概念，它包含合同明示条款中没有写入、但符合双方签订合同时设想的愿望和当时环境条件的一切条款。这些默示索赔，或者从明示条款所表述的设想愿望中引申出来，或者从合同双方在法律上的合同关系引申出来，经双方协商一致，或被法律和法规所指明，都成为合同条件的有效条款，要求合同双方遵照执行。

2. 按索赔目的分类

按索赔目的可以将工程索赔分为工期索赔和费用索赔。

（1）工期索赔。由于非承包人责任的原因而导致施工进程延误，承包人要求批准顺延合同工期的索赔，称为工期索赔。工期索赔形式上是对权利的要求，以避免在原定合同竣工日不能完工时，被发包人追究违约责任。一旦获得批准合同工期顺延后，承包人不仅免除了承担拖期违约赔偿费的严重风险，而且可能提前工期得到奖励，最终仍反映在经济收益上。

（2）费用索赔。费用索赔的目的是要求经济补偿。当施工的客观条件改变导致承包人增加开支，承包人可以要求对超出计划成本的附加开支给予补偿，以挽回不应由承包人承担的经济损失。

（四）工程索赔的处理原则

1. 索赔必须以合同为依据

不论是风险事件的发生，还是当事人不完成合同工作，都必须在合同中找到相应的依据，当然，有些依据可能是合同中隐含的。监理工程师依据合同和事实对索赔进行处理是其公平性的重要体现。在不同的合同条件下，这些依据很可能是不同的。如因为不可抗力导致的索赔，在国内《施工合同文本》条件下，承包人机械设备损坏，是由承包人承担的，不能向发包人索赔；但在 FIDIC 合同条件下，不可抗力事件一般都列为由业主承担的风险，损失都应当由业主承担。如果到了具体的合同中，各个合同的协议条款不同，其依据的差别就更大了。

2. 及时、合理地处理索赔

索赔事件发生后，索赔的提出应当及时，索赔的处理也应当及时。索赔处理得不及时，对双方都会产生不利的影响，如承包人的索赔长期得不到合理解决；索赔积累的结果会导致其资金困难，同时会影响工程进度，给双方都带来不利的影响。处理索赔还必须坚持合理性原则，既考虑到国家的有关规定，也应当考虑到工程的实际情况。如：承包人提出索赔要求，机械停工按照机械台班单价计算损失显然是不合理的，因为机械停工不发生运行费用。

3. 加强主动控制，减少工程索赔

对于工程索赔应当加强主动控制，尽量减少索赔。这就要求在工程管理过程中，应当尽量将工作做在前面，减少索赔事件的发生。这样能够使工程更顺利地进行，降低工程投资、减少施工工期。

（五）索赔的依据

提出索赔的依据有以下几个方面：

（1）招标文件、施工合同文本及附件，其他双方签字认可的文件（如备忘录、修正案等），经认可的工程实施计划、各种工程图样、技术规范等。这些索赔的依据可在索赔报告中直接引用。

（2）双方的往来信件及各种会谈纪要。在合同履行过程中，业主、监理工程师和承包人定期或不定期的会谈所作出的决议或决定是合同的补充，应作为合同的组成部分，但会谈纪要只有经过各方签署后才可作为索赔的依据。

（3）进度计划和具体的进度以及项目现场的有关文件。进度计划和具体的进度安排是和现场有关变更索赔的重要证据。

（4）气象资料、工程检查验收报告和各种技术鉴定报告，工程中送停电、送停水、道路开通和封闭的记录和证明。

(5) 国家有关法律、法令、政策文件，官方的物价指数、工资指数，各种会计核算资料，材料的采购、订货、运输、进场、使用方面的凭据。

(六) 索赔程序

根据《施工合同文本》，当合同当事人一方向另一方提出索赔时，要有正当的索赔理由，且有索赔事件发生时的有效证据。发包人未能按合同约定履行自己的各项义务或发生错误以及第三方原因，给承包人造成延期支付合同价款、延误工期或其他经济损失，包括不可抗力延误的工期，均属索赔理由。索赔的程序为：

(1) 承包人提出索赔申请。索赔事件发生28天内，向监理工程师发出索赔意向通知。合同实施过程中，凡不属于承包人责任导致项目延期和成本增加事件发生后的28天内，必须以正式函件通知监理工程师，声明对此事项要求索赔，同时仍须遵照监理工程师的指令继续施工。逾期申报的，监理工程师有权拒绝承包人的索赔要求。

(2) 承包人发出索赔意向通知后28天内，向监理工程师提出补偿经济损失和（或）延长工期的索赔报告及有关资料。正式提出索赔申请后，承包人应抓紧准备索赔的证据资料，包括事件的原因、对其权益影响的证据资料、索赔的依据，以及其他计算出的该事件影响所要求的索赔额，和申请顺延工期天数，并在索赔申请发出的28天内报出，逾期的视同该索赔事件未引起工程款额的变化和工期的延误。

(3) 监理工程师审核承包人的索赔申请。监理工程师在收到补充索赔理由和证据后，于28天内给予答复。接到承包人的索赔信件后，监理工程师应该立即研究承包人的索赔资料，在不确认责任属谁的情况下，依据自己的同期记录资料客观分析事故发生的原因，重温有关合同条款，研究承包人提出的索赔证据。必要时还可以要求承包人进一步提交补充资料，包括索赔的更详细说明材料或索赔计算的依据。监理工程师在28天内未予答复或未对承包人作进一步要求，视为该项索赔已经认可。

(4) 当该索赔事件持续进行时，承包人应当阶段性地向监理工程师发出索赔意向，在索赔事件终了后28天内，向监理工程师提供索赔的有关资料和最终索赔报告。

(5) 监理工程师与承包人谈判，双方各自依据对这一事件的处理方案进行友好协商，若能通过谈判达成一致意见，则该事件较容易解决。如果双方对该事件的责任、索赔款额或工期顺延天数分歧较大，通过谈判达不成共识，按照条款规定监理工程师有权确定一个他认为合理的单价或价格作为最终的处理意见报送业主并相应通知承包人。

(6) 发包人审批监理工程师的索赔处理证明。发包人首先根据事件发生的原因、责任范围、合同条款审核承包人的索赔申请和监理工程师的处理报告，再根据项目的目的、投资控制、竣工验收要求，以及针对承包人在实施合同过程中的缺陷或不符合合同要求的地方提出反索赔方面的考虑，决定是否批准监理工程师的索赔处理证明。

(7) 承包人是否接受最终的索赔决定。承包人同意了最终的索赔决定，这一索赔事件即告结束。若承包人不接受监理工程师的单方面决定或业主删减的索赔或工期顺延天数过大，也会导致合同纠纷。通过谈判和协商双方达成互让的解决方案是处理纠纷的理想方式，如果双方不能达成谅解就只能诉诸仲裁或诉讼。

承包人未能按合同约定履行自己的各项义务和发生错误给发包人造成损失的，发包人也可按上述时限向承包人提出索赔。

第三节 竣 工 结 算

一、工程竣工结算的含义及要求

工程竣工结算是指施工企业按照合同规定的内容全部完成所承包的工程，经验收质量合格，并符合合同要求之后，双方按照约定的合同价款及合同价款调整内容以及索赔事项，进行工程竣工结算。

工程竣工结算分为单位工程竣工结算、单项工程竣工结算、建设项目竣工结算。其中单位工程竣工结算和单项工程竣工结算也可看作是分阶段结算。单位工程竣工结算由承包人编制，发包人审查；实行总承包的工程，由具体承包人编制，在总承包人审查的基础上，发包人审查。单项工程竣工结算或建设项目竣工总结算由总承包人编制，发包人审查，也可以委托具有相应资质的工程造价咨询机构进行审查。政府投资项目，由同级财政部门审查。单项工程竣工结算或建设项目竣工总结算经发、承包人签字盖章后生效。

办理工程价款竣工结算的一般公式为：

竣工结算 = 预算（或概算）+ 施工过程中预算或 - 预付及已结工程价款或合同价款、合同价款调整数额、算工程价款

二、工程竣工结算的作用

（1）工程竣工结算可作为考核业主投资效果，核定新增固定资产价值的依据。

（2）工程竣工结算也可作为双方统计部门确定建安工作量和实物量完成情况的依据。

（3）工程竣工结算还可作为造价部门经建设银行终审定案，确定工程最终造价，实现双方合同约定的责任依据。

（4）工程竣工结算可作为承包人确定最终收入，进行经济核算，考核工程成本的依据。

三、工程竣工结算的编制依据

根据《建设项目工程结算编审规程》（CECA/GC3—2007）的规定，工程竣工结算编制的主要依据有：

（1）国家有关法律、法规、规章制度和相关的司法解释。

（2）建设工程工程量清单计价规范。

（3）施工承发包合同、专业分包合同及补充合同，有关材料、设备采购合同。

（4）招标投标文件，包括招标答疑文件、招标承诺、中标报价书及其组成内容。

（5）工程竣工图或施工图、施工图会审记录、经批准的施工组织设计，以及设计变更、工程洽商和相关会议纪要。

（6）经批准的开、竣工报告或停、复工报告。

（7）双方确认的工程量。

（8）双方确认追加（减）的工程价款。

（9）双方确认的索赔、现场签证事项及价款。

（10）其他依据。

四、工程竣工结算的编制内容

1. 工程量增减调整

这是编制工程竣工结算的主要部分，即所谓量差，就是所完成的实际工程量与施工图预算工程量之间的差额。量差主要表现为：

（1）设计变更和漏项。因实际图样修改和漏项等而产生的工程量增减，该部分可依据设计变更通知书进行调整。

（2）现场工程更改。实际工程中施工方法出现不符、基础超深等均可根据双方签证的现场记录，按照合同或协议的规定进行调整。

（3）施工图预算错误。在编制竣工结算前，应结合工程的验收和实际完成工程量情况，对施工图预算中存在的错误予以纠正。

2. 价差调整

工程竣工结算可按照地方预算定额或基价表的单价编制，因当地造价部门文件调整发生的人工、计价材料和机械费用的价差均可以在竣工结算时加以调整。未计价材料则可根据合同或协议的规定，按实调整价差。

3. 费用调整

属于工程数量的增减变化，需要相应调整安装工程费的计算；属于价差的因素，通常不调整安装工程费，但要计入计费程序中，换言之，该费用应反映在总造价中；属于其他费用，如停窝工费用、大型机械进出场费用等，应根据各地区定额和文件规定，一次结清，分摊到工程项目中去。

五、工程竣工结算支付流程

1. 承包人递交竣工结算书

承包人应在合同约定的时间内编制完成竣工结算书，并在提交竣工验收报告的同时递交给发包人。承包人未能在合同约定时间内递交竣工结算书，经发包人催促后 14 天内仍未提供或没有明确答复的，发包人可以根据已有资料办理结算，责任由承包人自负，且若发包人要求交付竣工工程的，承包人应当交付。

2. 发包人进行核对

发包人在收到承包人递交的竣工结算书后，应按合同约定时间核对。合同中对竣工结算时间没有约定或约定不明确的，可以按照《建设工程价款结算暂行办法》（财建〔2004〕369 号）的规定进行。即单项工程竣工后，承包人应按规定程序向发包人递交竣工结算报告及完整的结算资料，发包人应按表 5-1 规定的时限进行核对，并提交审查意见。

表 5-1　工程竣工结算审查时限

序号	竣工结算报告金额	审查时间
1	500 万元以下	从接到竣工结算报告和完整的竣工结算资料之日起 20 天
2	500～2000 万元	从接到竣工结算报告和完整的竣工结算资料之日起 30 天
3	2000～5000 万元	从接到竣工结算报告和完整的竣工结算资料之日起 45 天
4	5000 万元以上	从接到竣工结算报告和完整的竣工结算资料之日起 60 天

建设项目竣工总结算在最后一个单项工程竣工结算审查确认后15天内汇总，送发包人后30天内审查完成。

发包人或受其委托的工程造价咨询人收到递交的竣工结算书后，在合同约定的时间内，不核对竣工结算或未提出核对意见的，视为承包人递交的竣工结算书已经认可，发包人应向承包人支付工程结算价款。

承包人在收到发包人提出的核对意见后，在合同约定的时间内，不确认也未提出异议的，视为发包人提出的核对意见已经认可，竣工结算办理完毕，发包人应将竣工结算书报送工程所在地工程造价管理机构备案。竣工结算书作为工程竣工验收备案、交付使用的必备文件。

3. 工程竣工结算价款的支付

竣工结算办理完毕，发包人应根据确认的竣工结算书在合同约定时间内向承包人支付工程竣工结算价款。若合同中没有约定或约定不明确的，根据《建设工程价款结算暂行办法》（财建〔2004〕369号）的规定，发包人应在竣工结算书确认后15天内向承包人支付工程结算价款。

发包人未在合同约定时间内向承包人支付工程结算价款的，承包人可催告发包人支付结算价款。如达成延期支付协议的，发包人应按同期银行同类贷款利率支付拖欠工程欠款的利息。如未达成延期支付协议的，承包人可以与发包人协商将该工程折价，或申请人民法院将该工程依法拍卖，承包人就该工程折价或者拍卖的价款优先受偿。

六、工程竣工结算争议的处理

发包人以对工程质量有异议，拒绝办理工程竣工结算的，已竣工验收或已竣工未验收但实际投入使用的工程，其质量异议应按该工程保修合同执行，竣工结算按合同约定办理；已竣工未验收且未实际投入使用的工程以及停工、停建工程的质量争议，双方应就有争议的部分委托有资质的检测鉴定机构进行检测，根据检测结果确定解决方案，或按工程质量监督机构的处理决定执行后办理竣工结算，无争议部分的竣工结算按合同约定办理。

第四节　工程预、结算的审查

一、工程预、结算的审查的目的

建筑工程施工图预算编制完成后，由编制单位报送有关单位审核。其目的是防止高估低算，纠正偏高或偏低现象，尽可能使施工图预算准确可靠，接近实际。因此施工图预算定额计价编制完成之后，需要认真进行审核。一项工程的施工图预算偏低，会影响施工企业的合理收入，造成亏损；偏高，会伤害建设单位的经济利益，使施工企业轻而易举地获取超额利润。因此对施工图预算必须进行认真、细致的审查。由于新材料、新工艺、新结构的发展，企业出发点不同，预算编制人员的技术水平、业务熟练程度存在差异；新颖的工程设计不断发展；工程造价本身具有的弹性等，都会影响到预算的质量，所以，施工图预算的审查是一道不可缺少的程序，只有经过审查的施工图预算才能生效。

施工图预算编制完成之后，应首先进行自审，对于重大工程项目，应组织内部会审，然后送有关单位审查。送审的施工图预算书，应有必要的文字说明；计算基数必须标清其轴向与区间，工程量计算必须附有简式。因为审查单位对原送预算书常有修改之处，所以，建筑工程施工图预算经审查、修改后再正式复制由审查单位正式签证。经过签证的预算才能生效，作为办理工程结算的根据。除非有重大变更时，一般定案后的预算不再做修改。

建筑工程预、结算是计算和确定建筑工程产品价格的文件，又是论证建设项目投资效益和制定计划的重要依据。其编制质量的好坏直接影响到国家和业主的利益。因此，认真进行工程预、结算的审查，不仅有利于合理确定工程造价，便于国家有效控制建设投资，提高投资效益，而且有利于建筑市场的合理竞争，有利于建筑企业改善经营管理、加强建筑企业的经营核算，有利于改进设计的技术经济工作，促进限额设计，进一步完善投资控制。通过审查工程预、结算，核实了工程造价，对于建设单位、施工单位、设计单位的工作都能起到积极的推动作用。

二、工程预、结算的审查的依据

（1）国家或省（市）颁发的有关现行定额或补充定额、现行取费标准或费用定额及有关文件等。

（2）现行的地区材料预算价格。本地区工资标准及机械台班费用标准。

（3）现行的地区单位估价表或汇总表。

（4）初步设计或扩大初步设计图样、施工图样及有关的标准图集。

（5）有关该工程的调查资料、地质钻探、水文气象等资料。

（6）甲乙双方签订的合同或协议书。

（7）施工组织设计等工程资料。

三、工程预、结算审查的形式

工程预、结算的审查应由建设单位或其主管部门组织设计单位、施工单位和建设银行共同审查。各单位应尊重客观事实，如产生矛盾应根据有利于建设的原则协商解决，协商解决不了的，由各级基本建设委员会仲裁。现行的审查组织形式有以下几种：

（1）会审。是由建设单位、设计单位、施工单位和建设银行各派代表一起会审，这种审查发现问题比较全面，又能及时交换意见，因此审查的进度快，质量高，多用于重要项目的审查。

（2）单审。是由建设单位、建设银行、施工单位以及设计单位的主管概预算工作的部门单独审查。这些部门单独审查后，各自将提出修改概、预算文件的意见，通知有关单位协商解决。

（3）建设单位审查。建设单位具备审查概、预算能力时，可以自行审查，对审查后提出的问题，同预、结算的编制单位协商解决。

（4）专门机构审查。建设单位可以委托监理单位、工程咨询单位进行审查。

四、工程预、结算审查的步骤

（一）熟悉数据和资料

（1）熟悉送审工程预、结算和承发包合同。

(2) 搜集并熟悉有关设计资料，核对与工程预、结算有关的图样和标准图，掌握设计变更等情况。

(3) 了解施工现场情况，熟悉施工组织设计或施工方案。

(4) 熟悉送审工程预、结算所依据的定额、单位估价表、费用标准和有关文件。

(二) 审查计算

根据工程规模、工程性质、审查时间、质量要求和审查能力等情况，合理确定审查方法，然后按照选定的审查方法进行具体审查。在审查计算过程中，应将审查的问题做出详细的记录。

(三) 交换审查意见

审查单位将审查记录中的疑点、错误、重复计算和遗漏项目等问题与工程预、结算编制单位和建设单位交换意见，作进一步核对，以便更正。

(四) 审查定案

根据交换意见确定的结果，将更正后的项目进行计算并汇总，形成文件。经编制单位和审查单位双方认可后由各自责任人签字并加盖公章。

五、审查编制依据

施工图预算的审查是一项很复杂的过程，审查比编制要困难得多。既要通明全局，又要项项心中有数，才能抓住重点，开展工作。审查的主要内容有：项目审查、工程量审查、工程造价审查。

首先应审查编制概预算中所采用的各种编制依据的合法性、时效性和适用范围，如概算定额、概算指标、预算定额、预算价格、费用定额、地区单位估价表和有关标准、文件必须经过国家或授权机关的批准，未经批准的一律无效，不得采用。审查时应分析它们是否都在国家规定的有效期内，有无调整和新规定。必须根据工程特点，确定各种定额、指标、价格和费用指标等的适用范围是否正确。

六、审查设计图样、施工组织设计及取费项目

审查时要注意概预算书中所依据设计图样是否齐全，施工组织设计是否合理，不同的施工组织设计会对概预算造成很大的影响。如土方工程是采用人工还是机械挖运，构件吊装是采用哪种起重设备，预制构件是在加工厂制作还是现场制作等，这些都要与所列项目和内容一致，审查时要注意。

七、审查技术经济指标和工程造价

严格执行国家有关文件规定，要审查工程造价是否控制在设计概算所规定的限额内，如超过概算，应对设计图样进行修改，以保证其造价不突破概算。审查的同时，要注意审查各项技术经济指标，如单方造价、每平方米建筑面积的钢材、木材、水泥和砖等的消耗量，以及各分部工程与总造价的百分比等，审查其是否超过同类工程的实物消耗量参考指标及造价。如超过，应进一步从以下几方面详细审查。

(一) 项目的审查

施工图预算的内容是由许多分项组成的，项目来源于施工图的构造和预算定额的具体要

求。项目的多少，应如实地反映工程的实际情况，项目不能多列，也不能少排，这就是人们常说的重项、漏项问题。例如：水泥砂浆地面项目，另添了一项踢脚线项目，这就属于重项；木门窗项目少列小五金项目，这就属于漏项，预制混凝土构件往往项目列不齐全，这些重项、漏项都会严重影响预算编制工作的质量。审查时应从以下几个方面入手：

（1）直接套用定额项目的审查。这一部分项目在审查时只要审查套用的定额项目名称、工作内容是否一致，如果一致，说明套用正确，否则即套错了定额项目。

（2）换算定额子目的审查。审查换算定额，首先要审查该分项子目，是否允许换算，定额不允许换算时，则仍套用现有定额；其次要审查定额的换算方法是否正确。

（3）补充定额子目的审查。审查补充定额时要审查“三量”、“三价”的确定是否合理。“三量”的计算依据和计算方法是否按国家规定进行。“三价”是指与“三量”相对应的人工、材料机械台班的预算价格，“三价”是确定补充定额中“三费”（即人工费、材料费、机械费）的基础。

（二）工程量的审查

工程量是预算的原始数据，它的正确与否直接影响预算的质量，而工程量计算又是一项繁重而复杂的工作，往往容易出错。务求认真对待。

工程量是根据施工图的尺寸和规则计算的；因此，图中尺寸（三线一面）和计算规则的审核是主要方面。应根据主要分部工程重点审查以下内容：

1. 土石方工程重点审查项目提示

（1）土壤类别的确定。

（2）挖土标高的取值。

（3）放坡系数是否符合实际。

（4）$L_{中}$、$L_{内}$ 的计算和轴向、区间是否对应。

（5）运土距离是否与实际相符。

（6）工作面是否符合规定。

（7）地槽、地坑、土方的划分。

（8）原土夯实、填土夯实、素土夯实的区别。

2. 桩基础工程重点审查项目提示

（1）桩基类型的确定。

（2）施工方法是否符合规定。

（3）桩长是否符合规定。

（4）接桩处、接头系数是否符合规定。

3. 砖石工程重点审查项目提示

（1）基础与墙身的划分。

（2）内外墙身高度的确定。

（3）应扣除的体积。

（4）砂浆不同强度等级的换算。

（5）所取墙身厚度是否符合规定。

（6）不同墙厚对应 $L_{中}$、$L_{内}$ 的采用。

（7）墙垛、腰线，钢筋加固等。

4. 脚手架工程重点审查项目提示

（1）脚手架是应按综合脚手架还是单项脚手架计算。

（2）是否符合计算规则及分部说明的规定。

（3）是否有重复和遗漏。

5. 钢筋混凝土工程重点审查项目提示

（1）柱高、梁长、板宽是否符合规定。

（2）有梁板、无梁板、平板的划分是否清楚。

（3）台阶、整体楼梯水平投影面积计算是否符合具体规定。

（4）混凝土强度等级不同是否经过换算。

（5）圈梁兼过梁是否划分清楚。

（6）核实预制构件的运距。

（7）阳台、雨篷水平投影面积所包含的内容。

（8）屋面板或圈梁与挑檐的划分。

（9）核实预制构件的数量。

（10）应扣除的体积。

（11）检查现浇构件的尺寸。

（12）混凝土及钢筋混凝土构件的现浇、预制是否分别计算，有无混淆。

（13）预应力混凝土与非预应力混凝土是否分别计算，有无混淆。

6. 木结构工程重点审查项目提示

（1）木材的等级是否符合实际。

（2）木门窗的分类是否正确。

（3）门窗是否按定额的分项分别以框外围面积或扇外围面积（无框者）计算。

（4）木地板、顶棚、间壁墙等的计算是否符合定额的规定。

（5）屋架、檩条的计算是否正确，木装修是否按定额的规定分别以延长米或“m”计算。

（6）吊顶棚是否是主墙间净面积。

（7）屋面木基层所取的延尺系数是否得当。

（8）木屋架竣工木料体积所包含的内容、计算是否正确。

（9）木门窗的小五金，分单层双层，单扇双扇，有亮无亮。

7. 金属构件制作工程重点审查项目提示

（1）金属构件制作工程量多数按“t”计算。

（2）在计算时，型钢按图示尺寸求出长度，再乘每米质量。

（3）钢板要求算出最大矩形面积，再乘以每平方米的质量。

8. 楼地面工程重点审查项目提示

（1）地面所指的面积是否是主墙间净面积。

（2）防潮层分平面和立面，含义及计算是否符合规定。

（3）楼梯抹面按水平投影面积是否准确，算法及包含内容有无多算现象。

（4）地面面层与踢脚线，地面与楼梯抹面有无重算漏算现象。

（5）整体面层中，是否扣除了楼梯间、地面构筑物、突出地面的设备基础、室内铁道等部分所占的面积。

（6）整体面层设计用料不同时，是否分开计算。

（7）计算地面垫层工程量时，是否扣除了地沟等所占的体积。

9. 屋面工程重点审查项目提示

（1）斜面的延尺系数取值是否正确。

（2）找坡层的平均厚度取值、所选用的坡度系数是否正确。

（3）屋面的女儿墙、伸缩缝、天窗等处弯起部分工程量计算是否符合设计和定额的规定。

（4）铁皮排水的展开面积计算。

（5）卷材屋面各层做法有无重算漏算现象。

10. 装饰工程重点审查项目提示

（1）系数的采用是否正确。

（2）挑檐、腰线、门窗套、窗台线等抹灰展开面积的计算。

（3）顶棚抹灰净面积的确定。

（4）应扣、不应扣面积是否符合规定。

（5）内墙抹灰高度的采用。

（6）窗间墙抹灰、门窗侧壁及顶面抹灰有无多算、漏算现象。

（7）阳台、雨篷、楼梯抹灰有无多算现象。

11. 筑物工程

（1）烟囱基础与筒身的工程量是否有混淆。

（2）砖砌烟囱和水塔的筒身是否扣除了洞口、圈梁的体积，有无错算的问题。

（三）造价的审查

造价的审查分单价的审查和取费的审查两部分。

1. 单价的审查

（1）单价的审查方法。单价是计算造价的主要根据，采用单价准确与否事关重要，特别是施工图有而定额尚未有的项目，单价如何确定更应慎重从事。单价的确定一般有如下几种方法：

1）当施工图设计工程节点构造内容与定额项目规定的内容完全相符时，直接套用定额单价。

2）当施工图构造内容与定额项目规定内容基本相符，但仅个别地方不符时（如混凝土、砂浆标号不同）要通过换算确定新单价。

3）当出现施工图构造有、而定额没有的项目（如不锈钢柱面、琉璃瓦屋面等）时，没有定额就没有根据，这种情况下，一般应由甲乙双方根据实际情况并通过调查研究、协商确定新项目单价。

（2）单价审查的主要方面

1）按定额套用的单价是否正确。工程预算表中所列的分项工程名称、规格、计量单位与定额表所列项目的内容应完全一致，否则不能直接套用。

2）经换算的单价是否正确。对定额规定不允许换算的项目，不能强调工程特殊或其他任何原因而任意换算。对定额允许换算的项目，需审查其换算依据和换算方法是否符合规定。

3）新项目的单价确定根据是否可靠。主要审查编制补充定额及单价的方法、依据是否科学合理，是否符合有关现行规定。

常见错套单价的情况有：二类土套三类土定额；部分基础套墙身定额；平板套无梁板或有梁板定额；地梁、承台梁套基础梁定额；构造柱套矩形柱；普通抹灰套高、中级抹灰；抹灰种类、厚度不同加价等。

2. 取费标准的审查

（1）审查直接费的计算是否正确。施工图预算中不能随意另列已包括在定额中的直接费，如生产工人的副食补贴。工资性质的补贴已列入定额的人工工资中，不得重复计算。但也不能漏列该计入直接费中的费用。

（2）审查其他直接费和现场经费。主要审查其他直接费的费用项目是否正确，各项费用的费率和计算基础，以及计算结果是否正确。

（3）审查间接费、利润和税金。间接工程费的审查，要注意以下几个方面：

1）建筑安装企业是否按本企业的级别和工程性质计取费用，有无高套取费标准。

2）工程间接费的计取基础是否符合规定。

3）预算外调增的材料差价是否计取间接费。工程直接费或人工费增减后，有关费用是否也相应做了调整。

八、工程预、结算的审查的方法

由于工程的规模大小、繁简程度不同，工程概、预算的质量水平不同，因此采用的审查方法也就有所不同。常用的审查方法有全面审查法、重点抽查法、对比审查法、统筹审查法和筛选法。

（一）全面审查法

全面审查法就是对送审的工程概、预算逐项进行审查的一种方法。这种审核方法与编制工程概、预算的方法基本相同。对工程量的计算、定额的套用、各项取费进行全面的审查，几乎是重新进行一次工程概、预算的编制工作。全面审查法的优点是全面细致，审查质量高，效果好。缺点是工作量大，花费时间长。全面审查法适用于工程规模小、工艺比较简单的工程和经重点抽查和分解对比审查发现差错率较大的工程。

（二）重点审查法

重点审核法是抓住工程预算中的重点进行审核的方法。审查的重点一般是：工程量大或造价较高、工程结构复杂的工程、补充定额子目、计取各项费用。这种方法重点突出，审核时间短、效果好。重点审查的内容主要有以下几个方面：

（1）工程量大或费用较高的项目。如一般土建工程中的砌体工程、混凝土及钢筋混凝土工程以及基础工程等分项工程的工程量；高层结构工程的基础工程，主体结构工程以及内外装饰工程等分项工程的工程量是审查的重点。

（2）换算定额单价和补充定额单价。定额换算的方法是否正确，定额单价套用是否合理，对于补充定额单价主要审查其编制的依据和方法是否符合有关规定，材料预算价格、人工工日单价和机械台班单价的确定是否合理。

（3）工程量计算规则容易混淆的项目和根据以往审查经验，经常会发生差错的项目。

（4）各项费用的计费基础及其费率标准。各省（市）都对各项费用的计费程序、计费基础及其费率做了相应的规定，审查时应着重审查承包工程规模、承包方式以及承包企业的资质是否反映客观事实。

（5）市场采购材料的差价。审查时，应根据各地区造价管理部门定期发布的市场采购材料的信息价格，严格审查市场采购材料的市场价格，准确计算材料差价。

在重点审查过程中，如发现问题较多较大，应扩大审查范围，甚至放弃重点审查，进行全面审查。

（三）对比审查法

分解对比审查法就是将一个单位工程造价分解为直接费和间接费（含利润、税金）两部分；然后再将直接费部分按分部工程和分项工程进行分解，计算出这些工程每平方米建筑面积的直接费用或每平方米建筑面积的工程量数量（单位工程直接费/m^2，分部工程直接费/m^2，分项工程直接费/m^2，分项工程量/m^2）；最后将计算所得指标与历年积累的各种工程实际造价指标和有关的技术经济指标进行比较，来判定拟审查工程概预算的质量水平。

1. 对比单位工程造价指标（元/m^2）

如果出入不大，可以认为本工程概、预算问题不大，可不再继续审查下去了，如果出入较大，则继续对比单位工程直接费指标。一般情况下，由于拟审工程与参照工程建造时间不同，物价指数的变化会影响工程造价，应进行必要的调整。

2. 对比单位工程、分部工程、分项工程的直接费

按单位工程、分部工程、分项工程进行分解，边分解边对比，哪一分部工程或分项工程直接费出入较大，就重点进行审查。

（四）统筹审查法

统筹审查法是一种加速审查工程量的方法，是将概、预算编制工作中总结出来的统筹法运用到审查概预算工作中来。具体操作步骤如下：

1. 项目分组

把概、预算项目分为若干组，且把相邻的具有内在联系的项目编为一组，例如：可以把利用轴线长度作为计算基础的工程项目划为一组；把利用建筑面积作为计算基础的划为一组；把能够利用手册计算的项目划为一组等。在每组中审查或计算某个分项工程量，利用工程量间具有相加或相似计算基础的关系，来推断同组其他几个分项工程量是否正确。

2. 先计算可以作为其他计算数据基数的数据

这个数据可以多次重复使用，例如外墙外边线是一个基数，可以用它为基数计算建筑物建筑面积、平整场地的面积、卷材防水层面积、保温层面积等。

3. 有和差关系的工程量

应先计算减数和被减数的工程量，再计算差的工程量。例如：

砌墙工程量：（砖墙中心线长度×墙高）-（门窗洞口面积×墙厚）-圈梁、过梁体积

在计算砌墙工程量时，应先计算应扣除的门窗洞口面积和钢筋混凝土圈梁、过梁等构件体积，后计算砌筑墙体体积。因为门窗洞口面积和钢筋混凝土圈梁、过梁的工程量也是我们要计算的工程量。

统筹审查法适用于所有工程概、预算审查，可将其与全面审查法结合运用，可明显的提高审查的速度和质量。

（五）筛选法

筛选法实质上是一种对比审查法，一般适用于住宅工程。首先要计算、整理出类似建筑物中各分部、分项工程在单位面积上的工程量、造价、用工三个单方基本数值表和造价、用工数值调整表，并注明其适用的建筑标准，表中要考虑层高和建筑面积对单方基本数值的影响，简称“四表”。表中这些基本值或基本值的调整值可看成为“筛孔”，将审查的工程概、预算也按分部、分项工程分解为单位面积上工程量、造价、用工三个数值，用已有的基本值或基本值调整值来筛选各分部分项工程，如果将要审查的分部分项工程在其范围之内，则该部分可不细审了，如果将要审查的分部、分项工程不在其范围之内，则应重点审查这部分。筛选法虽具有简单易学、便于掌握、速度快的优点，但要想解决发生差错的原因尚需继续审查。使用这种方法时，拟审工程必须能事先确定出合适的“筛孔”，否则无法运用此法。

表 5-2 建施工图预算校审提纲

序号	校审责任、校审内容	编制人	专业负责人	主任工程师
1	土方类别的确定是否符合地质资料			
2	单位建筑场地平整是否出现挖填工程量			
3	审查地质资料是否出现地下水			
4	土方施工方法的确定是否应该采用机械施工			
5	地下室防水、施工缝处理做法，有无漏项			
6	余土运距是否符合实际			
7	土方的挖填运计算是否符合工程量计算规则			
8	挖土与放坡系数、放坡起点深度、土壤分类是否一致，是否按施工方案支挡土板等			
9	大土型石方挖、填、运调配是否符合施工组织设计			
10	混凝土带形基础、满堂基础、独立柱基、独立承台的划分是否正确			
11	承台梁、基础梁、基础圈梁的划分是否准确			
12	基础素混凝土垫层套定额是否符合规定，地沟垫层、砖墙、盖板、过梁勾缝等有无漏算			
13	墙砌体计算是否按不同厚度、不同材料及不同砂浆标号计算			
14	砖墙加固筋、门框加固角钢是否漏项			
15	女儿墙构造柱、盖顶是否漏项			
16	砌体计算是否符合工程量计算规则			
17	超高费计算是否符合定额规定			

本章小结

本章参考《建设项目工程结算编审规程》（CECA/GC3—2007）、《建设工程价款结算暂行办法》（财建〔2004〕369 号）文件，简要叙述了工程结算的相关规定。

本章主要内容有：工程结算的概念、工程结算的方式、工程结算资料的收集、整理，工程变更的分类、处理程序及工程变更价款的确定方法，工程索赔产生的原因、分类及处理原则和依据，工程索赔的概念、程序，工程竣工结算的含义、作用、编制依据，工程竣工结算的编制内容、工程竣工结算的支付流程和争议的处理方法，工程预、结算的审查的目的、依据、形式，工程预、结算审查的步骤、主要内容和方法。

本章的教学目标是：通过本章的学习，掌握工程结算的概念、工程结算的方式、工程结算资料的收集、整理，掌握工程变更的分类、处理程序及工程变更价款的确定方法，了解工程索赔产生的原因、分类及处理原则和依据，掌握工程索赔的概念、程序，熟悉工程竣工结算的含义、作用、编制依据，了解工程竣工结算的编制内容、工程竣工结算的支付流程和争议的处理方法，了解工程预、结算的审查的目的、依据、形式，熟悉工程预、结算审查的步骤、主要内容和方法。

习　题

简答题

1. 什么叫工程结算?
2. 工程结算有哪些方式?
3. 什么叫工程变更？工程变更的处理程序是什么?
4. 简述工程变更价款的确定方法。
5. 什么叫工程索赔?
6. 简述工程索赔的处理程序。
7. 简述工程竣工结算的支付流程。
8. 工程预、结算的审查的依据有哪些?
9. 简要叙述工程预、结算审查的主要步骤。
10. 工程预、结算的审查的方法主要有哪些?

附图

×××中学教学楼

施工图

×××建筑设计有限公司

二零零×年×月

图纸目录

设计号：×××××

序号	图别	图号	图纸内容	备注
1	建施	01	建筑设计说明 门窗表 图纸目录	
2		02	一层平面图	
3		03	二层平面图	
4		04	三层平面图	
5		05	四层平面图	
6		06	屋顶平面图	
7		07	①-⑭立面图	
8		08	⑭-①立面图	
9		09	Ⓒ-Ⓐ立面图 1-1剖面图 节点详图	
10	结施	01	结构设计总说明	
11		02	基础平面布置图 GZ QL LGZ-1,2	
12		03	条基剖面详图 J-1,2	
13		04	二层结构平面图	
14		05	三层结构平面图	
15		06	四层结构平面图	
16		07	屋顶结构平面图	
17		08	钢筋混凝土现浇梁配筋图	
18		09	楼梯结构图	
19		10	钢筋混凝土楼梯板配筋图	

建筑设计总说明

一、设计依据

1. 根据建设单位认可的建筑方案图及建设单位提供的相关设计资料。

2. 本图建筑部分执行设计标准有：

民用建筑设计通则（GB 50096—1999），建筑设计防火规范（GB 50016—2006）。

二、本工程为××中学教学楼，四层，砖混结构，总建筑面积为1252.68m²。

三、本工程室内外高差为0.470m，室内标高±0.000根据施工现场定。

四、主要工程做法

1. 墙体工程：本工程墙体除注明外，均为240厚砖墙。

2. 屋面工程：

平屋面做法详见05YJ1屋1（B1-50-F1）。

所有设备出屋面管道泛水做法参05YJ5-1(2/14)。

山墙泛水做法参05YJ5-1(A/10)。

3. 外墙装修：

（1）做法详见05YJ1外墙21；颜色见立面图；窗套、压顶和线脚均为浅灰色。

（2）除注明外，窗套宽60mm，做法参05YJ6-7页详④⑥。

4. 室内装修：选用05YJ1

（1）楼地面选用：一层为地2，二层为楼1，三四层为楼10。

（2）内墙面采用：内墙面均选用内墙4，外刷防瓷涂料两道。

（3）内墙护角选用05YJ7(7/14)

5. 门窗工程：详见门窗表，窗采用塑钢窗。木门与墙内皮平，窗均居中安装。

塑料窗框料采用88系列，白色框料。玻璃为5mm厚平板玻璃。

一层前后窗，二层后墙窗均加防护网，具体做法由甲方定。

6. 涂装工程：木门，楼梯栏杆扶手油漆均采用05YJ1涂1，颜色均为橘红色。

7. 排水工程：

平屋面采取有组织排水，女儿墙出水口做法参05YJ5-1(2/18)。

雨水配件均采用PVC制品，$DN=110$，其组合参见05YJ5-1(3/21)(15/25)。

五、其他：

1. 图中梁，板，柱，楼梯等结构构件均以结施图为准。

2. 用1:2水泥砂浆在檐口板、窗台等部位迎水面抹出1%泛水，背水面抹出滴水线，做法按05YJ6，27页Ⓑ。

3. 墙体防潮层由地圈梁代替。

4. 外墙颜色由施工现场出样板由甲方定。

六、本图纸及说明未详尽之处应严格遵守国家现行建筑施工安装及验收规范

门窗表

类别	设计编号	洞口尺寸(mm) 宽	高	樘数	标准图集及编号	备注
窗	C-1	1800	1800	72	参见05YJ4-1 S85KF-2TC-1518	1. 根据立面图厂家定制现场施工安装 2. 框料：均采用88系列；白色5mm厚平板玻璃 3. 一、二层后窗防护网 4. 三、四层前窗防盗窗
	C-2	900	1800	28	参见05YJ4-1 S85KF-2TC-0918	
门	M-1	1000	2700	28	05YJ4-1 1PM1027	
	M-2	1000	2100	2	05YJ4-1 1PM1021	

建施1　设计说明，门窗表

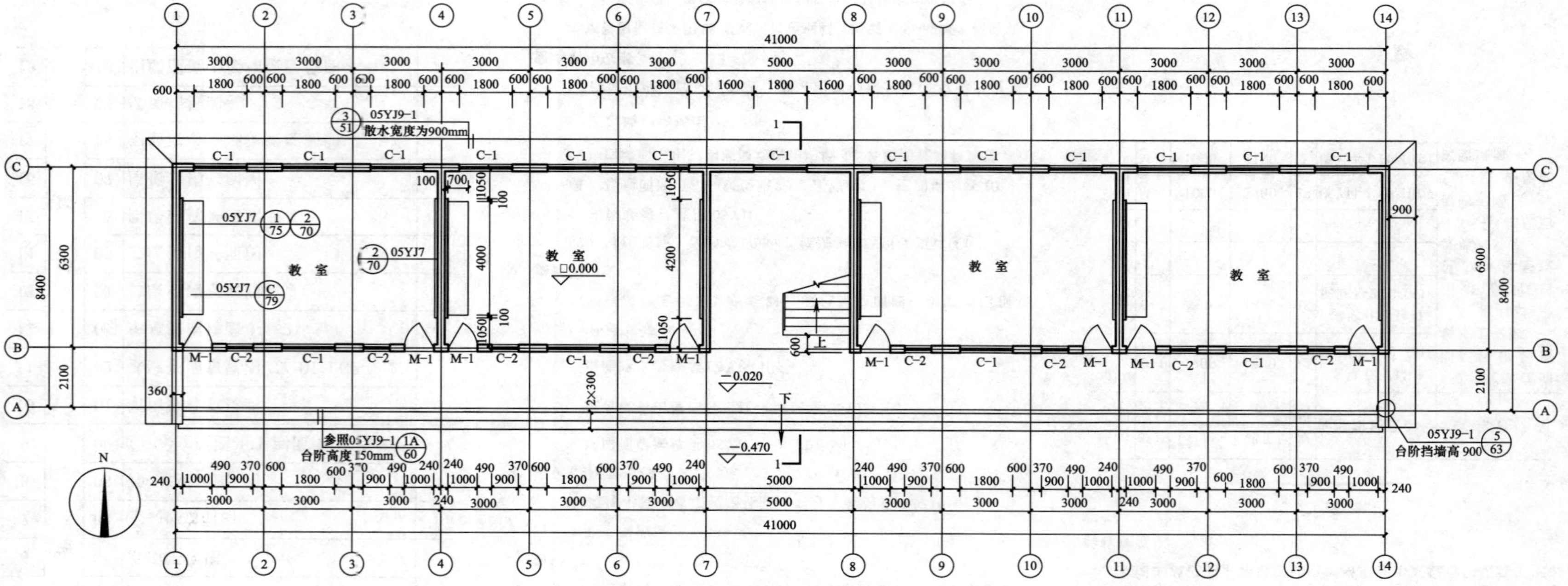

05YJ9-1 散水宽度为900mm

教室

05YJ7

参照05YJ9-1 台阶高度150mm

05YJ9-1 台阶挡墙高900

C-1 C-2 M-1

±0.000 −0.020 −0.470

上 下

41000

N

一层平面图 1:100

建施 2 一层平面图

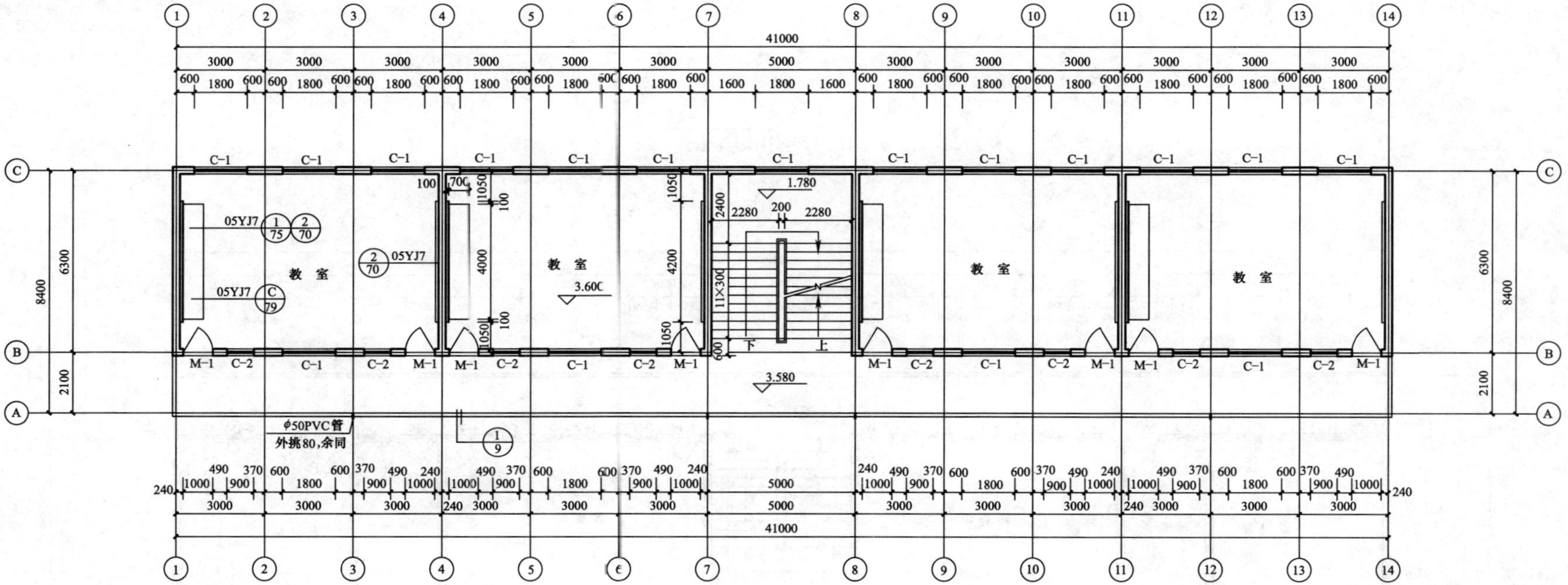

二层平面图 1:100

教室 教室 教室 教室

C-1 C-2 M-1

05YJ7 1/75 2/70 C/79

3.600 1.780 3.580

11×300 上 下

ϕ50PVC管
外挑80,余同

41000

建施3 二层平面图

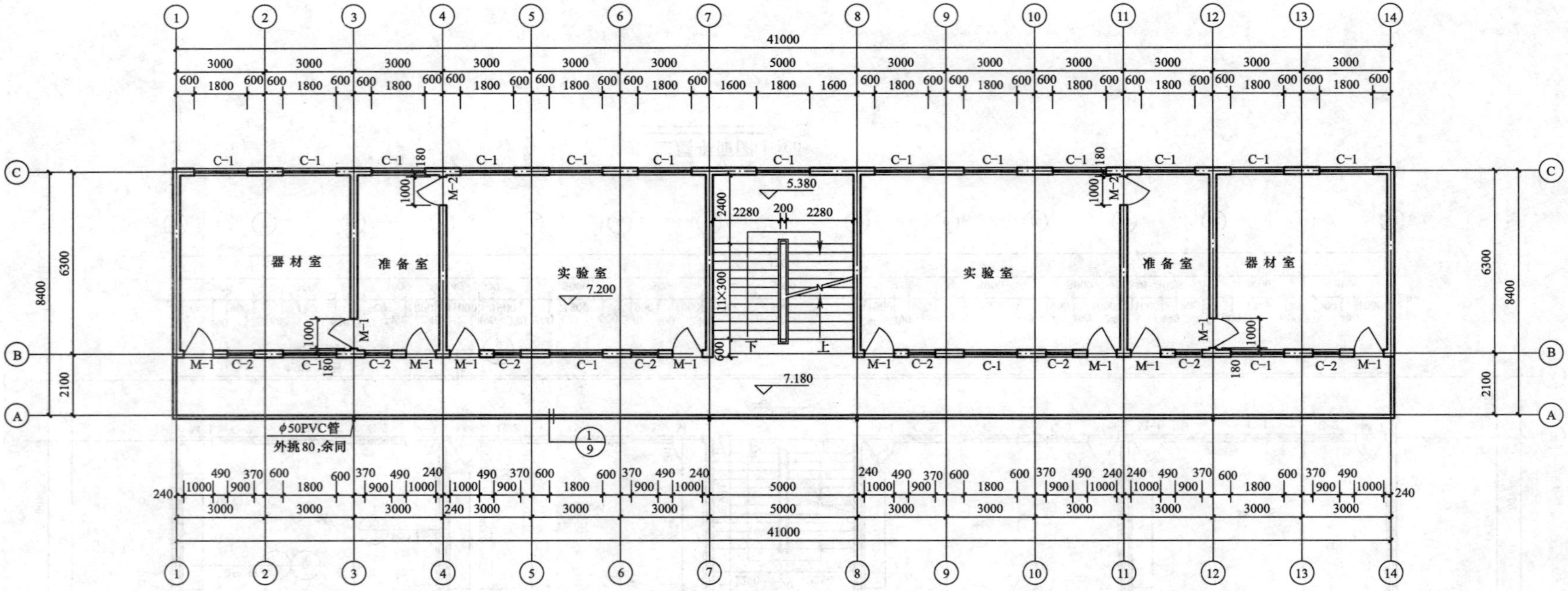

三层平面图 1:100

建施 4　三层平面图

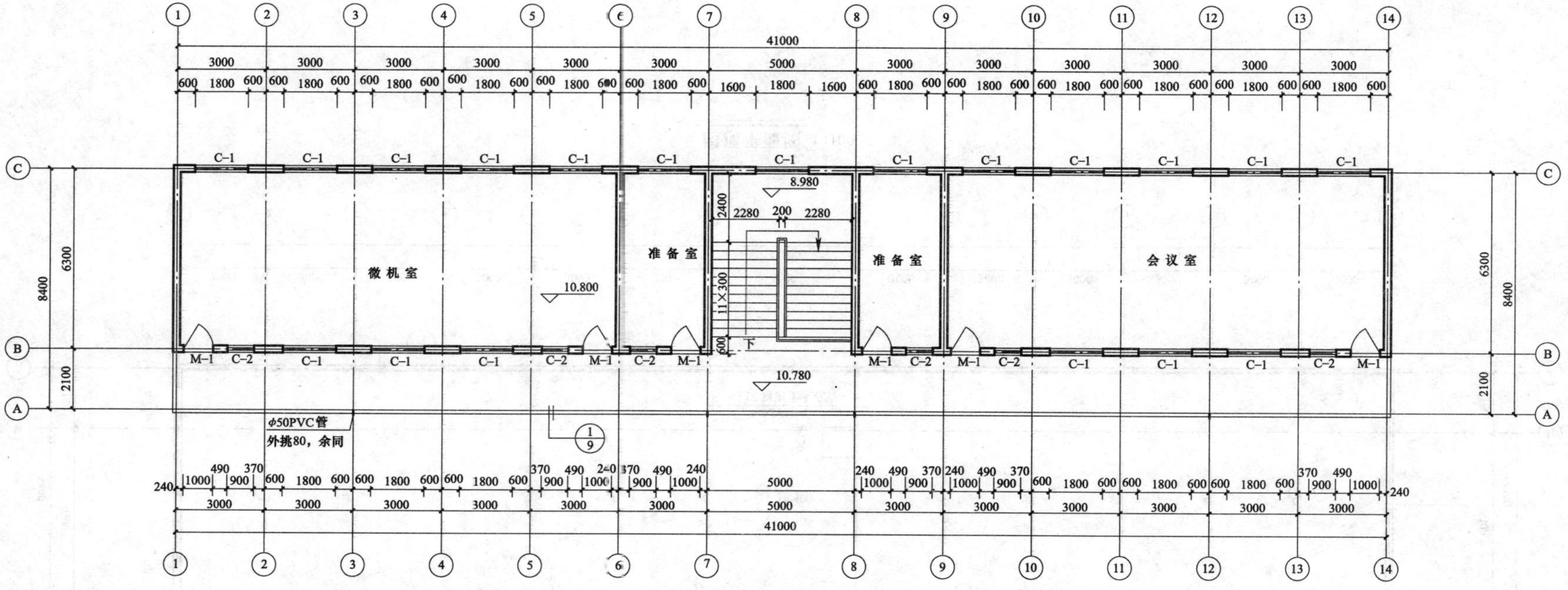

四层平面图 1:100

建施5　四层平面图

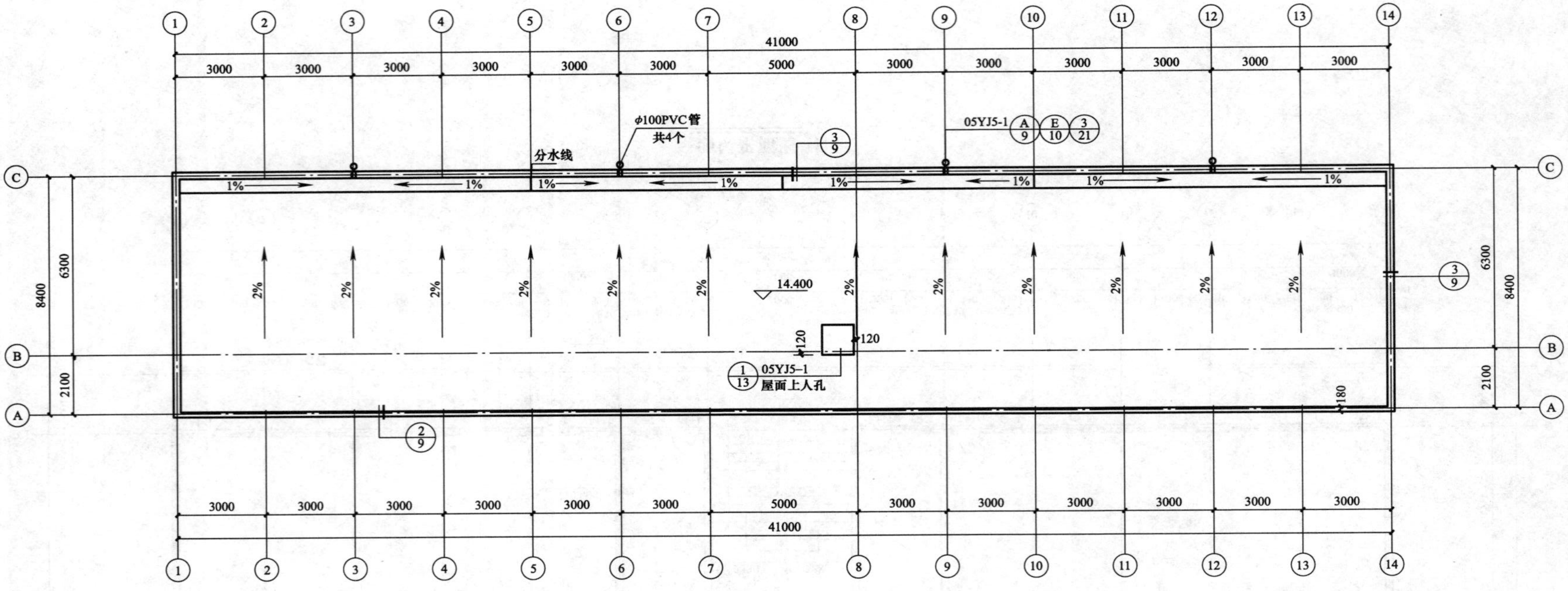

41000

3000 3000 3000 3000 3000 3000 5000 3000 3000 3000 3000 3000 3000

φ100PVC管
共4个

分水线

05YJ5-1 A/9 E/10 3/21

3/9

1% 1% 1% 1% 1% 1% 1% 1%

2% 2% 2% 2% 2% 2% 2% 2% 2% 2% 2% 2%

14.400

120 120

1/13 05YJ5-1
屋面上人孔

2/9

180

8400 6300 2100

屋顶平面图 1:100

建施 6 屋顶平面图

浅灰色色带
宽100mm

米黄色外墙漆

米黄色外墙漆

15.000
14.400
11.830
10.780
8.230
7.180
4.630
3.580
−0.020
−0.470

600
2570
1050
2550
1050
2550
1050
3600
450
900

①

⑭

①～⑭立面图 1:100

建施 7 ①～⑭立面图

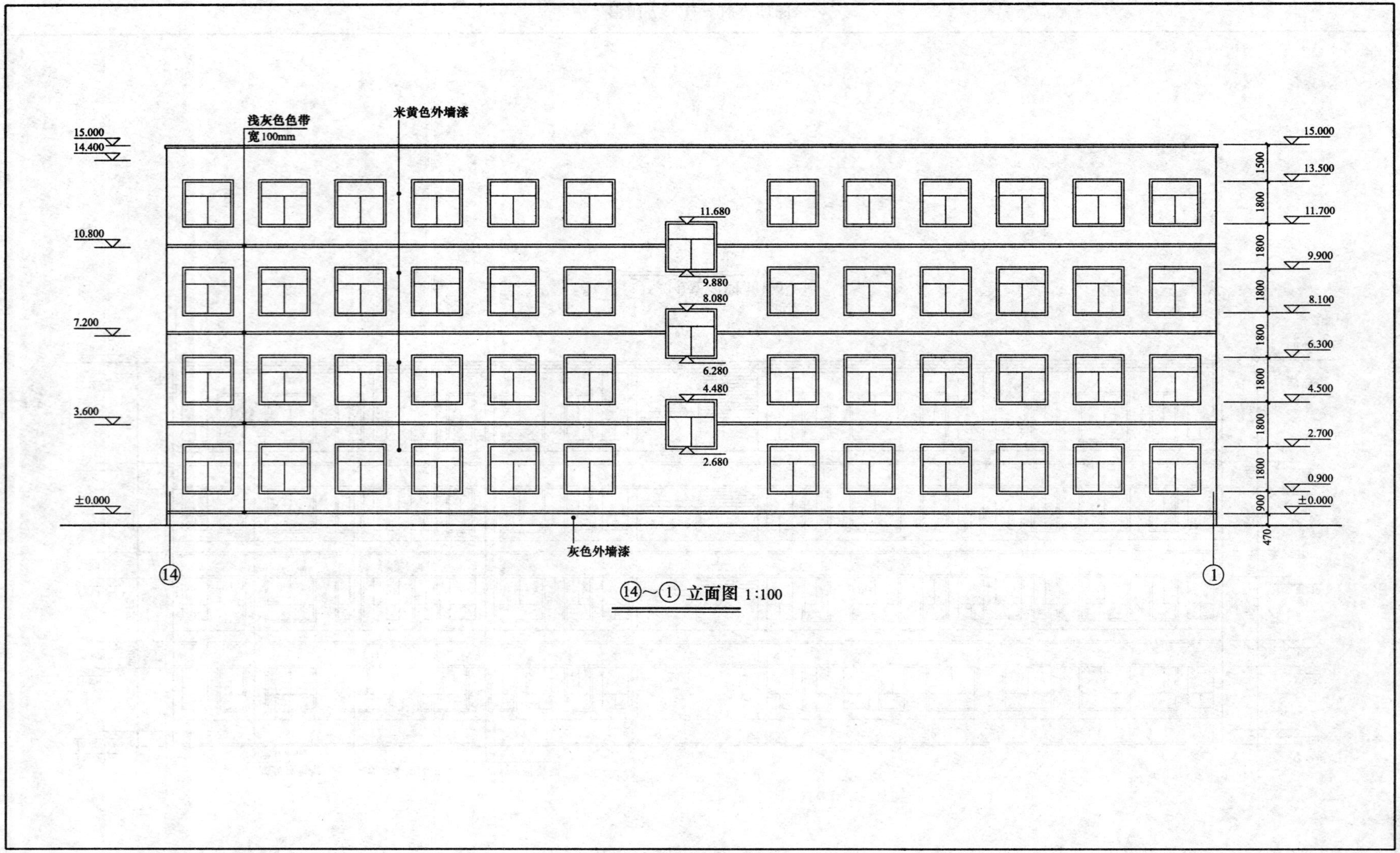

⑭～① 立面图 1:100

建施 8 ⑭～①立面图

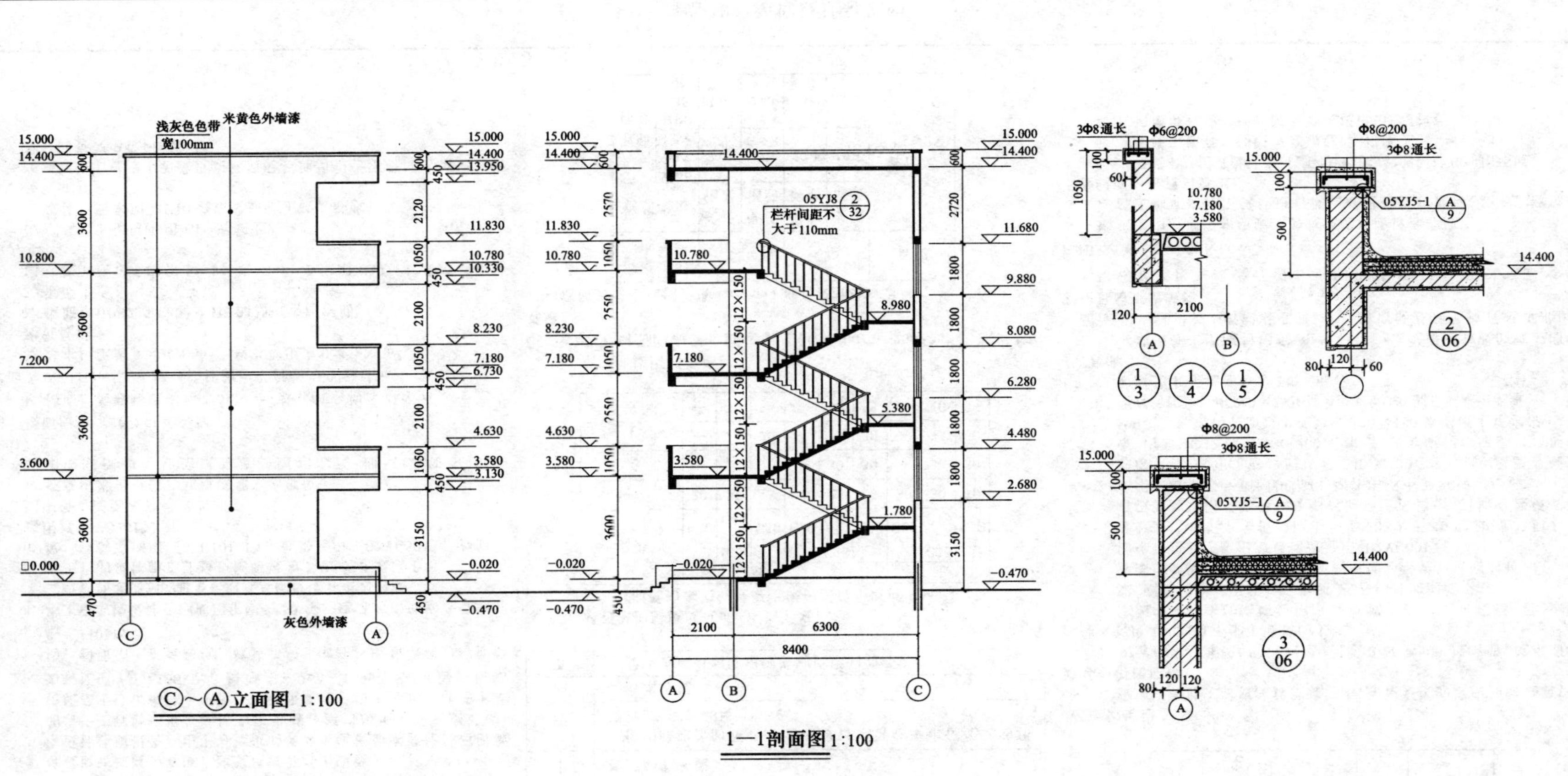

建施9　Ⓒ～Ⓐ立面图，1—1 剖面图，节点详图

一、采用现行设计规范规程和标准

1. 建筑结构可靠度设计统一标准（GB 50068—2001）
2. 建筑结构荷载规范（GB 50009—2001）
3. 建筑抗震设计规范（GB 50011—2001）
4. 建筑地基基础设计规范（GB 50007—2001）
5. 混凝土结构设计规范（GB 50010—2001）
6. 砌体结构设计规范（GB 50003—2001）

二、总则

1. 本工程 ±0.000 由施工放线时现场确定。
2. 本工程为四层砖混结构，按《GB 50011—2001》属丙类建筑，抗震设防烈度为 6 度，建筑抗震等级为四级。
3. 本设计地质报告：由甲方提供的××市建筑勘察设计公司所做的岩土工程勘察报告。持力层坐落在第二层土上，土层结构：粉质粘土：黄褐色、可塑、中等压缩性，均匀分布，地基承载力特征值 $f_{ak}=160kPa$，层厚为：0.7～1.9m；下卧层土层结构：粉质粘土：黄褐色、软塑、高压缩性，地基承载力特征值 $f_{ak}=110kPa$。
4. 本工程结构设计合理使用年限为 50 年，建筑结构的安全等级为二级，场地类别为Ⅲ类，地基基础设计等级为丙级。
5. 本工程的砌体施工质量控制等级为 B 级或 B 级以上。
6. 梁、柱构造选用《03G101-1》，过梁选用《02YG301》，预制空心板选用《02YG201》。

三、图中所有图例及符号说明

1. 标高以米为单位，其他以毫米为单位。
2. 图中图例和符号见《建筑制图标准》，即《GB/T 50105—2001》。

四、楼面使用荷载及自然条件

1. 楼面活荷载除走廊为 $2.5kN/m^2$ 外，其余均为 $2kN/m^2$，不上人屋面为 $0.5kN/m^2$。楼梯、栏杆的水平荷载为 0.5kN/m。
2. 基本风压为 $0.40kN/m^2$，基本雪压为 $0.45kN/m^2$。

五、建筑材料

1. 钢筋：HPB235（Φ），HRB335（Φ）钢筋。
2. 混凝土

（1）柱下独立基础和 LL-1，2；Z-1，2 采用 C30，其余现浇构件均为 C25。

（2）基础下垫层采用 C15 混凝土。

3. 砌体：砖采用 MU10 烧结普通粘土砖，砂浆：

六、基础部分

在基础施工过程中若发现实际情况与地质报告不符时，请通知设计人员会同有关单位研究处理。

七、钢筋混凝土结构工程

1. 混凝土结构的环境类别见下表：

混凝土结构的环境类别

环境类别		条件
一		室内正常环境
二	a	室内潮湿环境；非严寒和非寒冷地区的露天环境、与无侵蚀性的水或土壤直接接触的环境
	b	严寒和寒冷地区的露天环境、与无侵蚀性的水或土壤直接接触的环境
三		使用除冰盐的环境；严寒和寒冷地区冬季水位变动的环境；滨海室外环境
四		海水环境
五		受人为或自然的侵蚀性物质影响的环境

2. 钢筋保护层厚度（mm）见下表：

纵向受力钢筋的混凝土保护层最小厚度（mm）

环境类别		板、墙、壳			梁			柱		
		≤C20	C25～C45	≥C50	≤C20	C25～C45	≥C50	≤C20	C25～C45	≥C50
一		20	15	15	30	25	25	30	30	30
二	a	—	20	20	—	30	30	—	30	30
	b	—	25	20	—	35	30	—	35	30
三		—	30	25	—	40	35	—	40	35

3. 钢筋的锚固和搭接：

a. 受力钢筋的锚固长度应满足《GB 50010—2002》中 9.3，9.4 中规定。

钢筋的最小锚固长度 La(mm) 如下表所示：

混凝土的强度等级		C30		C25		备注
钢筋类型		受拉钢筋	受压钢筋	受拉钢筋	受压钢筋	
钢筋种类	HPB235（Φ）	24d	17d	27d	19d	各情况下均≥250
	HPB335（Φ）	30d	21d	33d	23d	

b. 受拉钢筋的绑扎搭接长度应按如下表所示：

构件类别	钢筋种类	混凝土的强度等级		C30	C25
梁	HPB235（Φ）	纵向钢筋搭接接头面积百分率（%）	≤25	28d	32d
			50	33d	37d
	HPB335（Φ）		≤25	36d	40d
			50	41d	47d
柱	HPB335（Φ）				61d

八、砌体工程

1. 砌体工程施工时应注意砂浆饱满，互相交接的墙应同时砌筑，否则必须斜搓连接
2. 构造柱设马牙楼（四进四退）且设 2Φ6@500 拉结筋，拉结筋墙内伸入长度 1000、且不少于墙长的 1/5。
3. 本图中未标注过梁均为相应洞口宽度的二级过梁，过梁与柱、梁、圈梁相遇时由预制改为现浇，各构件的配筋不变。
4. 本图中圈梁代替过梁时，相应洞口处圈梁附加过梁钢筋。
5. 圈梁转角及丁字形节点构造选用《02YG001》。
6. 预应力空心板下端板缝应不小于 30，大于 40 时，内加 2ϕ10，所有板缝均采用不低于 C30 细石混凝土振捣密实；所有楼板安装前用 C30 混凝土预制块堵孔，堵孔率不小于 80%。
7. 底层、顶层端开间窗户底应设 240×120（宽×高）现浇混凝土带，内配 4Φ12 纵筋Φ6@200 分布筋，长度应为相应洞口长度加 500。走廊结构表面以上四周设 120×180 素混凝土止水带
8. 所有门槛下应用 240×260（宽×厚）的 C20 细石混凝土浇筑。
9. 墙厚凡未标注者均为 240mm。

九、其他

1. 本结构施工图应与建筑、电气、给排水、暖通等专业的施工图密切配合，及时铺设各类管线及套管，并核对留洞及预埋位置是否准确，避免日后打凿结构。
2. 钢筋强度等级设计值Φ为 HPB235 级，$f_y=210N/mm^2$，Φ为 HRB335 级，$f_y=300N/mm^2$。
3. 施工中应遵照相应施工验收规范及质量标准规定。
4. 施工前应对地下管线进行调查并进行妥善处理，未调查清楚地下管线前不得盲目施工。
5. 未经技术鉴定或设计许可，不得改变结构的用途和使用环境。
6. 本图样未经有关部门审查通过，不得施工。
7. 凡未尽事宜均按现行国家有关规范，规程执行。

结施 10　结构设计总说明

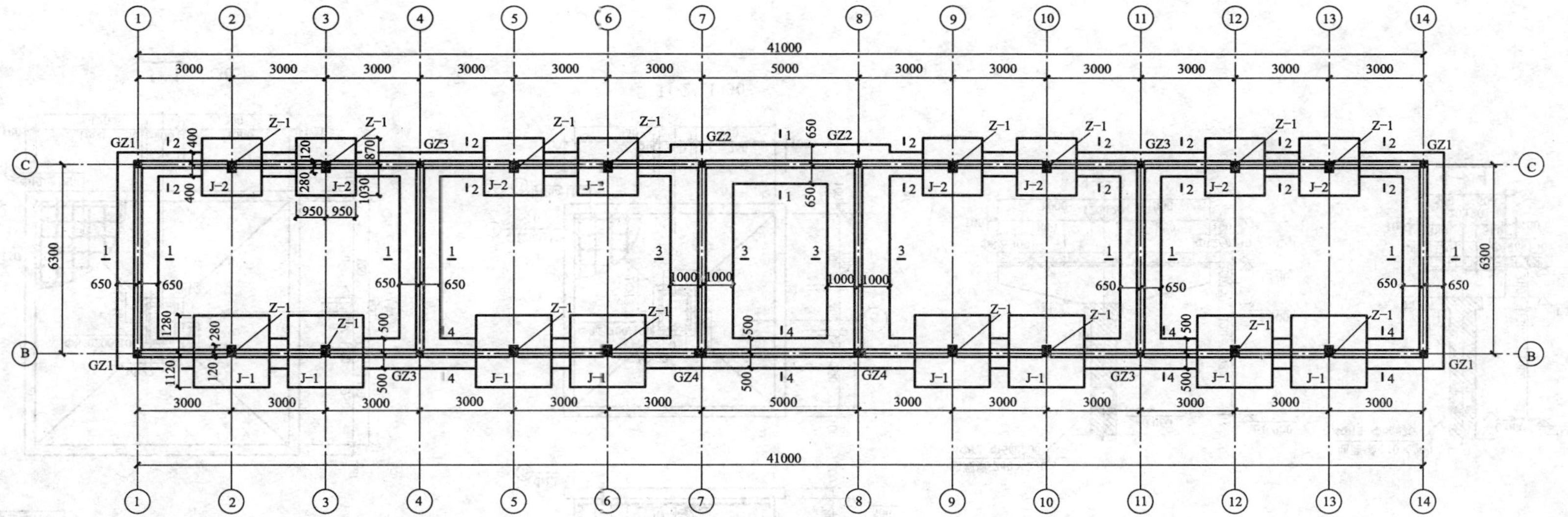

基础平面布置图 1:100(30)

说明：Z–1配筋见独立基础详图。

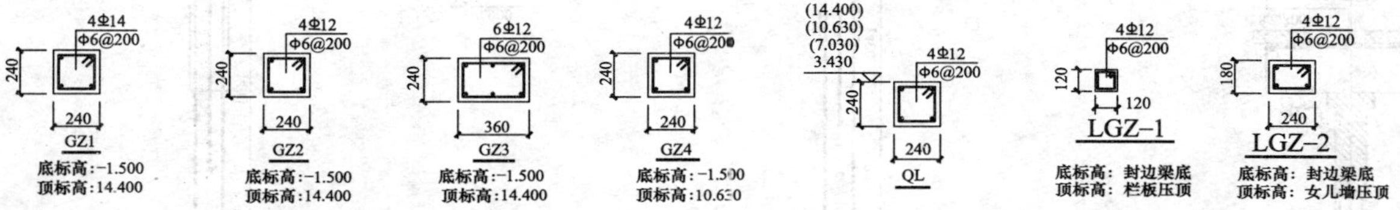

GZ1 240×240 4Φ14 Φ6@200 底标高:−1.500 顶标高:14.400

GZ2 240×240 4Φ12 Φ6@200 底标高:−1.500 顶标高:14.400

GZ3 240×360 6Φ12 Φ6@200 底标高:−1.500 顶标高:14.400

GZ4 240×240 4Φ12 Φ6@200 底标高:−1.500 顶标高:10.630

QL 240×240 4Φ12 Φ6@200 (14.400) (10.630) (7.030) 3.430

LGZ–1 120×120 4Φ12 Φ6@200 底标高：封边梁底 顶标高：栏板压顶

LGZ–2 180×240 4Φ12 Φ6@200 底标高：封边梁底 顶标高：女儿墙压顶

结施 11　基础平面布置图

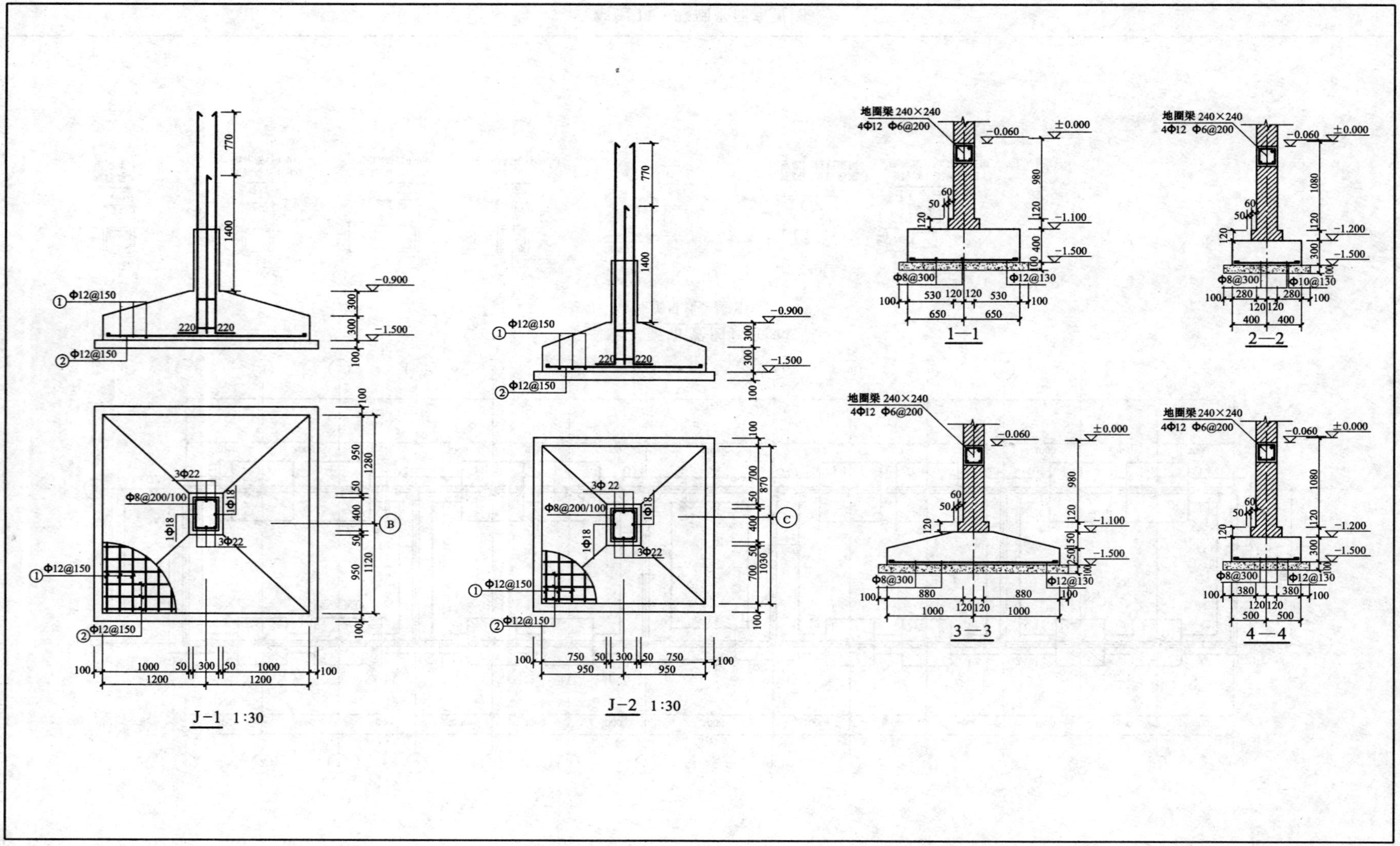

Φ12@150
Φ12@150
220 220
770
1400
−0.900
−1.500
300 300 100
3Φ22
Φ8@200/100
1Φ18
1Φ18
3Φ22
Φ12@150
Φ12@150
950 50 400 50 950
1280 1120
100 100
100 1000 50 300 50 1000 100
1200 1200
B

J−1 1:30

Φ12@150
Φ12@150
220 220
770
1400
−0.900
−1.500
300 300 100
3Φ 22
Φ8@200/100
1Φ18
1Φ18
3Φ22
Φ12@150
Φ12@150
700 50 400 50 700
870 1030
100 100
100 750 50 300 50 750 100
950 950
C

J−2 1:30

地圈梁 240×240
4Φ12 Φ6@200
−0.060
±0.000
980 120 400 100
−1.100
−1.500
60 50 120
Φ8@300
Φ12@130
100 530 120 120 530 100
650 650

1—1

地圈梁 240×240
4Φ12 Φ6@200
−0.060
±0.000
1080 120 300 100
−1.200
−1.500
60 50 120
Φ8@300
Φ10@130
100 280 120 120 280 100
400 400

2—2

地圈梁 240×240
4Φ12 Φ6@200
−0.060
±0.000
980 120 50 250 100
−1.100
−1.500
60 50 120
Φ8@300
Φ12@130
100 880 120 120 880 100
1000 1000

3—3

地圈梁 240×240
4Φ12 Φ6@200
−0.060
±0.000
1080 120 300 100
−1.200
−1.500
60 50 120
Φ8@300
Φ12@130
100 380 120 120 380 100
500 500

4—4

结施 12 条基剖面详图

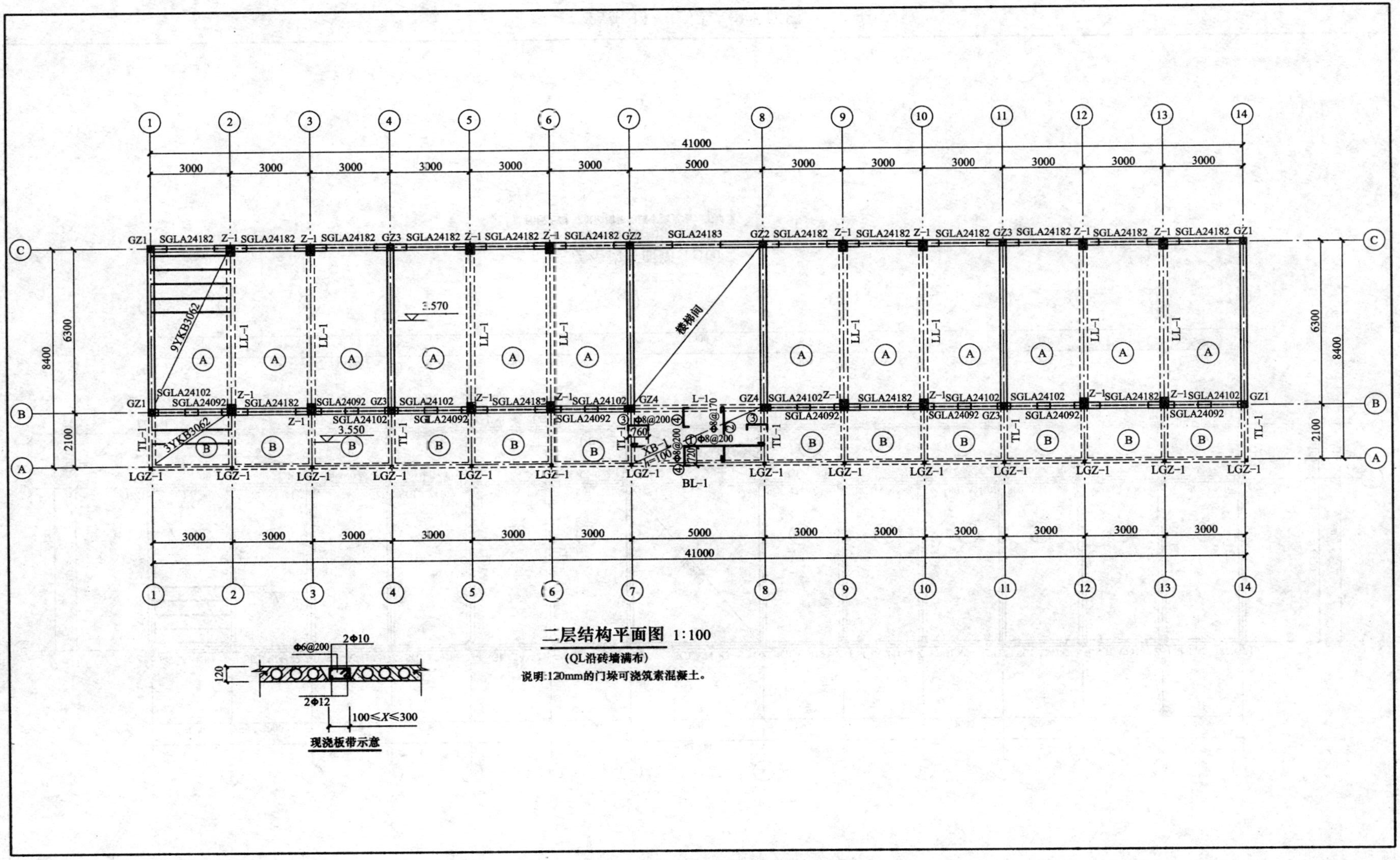

二层结构平面图 1:100

(QL沿砖墙满布)

说明:120mm的门垛可浇筑素混凝土。

现浇板带示意

Φ6@200　2Φ10　120　2Φ12　100≤X≤300

结施 13　二层结构平面图

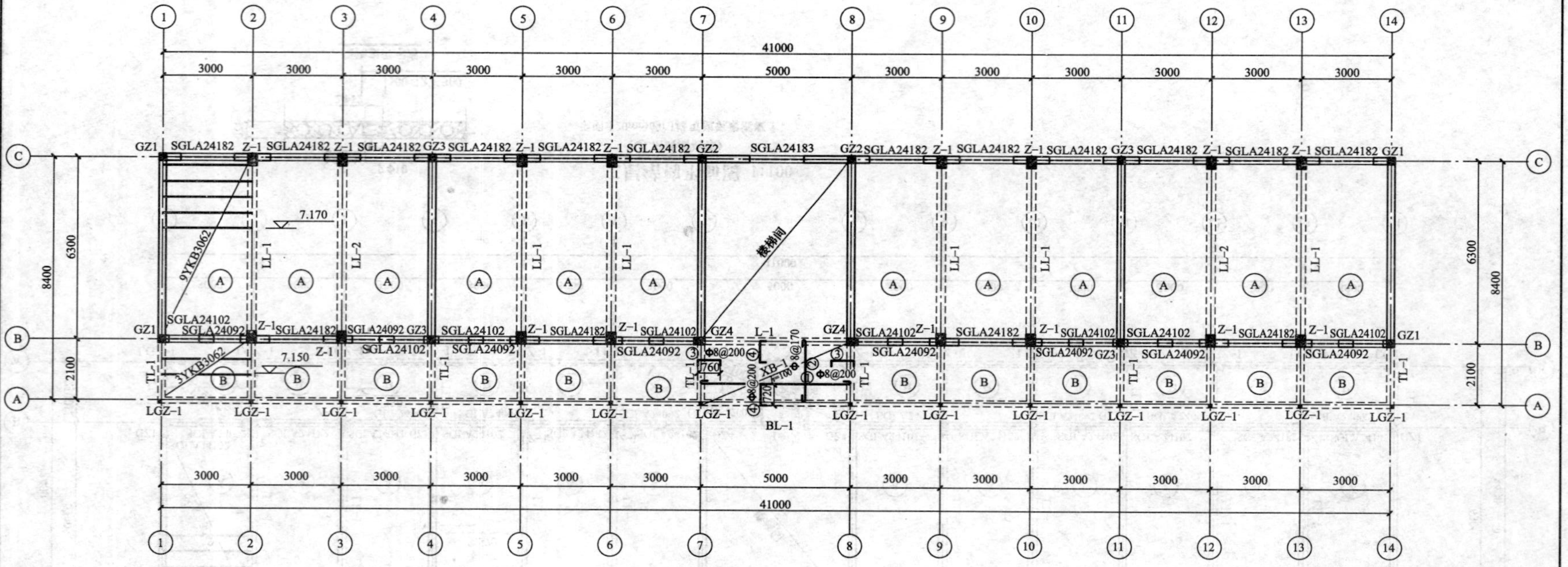

三层结构平面图 1:100

(QL沿砖墙满布)

说明:所有LL-2上的墙体均属于填充墙，不承重。

结施 14　三层结构平面图

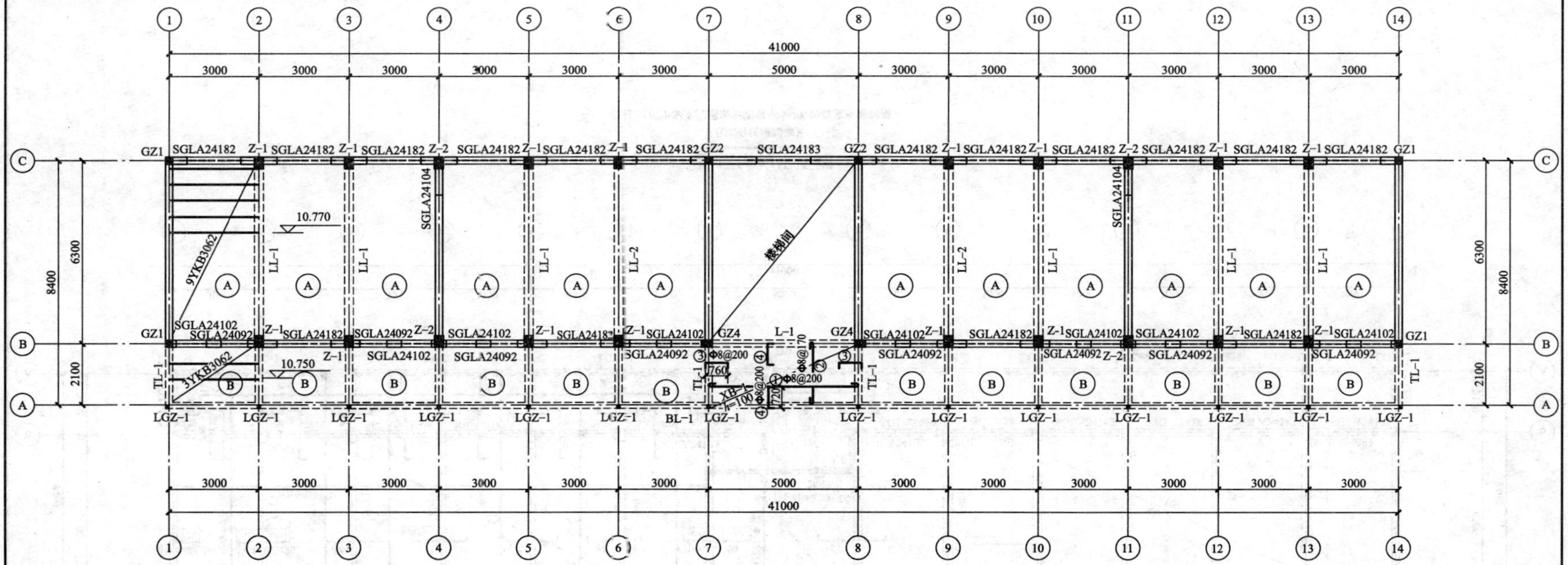

四层结构平面图 1:100

(QL沿砖墙满布)

说明:Z-2配筋同Z-1，底标高为10.630，顶标高为14.400。

结施 15　四层结构平面图

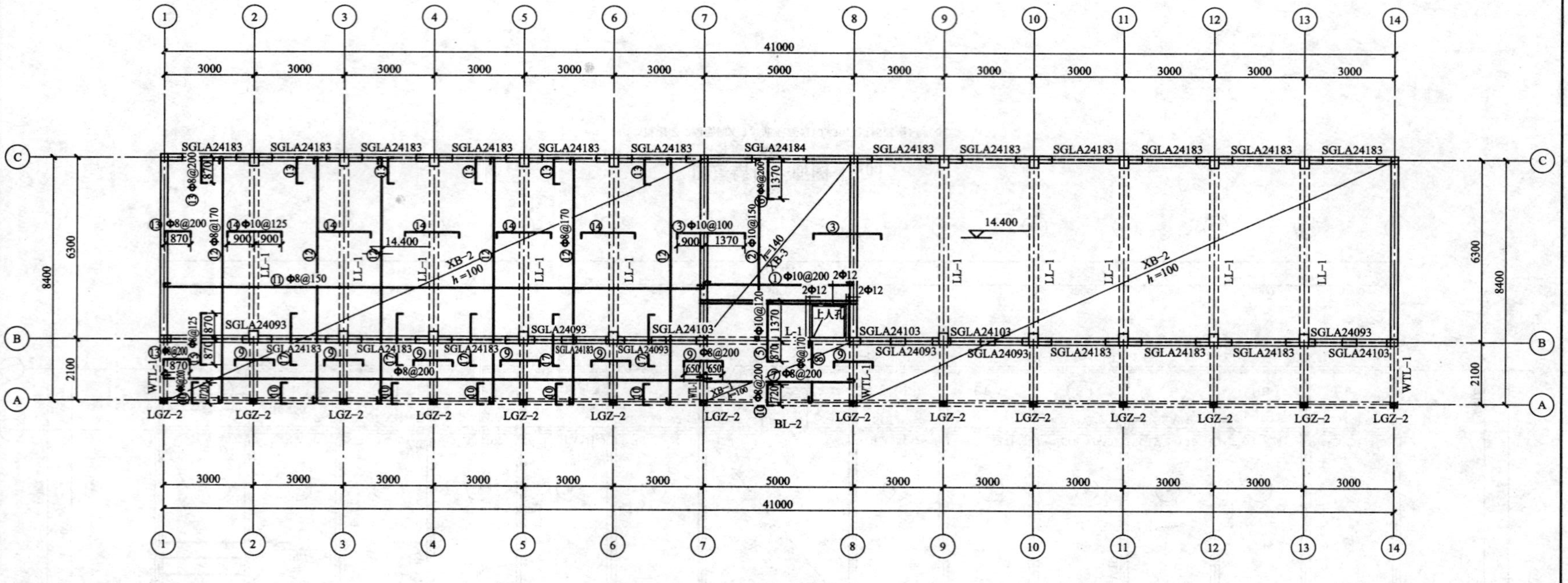

屋顶结构平面图 1:100

(QL沿砖墙满布)

说明:屋面上部未配筋表面布置Φ8@200的温度收缩钢筋。

结施 16　屋顶结构平面图

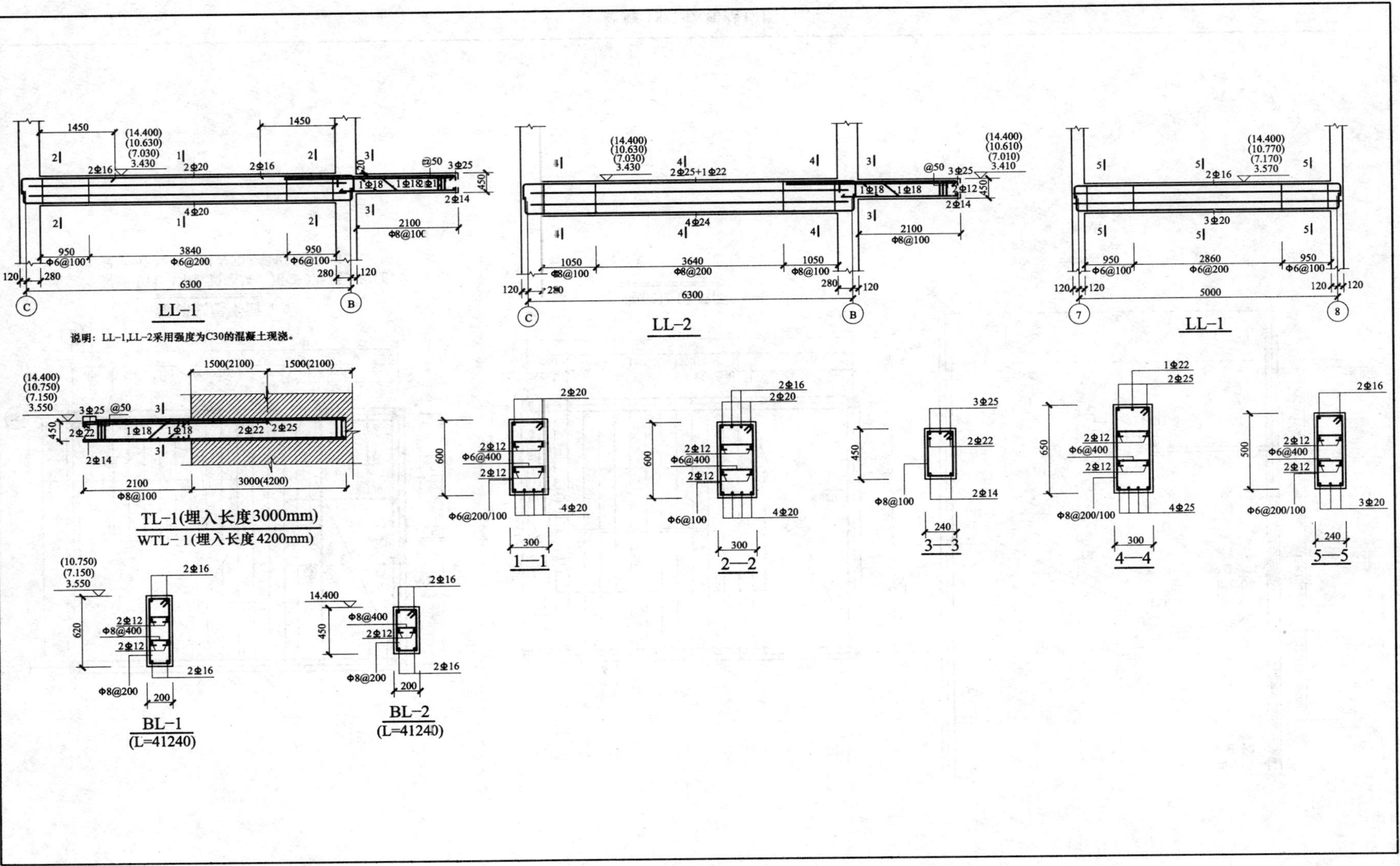

结施 17 钢筋混凝土现浇梁配筋图

楼梯底层平面 1:50
说明:LTL-1下面设垫块，用C30混凝土现浇，
尺寸:长×宽×厚为500×240×240mm。
TB-1
TB-2
LTL-1
L-1
PTB-1
h=100
Φ8@150
Φ8@200
Φ8@130
750
1250
1.780
−0.020
附加QL
(配筋同QL)
5000
2470
60
480
11×300=3300
250
2270
2520
6300
楼梯顶层平面 1:50
PTB-2
h=80
TB-3
8.980
230
1-1 1:50
10.780
7.180
8.980
5.380
3.580
12×150=1800

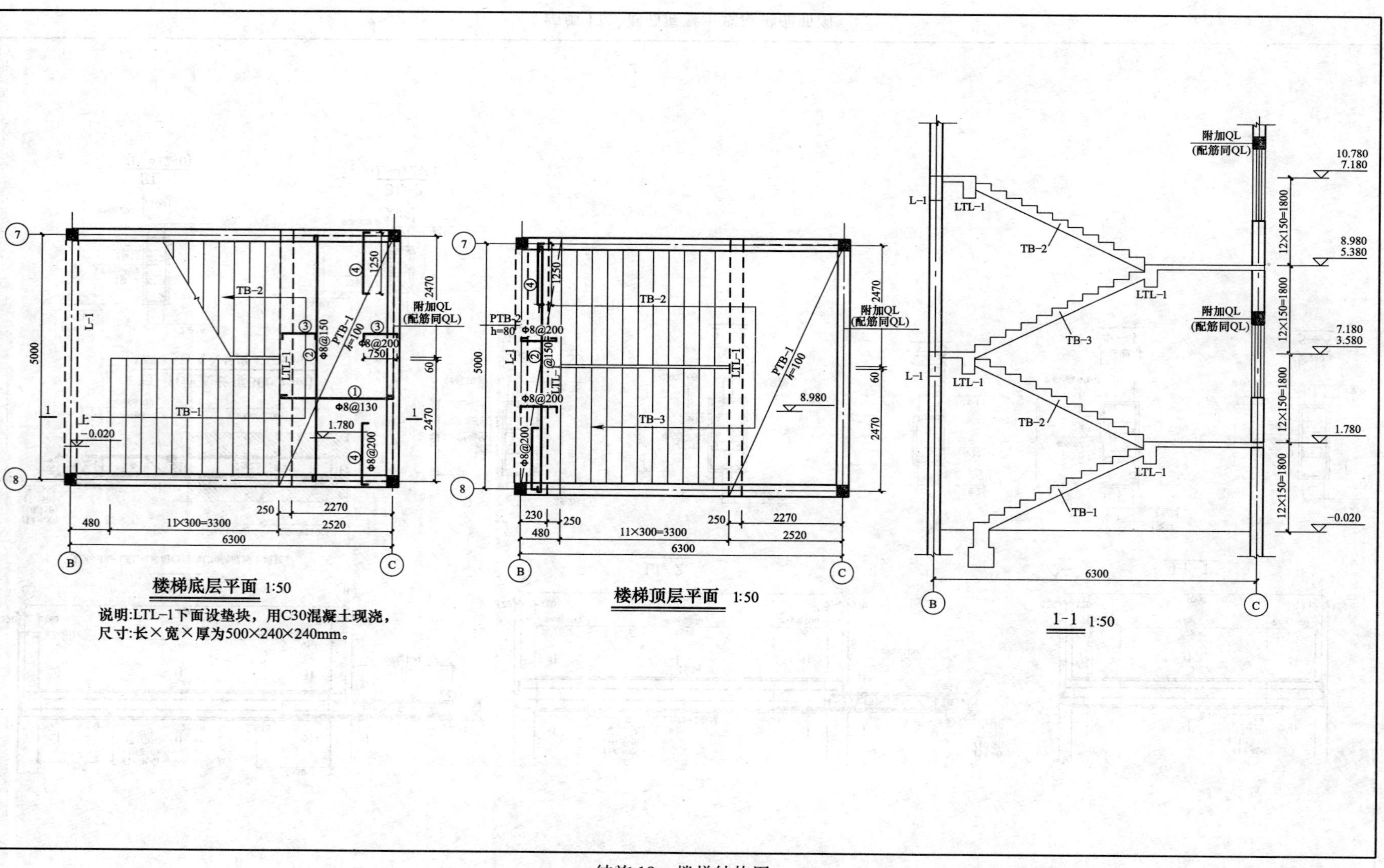

结施 18　楼梯结构图

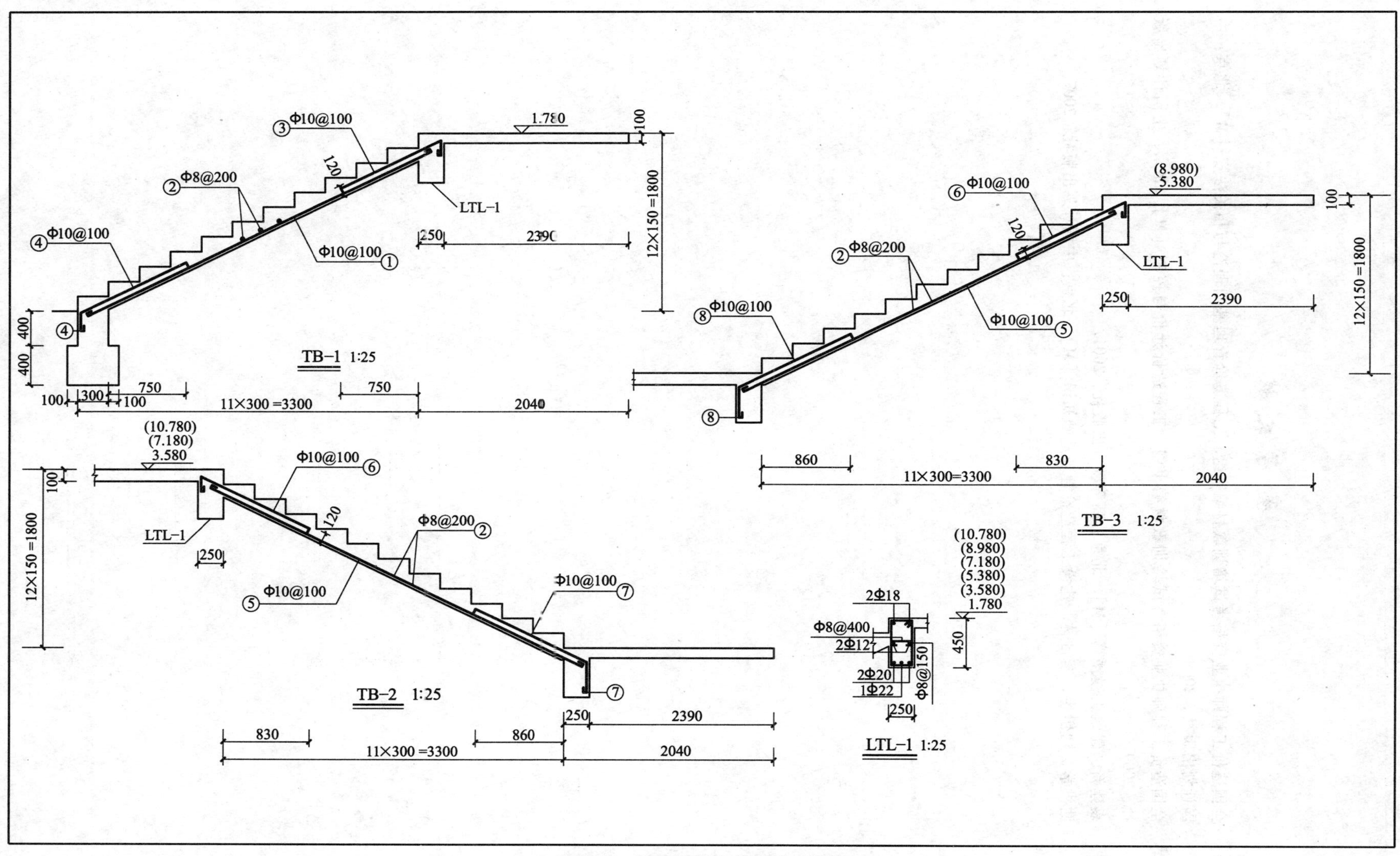

结施 19　钢筋混凝土楼梯板配筋图

参 考 文 献

[1] 全国造价工程师执业资格考试培训教材编审组. 工程造价管理基础理论与相关法规［M］. 北京：中国计划出版社，2009.

[2] 全国造价工程师执业资格考试培训教材编审组. 工程造价计价与控制［M］. 北京：中国计划出版社，2009.

[3] 袁建新. 建筑工程预算［M］. 北京：高等教育出版社，2001.

[4] 谢洪学，刘伊生，李自林. 建设工程造价管理基础知识［M］. 北京：中国计划出版社，2007.

教材使用调查问卷

尊敬的老师：

您好！欢迎您使用机械工业出版社出版的“高职高专土建类专业规划教材”，为了进一步提高我社教材的出版质量，更好地为我国教育发展服务，欢迎您对我社的教材多提宝贵的意见和建议。敬请您留下您的联系方式，我们将向您提供周到的服务，向您赠阅我们最新出版的教学用书、电子教案及相关图书资料。

本调查问卷复印有效，请您通过以下方式返回：

邮寄：北京市西城区百万庄大街22号机械工业出版社建筑分社（100037）

张荣荣（收）

传真：01068994437（阴伟收） Email：streettour@163. com

一、基本信息

姓名：________职称：________________职务：________________________________

所在单位：____

任教课程：____

邮编：______________地址：________________________________

电话：______________电子邮件：____________________________

二、关于教材

1. 贵校开设土建类哪些专业？

□建筑工程技术　□建筑装饰工程技术　□工程监理　□工程造价

□房地产经营与估价　□物业管理　□市政工程　□园林景观

2. 您使用的教学手段：□传统板书　□多媒体教学　□网络教学

3. 您认为还应开发哪些教材或教辅用书？________________________________

4. 您是否愿意参与教材编写？希望参与哪些教材的编写？

课程名称：____

形式：□纸质教材　□实训教材（习题集）　□多媒体课件

5 您选用教材比较看重以下哪些内容？

□作者背景　□教材内容及形式　□有案例教学　□配有多媒体课件

□其他____

三、您对本书的意见和建议（欢迎您指出本书的疏误之处）________________________

____

____

四、您对我们的其他意见和建议____

____

____

请与我们联系：

100037　北京百万庄大街22号

机械工业出版社·建筑分社　阴伟　收

Tel：010-88379312（O），68994437（Fax）

E-mail：streettour@163. com

http://www. cmpedu. com（机械工业出版社·教材服务网）

http://www. cmpbook. com（机械工业出版社·门户网）

http://www. golden-book. com（中国科技金书网·机械工业出版社旗下网站）